普通高等教育软件工程“十三五”规划教材
13th Five-Year Plan Textbooks of Software Engineering

离散数学

（第2版）

郝晓燕 ◎ 主编
王华 ◎ 副主编

Discrete Mathematics

人民邮电出版社
北京

图书在版编目（CIP）数据

离散数学 / 郝晓燕主编. -- 2版. -- 北京 : 人民邮电出版社, 2021.5（2023.8 重印）
普通高等教育软件工程“十三五”规划教材
ISBN 978-7-115-55109-2

Ⅰ. ①离… Ⅱ. ①郝… Ⅲ. ①离散数学－高等学校－教材 Ⅳ. ①O158

中国版本图书馆CIP数据核字(2020)第203729号

内 容 提 要

本书介绍计算机相关专业必需的离散数学基础知识，包括离散数学 4 大分支的基础理论——数理逻辑、集合论、代数系统和图论。全书共 9 章，依次为命题逻辑、谓词逻辑、集合、关系、函数、代数结构、格与布尔代数、图论及其应用、树。本书包含较多的与计算机科学和工程有关的例题和习题。

本书适合作为高等院校计算机科学与技术、软件工程等相关专业的教材。

◆ 主　　编　郝晓燕
　副 主 编　王　华
　责任编辑　邹文波
　责任印制　王　郁　马振武
◆ 人民邮电出版社出版发行　　北京市丰台区成寿寺路 11 号
　邮编　100164　　电子邮件　315@ptpress.com.cn
　网址　https://www.ptpress.com.cn
　北京联兴盛业印刷股份有限公司印刷
◆ 开本：787×1092　1/16
　印张：12.5　　2021 年 5 月第 2 版
　字数：326 千字　　2023 年 8 月北京第 6 次印刷

定价：49.80 元

读者服务热线：(010) 81055256　印装质量热线：(010) 81055316
反盗版热线：(010) 81055315
广告经营许可证：京东市监广登字 20170147 号

第 2 版前言

离散数学是现代数学的一个重要分支，主要研究离散对象及其相互间的关系。离散数学课程所涉及的概念、方法和理论，广泛地体现在计算机科学与技术及相关专业。学习离散数学课程，一方面有益于培养和提高学生的抽象思维能力、逻辑推理能力、归纳构造能力，有益于培养学生严谨、完整、规范的科学态度；另一方面，可为后续课程，如数据结构、编译系统、操作系统、数据库原理和人工智能等提供必要的数学基础。正因为如此，离散数学在国际上受到高度重视，在我国也已经成为许多高等院校理工科专业的重要基础课程之一，尤其是计算机相关专业。

离散数学作为计算机相关专业的主干课程之一，不仅是一门服务于专业的工具性课程，也是一门培养学生良好的抽象思维和逻辑思维能力的核心基础课程，其重要性不言而喻。为了适应新的教学要求，我们编写了本书。我们在编写时将理论紧密联系实际，摒弃了一些烦琐的定理证明，从工程实际出发，引入工程案例和解决方案，注重提升学生的应用模拟解题技巧，力求做到脉络清晰，重点突出，精讲多练，实用有效，从而培养学生的抽象思维和缜密概括能力。

本书内容包括离散数学 4 大分支的基础理论——数理逻辑、集合论、代数系统和图论。考虑到组合数学、可计算性理论常被独立选作计算机科学与技术专业的专业选修课，因此本书没有涉及这些内容。本书共 9 章，分别是命题逻辑、谓词逻辑、集合、关系、函数、代数结构、格与布尔代数、图论及其应用、树。

本书特色表现在以下 4 个方面。

（1）加深理论，注重实践。大多数离散数学的教材，只注重经典的数学理论和解题，没有联系生产实践，让学生感觉理论抽象、枯燥。本书结合计算机相关专业的学习特点，在相应章的例题或习题中编排了将离散结构理论与实际工程问题相结合的题目，并给出解决方案。

（2）突破经典，勇于探索。根据多年的教学实践和体会，编者在本书中总结了一些共性问题和有争议性的问题，并对这些问题做了基于个人观点的阐述，抛砖引玉，鼓励学生继续深入研究和探讨。

（3）明确关系，理清脉络。本书包括数理逻辑、集合论、代数系统和图论 4 大部分内容，这 4 部分内容既各自成理论体系，又相互有密切的联系，我们在讲授每部分的内容之前，先简明阐述理论的起源、发展以及和其他理论之间的关系，使学生能清晰了解理论间的脉络。

（4）突出重点，圈定难点。本书每章都总结出该章学习的重点和难点，并指明应掌握的基本概念和解题技巧。

本书由郝晓燕任主编，王华任副主编。其中，王华编写第 1、2 章并负责全书的统稿工作，李誌编写第 3 章，李建林编写第 4 章，程海青编写第 5 章，张玲编写第 6 章，郝晓燕编写第 7 章，王峥编写第 8 章，阎鹏飞编写第 9 章。

我们在编写本书第 2 版时修正了第 1 版的疏漏，并对图论相关章节在内容上做了适当调整。虽然花费了诸多精力，且有同行们的多本离散数学教材作为蓝本，但限于编者水平，书中难免有不妥之处，恳请读者批评指正。

编　者

2020 年 12 月

目 录

数理逻辑又称符号逻辑、数学逻辑，是用数学方法研究符号化、形式化的逻辑演绎规律的数学分支。数理逻辑是古典逻辑的发展。古典逻辑又称形式逻辑，从亚里士多德的三段论起已有 2000 多年的历史。古典逻辑分析语言所表达的逻辑思维形式。人们日常使用的自然语言中会有含糊不清、不易判别的语句，可能引起理解上的歧义，甚至争论。

17 世纪德国哲学家、数学家戈特弗里德·威廉·莱布尼茨（Gottfried Wilhelm Leibniz，1646—1716）提出用数学符号式的“通用语言”进行思维演算，使人们能够证明思维的正确性，从而避免争论，这是数理逻辑的萌芽。19 世纪初英国数学家乔治·布尔（George Boole，1815—1864）成功地构造了一种思维上的代数，后来被称为布尔代数，初步实现了莱布尼茨的部分设想。又经过一些数学家的努力，布尔代数发展成为具有逻辑蕴含式的命题演算，成为最简单的公理化的逻辑系统。

德国数学家、逻辑学家戈特洛布·弗雷格（Gottlob Frege，1848—1925）创造了“量化”逻辑，扩大了逻辑学的范围，最终建立了公理化的谓词演算，使之成为数理逻辑的基础。

现代数理逻辑的主要分支包括：逻辑演算、模型论、证明论、递归论和公理化集合论。本书将介绍数理逻辑的基础知识——逻辑演算（包括命题逻辑和谓词逻辑）。

第 1 章 命题逻辑

本章介绍命题逻辑的基本知识、基本思想和方法。命题逻辑又称命题演算，是以命题为研究对象、以推理过程中前提和结论间的形式关系为研究目的的逻辑科学。

§1–1 命题

§1–1–1 命题与真值

人类的语言包含丰富的信息，不仅是交流的工具，也同人类思维有密切的联系。语言是思维的载体和物质外壳，是思维最直观的表现形式。日常生活中使用的大部分语句都是陈述句，陈述句通常用来描述一个事实，反映人们的看法和判断。选定具有可判断真假性的陈述句作为命题逻辑的研究对象，可通过定义和分析命题相关的性质，判断陈述句所表达的逻辑思维形式。

定义 1-1.1 能够判明真假的陈述句称作命题。

判断的结果即命题的真值，真值只有“真”和“假”两种，真值为真时用“T”（或“1”）表示，真值为假时用“F”（或“0”）表示。

例 1-1.1 判断以下语句是否为命题，若是命题请给出命题的真值。

（1）多美丽的景色呀!

（2）你喜欢大学生活吗?

（3）请不要在室内吸烟!

（4）3+2=5。

（5）3+2=1。

（6）X+2=5。

（7）郑州是河北的省会。

（8）中国承办2008年奥运会。

（9）地球外的星球上也有人类。

（10）我在说谎。

解：（1）是感叹句，所以不是命题。

（2）是疑问句，所以不是命题。

（3）是祈使句，所以不是命题。

（4）是命题，真值为1。

（5）是命题，真值为0。

（6）当X取值为3时，陈述句的真值为1；当X取值不为3时，陈述句的真值为0。该陈述句不存在唯一确定的真值，即真值可为0、可为1，所以不是命题。

（7）是命题，真值为0。

（8）是命题，真值为1。

（9）在人类现有的知识范畴内，无法判断该陈述句的真值是1还是0，但该陈述句的真值是唯一的，即真值非1即0，所以是命题。

（10）如果说话者在说假话，那么“我在说谎”就与事实相背，说话者说的是真话；如果说话者在说真话，那么“我在说谎”就与事实相符，说话者说的是假话。真值无论假设为1还是0，总会得出一个与之矛盾的结论，这样的命题就是一个悖论（Paradox）。悖论是逻辑中具有独立研究价值的对象，不在本书的讨论范围之内。

§1-1-2　原子命题与复合命题

例 1-1.1 中出现的命题有一个共同的特点，即反映了对单一事物的真假判定，是简单得不能再分解的命题，这样的命题被称为原子命题或简单命题。原子命题通常用英文字母A、B、C、…、P、Q、R、…、A_1、B_2、C_3、…、P_i、Q_i、R_k、…表示。例如以下命题。

P：郑州是河北的省会。

R_1：北京是中国的首都。

除原子命题之外，有很多命题是由一个或者多个命题组合而来的。例如以下命题。

郑州不是河北的省会。

郑州不是河北的省会并且北京是中国的首都。

明天有雨或有雪。

定义 1-1.2　原子命题通过逻辑联结词组合成的新命题称为复合命题。

思考：逻辑联结词如何选取和表示?

§1–2　逻辑联结词

通过对大量复合命题的研究，针对逻辑联结词的使用频率和表现力，我们选取以下 5 个逻辑联结词作为命题逻辑的常用逻辑联结词。

§1–2–1　否定联结词

定义 1-2.1　设 P 为命题，复合命题“非 P”（或“P 的否定”）称为 P 的否定式，记作 $\neg P$，$\neg$ 称为否定联结词。规定 $\neg P$ 的真值为真当且仅当 P 的真值为假，否则 $\neg P$ 的真值为假。采用表格形式可以更直观清晰地分析命题 P 与其否定命题 $\neg P$ 的逻辑关系，否定联结词的逻辑关系如表 1-1 所示。

表 1-1　　否定联结词的逻辑关系

P	$\neg P$
T	F
F	T

例 1-2.1　99 不是素数。

解： 令 P：99 是素数。则该命题可表示为 $\neg P$。

§1–2–2　合取联结词

定义 1-2.2　设 P、Q 为两个命题，复合命题“P 并且 Q”称为 P 与 Q 的合取式，记作 $P\wedge Q$，$\wedge$ 称为合取联结词。规定 $P\wedge Q$ 的真值为真当且仅当 P 与 Q 的真值同时为真，否则 $P\wedge Q$ 的真值为假。合取联结词的逻辑关系如表 1-2 所示。

表 1-2　　合取联结词的逻辑关系

P	Q	$P\wedge Q$
T	T	T
T	F	F
F	T	F
F	F	F

例 1-2.2　小王能歌善舞。

解： 令 P：小王会唱歌；Q：小王会跳舞。则该命题可表示为 $P\wedge Q$。

通常，在自然语言中“并且”“不但……，而且……”“既……，又……”“又……，还……”等均可用合取联结词表示。

例 1-2.3　小王和小张是好朋友。

解： 上述命题是简单命题，不是复合命题，逻辑联结词用于命题逻辑上的联结，而非单纯的名词、形容词、数词等的联结。该命题可表示为 P。

例 1-2.4　雪是白色的并且小王会唱歌。

解： 上述命题在自然语言表达上我们会认为其不具备实际语义，但在命题逻辑中是被允许的。

逻辑联结词联结的是命题的真值，而不是命题的具体语义，其联结的命题的具体语义可以无任何内在联系。令 P：雪是白色的；Q：小王会唱歌。则该命题可表示为 $P\wedge Q$。

§1–2–3 析取联结词

定义 1-2.3 设 P、Q 为两个命题，复合命题"P 或者 Q"称为 P 与 Q 的析取式，记作 $P\vee Q$，$\vee$称为析取联结词。规定 $P\vee Q$ 的真值为假当且仅当 P 与 Q 的真值同时为假，否则 $P\vee Q$ 的真值为真。析取联结词的逻辑关系如表 1-3 所示。

表 1-3　析取联结词的逻辑关系

P	Q	$P\vee Q$
T	T	T
T	F	T
F	T	T
F	F	F

例 1-2.5 今天刮风或者下雨。

解： 令 P：今天刮风；Q：今天下雨。则该命题可表示为 $P\vee Q$。

例 1-2.6 第一节课上数学或者上英语。

解： 例 1-2.5 中的"或者"是可兼取或，也称之为相容或，即析取"$\vee$"。此例中的"或者"是不可兼取或，也称之为异或、排斥或，其表达的含义是"第一节课上数学而没有上英语或者第一节课上英语而没有上数学。"异或的逻辑关系如表 1-4 所示。令 P：第一节课上数学；Q：第一节课上英语。则该命题可表示为$(\neg Q\wedge P)\vee(\neg P\wedge Q)$。

表 1-4　异或的逻辑关系

P	Q	P 异或 Q
T	T	F
T	F	T
F	T	T
F	F	F

§1–2–4 蕴含联结词

定义 1-2.4 设 P、Q 为两个命题，复合命题"如果 P 那么 Q"（或"若 P 则 Q"）称为 P 与 Q 的蕴含式，记作 $P\to Q$，$\to$称为蕴含联结词（也称为"单条件联结词"）。也说 P 是 $P\to Q$ 的前件，Q 是 $P\to Q$ 的后件；还可以说 P 是 Q 的充分条件，Q 是 P 的必要条件。规定 $P\to Q$ 的真值为假当且仅当 P 的真值为真同时 Q 的真值为假，否则 $P\to Q$ 的真值为真。蕴含联结词的逻辑关系如表 1-5 所示。

表 1-5　蕴含联结词的逻辑关系

P	Q	$P\to Q$
T	T	T
T	F	F
F	T	T
F	F	T

例 1-2.7　如果天气持续干旱，那么植物会死亡。

解： 令 P：天气持续干旱；Q：植物会死亡。则该命题可表示为 $P \to Q$。

例 1-2.8　如果雪是白色的，那么房间里有两盆兰花。

解： 上述命题在自然语言表达上是没有意义的，因为在自然语言表达中"如果……，那么……"通常有因果联系，而在命题逻辑中例 1-2.8 是被允许的，因为逻辑联结词只关注形式上真假的联结关系，不关心具体的语义。令 P：雪是白色的；Q：房间里有两盆兰花。则该命题可表示为 $P \to Q$。

§1–2–5　等价联结词

定义 1-2.5　设 P、Q 为两个命题，复合命题"P 当且仅当 Q"称为 P 与 Q 的等价式，记作 $P \leftrightarrow Q$，$\leftrightarrow$称为等价联结词（也称为"双条件联结词"）。规定 $P \leftrightarrow Q$ 的真值为真当且仅当 P 与 Q 的真值相同，否则 $P \leftrightarrow Q$ 的真值为假。等价联结词的逻辑关系如表 1-6 所示。

表 1-6　等价联结词的逻辑关系

P	Q	$P \leftrightarrow Q$
T	T	T
T	F	F
F	T	F
F	F	T

例 1-2.9　四边形是平行四边形当且仅当它的对边平行。

解： 令 P：四边形是平行四边形；Q：四边形的对边平行。则该命题可表示为 $P \leftrightarrow Q$。

§1–3　命题公式

§1–3–1　命题公式的概念

考虑上述任意一个复合命题的形式，如 $P \vee Q$，你会发现如果单单观察其形式本身是无法从这样的 3 个符号中判定其真值到底是真或是假，只有赋予 P 和 Q 具体语义，使其表达为一个确定的命题时，P 和 Q 才具有确定的真值，从而根据$\vee$的逻辑含义进一步得到复合命题 $P \vee Q$ 的真值。因此在命题逻辑中，若 P 代表一个确定的具体的命题，则称 P 为命题常元；若 P 代表一个不确定的泛指的任意命题，则称 P 为命题变元。显然，命题变元 P 不是命题，只有用一个特定的命题或一个真值替代 P 才能成为命题，这样的过程称为对 P 指派或解释。在命题逻辑中并不关心具体命题的含义，只关心其真值。因此，可以形式地定义它们，如下。

定义 1-3.1　以真、假为其变域的变元，称为命题变元；真值，以及一个确定的具体命题称为命题常元。命题变元和命题常元均用 p、q、r、…、p_i、q_i、r_i、…表示。

通常把含有命题变元的表达式称为命题公式，但这没能指出命题公式的结构，因为不是所有由命题变元、逻辑联结词和括号等组成的字符串都能称为命题公式。为此常使用递归定义命题公式，以便构成的命题公式有规律可循。由这种递归定义产生的命题公式称为合式公式。为了方便，合式公式也简称公式。

定义 1-3.2　单个命题变元或命题常元称为原子命题公式，简称原子公式。

定义 1-3.3 合式公式是由下列规则生成的公式。

① 单个原子公式是合式公式。

② 若 A 是一个合式公式，则$(\neg A)$也是一个合式公式。

③ 若 A、B 是合式公式，则$(A\wedge B)$、$(A\vee B)$、$(A\rightarrow B)$和$(A\leftrightarrow B)$都是合式公式。

④ 只有有限次使用①、②和③生成的公式才是合式公式。

合式公式中的命题标识符、逻辑联结词和左右括号的数目，称为合式公式的长度。

例 1-3.1 说明$(Q\rightarrow(Q\vee R))$是合式公式。

解：（1）Q 是合式公式　　　　根据规则①

（2）R 是合式公式　　　　根据规则①

（3）$(Q\vee R)$是合式公式　　　　根据（1）、（2）和规则③

（4）$(Q\rightarrow(Q\vee R))$是合式公式　　　　根据（1）、（3）和规则③

显然，那些不能由定义中指出的规则生成的字符串，均不是合式公式，如下列字符串。

（1）$(P\rightarrow Q)\wedge\neg Q)$

（2）$(\neg P\vee Q\vee(R$

（3）$P\rightarrow\rightarrow Q$

当合式公式比较复杂时，常常使用很多圆括号，为了减少圆括号的使用量，可做以下约定。

① 规定逻辑联结词的优先级由高到低的次序为：$\neg$、$\wedge$、$\vee$、$\rightarrow$、$\leftrightarrow$。

② 相同的逻辑联结词按从左至右的顺序计算时，圆括号可省略。

③ 最外层的圆括号可以省略。

如$(\neg((P\wedge Q)\vee(\neg R))\rightarrow((P\vee Q)\vee R))$可写成$\neg(P\wedge Q\vee\neg R)\rightarrow P\vee Q\vee R$。

有时为了让合式公式看起来层次清楚醒目，也常常保留某些可省去的圆括号。

§1–3–2 命题符号化

所谓命题符号化，就是用命题公式的字符串来形式化表示命题，即将自然语言翻译为命题公式。

命题符号化的方法如下。

① 明确给定命题的含义。

② 对复合命题，明确逻辑联结词，用逻辑联结词断句，分解出各个原子命题。

③ 设置原子命题符号，并用逻辑联结词联结原子命题符号，构成给定命题的符号表达式。

例 1-3.2 将下列命题符号化。

（1）张辉和王丽都是三好学生。

解：令 P：张辉是三好学生；Q：王丽是三好学生。则该命题可表示为 $P\wedge Q$。

（2）张辉和王丽是同学。

解：令 P：张辉和王丽是同学。则该命题可表示为 P。

（3）张辉或王丽都可以做好这件事情。

解：令 P：张辉可以做好这件事情；Q：王丽可以做好这件事情。则该命题可表示为 $P\wedge Q$。

（4）校学生会主席是张辉或王丽。

解：令 P：校学生会主席是张辉；Q：校学生会主席是王丽。则该命题可表示为$(P\wedge\neg Q)\vee(\neg P\wedge Q)$。

（5）因为雪是白色的，所以 2+2=4。

解：令 P：雪是白色的；Q：2+2=4。则该命题可表示为 $P\to Q$。

（6）如果雪是白色的，那么 2+2=4。

解：令 P：雪是白色的；Q：2+2=4。则该命题可表示为 $P\to Q$。

（7）只有雪是白色的，才有 2+2=4。

解：令 P：雪是白色的；Q：2+2=4。则该命题可表示为 $Q\to P$。

（8）只要雪不是白色的，就有 2+2=4。

解：令 P：雪是白色的；Q：2+2=4。则该命题可表示为$\neg P\to Q$。

（9）除非雪是白色的，否则 2+2≠4。

解：令 P：雪是白色的；Q：2+2=4。则该命题可表示为$\neg P\to\neg Q$ 或 $Q\to P$。

（10）雪是白色的当且仅当 2+2=4。

解：令 P：雪是白色的；Q：2+2=4。则该命题可表示为 $P\leftrightarrow Q$。

（11）若天不下雨，我就上街；否则在家。

解：令 P：天下雨；Q：我上街；R：我在家。则该命题可表示为$(\neg P\to Q)\wedge(P\to R)$。

（12）仅当天不下雨且我有时间，才上街。

解：令 P：天下雨；Q：我有时间；R：我上街。则该命题可表示为 $R\to(\neg P\wedge Q)$。

命题符号化应该注意下列事项。

① 要正确地表示原子命题，区分复合命题与简单命题。如尽管语句中都有逻辑联结词“和”，但语句（1）是合取式，语句（2）是简单命题。

② 明确语句的含义，正确判读“或”的意义。如尽管语句（3）和语句（4）中都有逻辑联结词“或”，但语句（3）强调两人都有做事情的能力，因此是合取式；校学生会主席只能是一人担任，因此语句（4）是排斥或。

③ 适当选择逻辑联结词，区分必要和充分条件及充要条件。如命题语句（5）～语句（12）。

§1-3-3 命题公式真值表

对含有命题变元的命题公式 A，因不能确定其真假，故该公式不是命题。对命题公式 A 中出现的每一个命题变元指派一个真值，称该组真值为公式的一个指派或解释，记作 $I(A)$。对每个指派，命题公式会有一个确定的真值，若命题公式确定真值为真，则称该指派为成真指派；否则，称为成假指派。所有的指派及相应的命题公式真值组成了该命题公式的真值表。下面正式给出命题公式真值表的定义。

定义 1-3.4 对命题公式中命题变元的每一种可能的真值指派，以及由它们确定出的命题公式真值所列成的表，称为该命题公式的真值表。

由定义 1-3.4 可知，在先前命题逻辑联结词定义中所给出的各表，都是真值表，相应也称为各命题的逻辑联结词真值表。

定义 1-3.5 设 p_1、p_2、…、p_n 是出现在命题公式 A 中的所有命题变元，为 p_1、p_2、…、p_n 指定一组真值，则这组真值称为对命题公式 A 的一个赋值或解释。若使命题公式 A 的真值为真，则称这组真值为命题公式 A 的成真赋值；若使命题公式 A 的真值为假，则称这组真值为命题公式 A 的成假赋值。

一般来说，若有 n 个命题变元，则应有 2^n 个不同的赋值。

如 000、010、101、110 是$\neg(p\to q)\leftrightarrow r$ 的成真赋值，001、011、100、111 是成假赋值。

构造命题公式真值表的步骤如下。

（1）找出命题公式中所含的全部命题变元 p_1、p_2、…、p_n，若无下标则按字母顺序排列，列出全部 2^n 个赋值，从 00…0 开始，按二进制加法，每次加 1，直到 11…1 为止。

（2）按优先级顺序写出命题公式的各个层次。

（3）对每个赋值依次计算各层次的真值，直到最后计算出命题公式的真值为止。

例 1-3.3 写出下列命题公式的真值表，并求它们的成真赋值和成假赋值。

（1）$A=(p\vee q)\to\neg r$

命题公式 A 的真值如表 1-7 所示。

表 1-7 命题公式 *A* 的真值

$p\ q\ r$	$p\vee q$	$\neg r$	$(p\vee q)\to\neg r$
0 0 0	0	1	1
0 0 1	0	0	1
0 1 0	1	1	1
0 1 1	1	0	0
1 0 0	1	1	1
1 0 1	1	0	0
1 1 0	1	1	1
1 1 1	1	0	0

成真赋值：000、001、010、100、110。成假赋值：011，101，111。

（2）$B=(q\to p)\wedge q\to p$

命题公式 B 的真值如表 1-8 所示。

表 1-8 命题公式 *B* 的真值

$p\ q$	$q\to p$	$(q\to p)\wedge q$	$(q\to p)\wedge q\to p$
0 0	1	0	1
0 1	0	0	1
1 0	1	0	1
1 1	1	1	1

成真赋值：00、01、10、11。无成假赋值。

（3）$C=\neg(\neg p\vee q)\wedge q$

命题公式 C 的真值如表 1-9 所示。

表 1-9 命题公式 *C* 的真值

$p\ q$	$\neg p$	$\neg p\vee q$	$\neg(\neg p\vee q)$	$\neg(\neg p\vee q)\wedge q$
0 0	1	1	0	0
0 1	1	1	0	0
1 0	0	0	1	0
1 1	0	1	0	0

成假赋值：00、01、10、11。无成真赋值。

§ 1–3–4　命题公式的类型

定义 1-3.6　设 A 为任意命题公式。

（1）若 A 在它的任何赋值下均为真，则称 A 为重言式或永真式。

（2）若 A 在它的任何赋值下均为假，则称 A 为矛盾式或永假式。

（3）若 A 不是矛盾式，则称 A 为可满足式。

由例 1-3.3 的真值表可知，$(p\vee q)\rightarrow\neg r$、$(q\rightarrow p)\wedge q\rightarrow p$、$\neg(\neg p\vee q)\wedge q$ 分别为可满足式、重言式、矛盾式。

注意：重言式一定是可满足式，但可满足式不一定是重言式。

在推理和决策判断时，人们最关心的是“真”和“假”的问题。因为重言式的否定是矛盾式，矛盾式的否定是重言式，这样只研究其一就可以了，所以我们将重点研究重言式。

现在我们已知，只要 n 为有限数，通过正确描述包含 n 个命题变元的命题公式 $A(p_1,p_2,\cdots,p_n)$的真值表，就可以判断该命题公式是否为重言式，这是一种很直观清晰并且很容易标准化的方法，完全可以通过计算机程序实现（希望同学们在课后完成计算机自动生成任意命题公式真值表的程序）。但是依靠这样的方法来研究重言式，随着 n 值的增大，算法的复杂度呈指数级增长，并且也缺乏灵活性，因此我们想找到更简洁的方法来判定重言式。

§ 1–3–5　重言式的性质

重言式的性质如下。

（1）如果 A 是重言式，那么新命题公式$\neg\neg A$ 是重言式。

（2）如果 A、B 是重言式，那么新命题公式$(A\wedge B)$、$(A\vee B)$、$(A\rightarrow B)$和$(A\leftrightarrow B)$也都是重言式。

证明：以上性质均可由重言式定义得证。

（3）如果 A 是重言式，那么用任意命题公式替代 A 中某个命题变元 p 的所有出现，得到的新命题公式 B 也是重言式。此过程也称为重言式的代入规则。

证明：因为重言式对任意指派，其值都是真，与所给的某个命题变元 p 指派的真值是真还是假无关。因此，用任意命题公式处处替代 A 中命题变元 p 后依旧是永真的。

例 1-3.4　求证：$(P\rightarrow Q)\vee\neg(P\rightarrow Q)$为重言式。

证明：由命题公式 $r\vee\neg r$ 的真值表可知其为重言式。用命题公式$(P\rightarrow Q)$替代所有出现的命题变元 r，则得$(P\rightarrow Q)\vee\neg(P\rightarrow Q)$，根据代入规则可知，给定命题公式是重言式。

注意：若命题公式$(P\rightarrow Q)$只替代重言式中命题变元 r 的部分出现，如只替代命题变元 r 的一个出现得到命题公式$(P\rightarrow Q)\vee\neg r$，显然它不是重言式，因为这不符合代入规则所要求的处处代入。

§ 1–4　命题逻辑的等价关系

重言式的性质可以帮助我们找到新的重言式，但是使用它的前提是必须清楚哪些是已知的重言式，而有很多的命题公式形式上比较复杂，如命题公式$(p\rightarrow(q\rightarrow r))\leftrightarrow(p\wedge q\rightarrow r)$，很难一目了然利用重言式的性质直接判定。以下内容提供更加便捷的方法来判定命题公式的类型。

§1–4–1　等价

定义 1-4.1　A、B 是含有命题变元 p_1、p_2、…、p_n 的命题公式，如果对 p_1、p_2、…、p_n 做任何指派，都使得 A 和 B 的真值相同，那么称 A 与 B 等价，记作 $A \Leftrightarrow B$，并称 $A \Leftrightarrow B$ 是等价式。

定义 1-4.2　A、B 是含有命题变元 p_1、p_2、…、p_n 的命题公式，若命题公式 $A \leftrightarrow B$ 是重言式，则称 A 与 B 等价，记作 $A \Leftrightarrow B$，并称 $A \Leftrightarrow B$ 是等价式。

例 1-4.1　从表 1-10 可以看出，不论对命题变元 p、q 做何指派，都会使得命题公式 $p \to q$ 和 $\neg p \vee q$ 的真值相同，根据定义 1-4.1 表明 $p \to q$ 和 $\neg p \vee q$ 之间彼此等价。

从表 1-10 可以看出，公式 $(p \to q) \leftrightarrow (\neg p \vee q)$ 永真，根据定义 1-4.2 表明 $p \to q$ 和 $\neg p \vee q$ 之间彼此等价。

表 1-10　　例 1-4.1 的真值表

$p\ q$	$p \to q$	$\neg p \vee q$	$(p \to q) \leftrightarrow (\neg p \vee q)$
0 0	1	1	1
0 1	1	1	1
1 0	0	0	1
1 1	1	1	1

若使用重言式的代入规则，任意命题公式 A 处处替代命题变元 p，任意命题公式 B 处处替代命题变元 q，则命题公式 $A \to B$ 和 $\neg A \vee B$ 彼此等价。

注意：$\leftrightarrow$ 和 $\Leftrightarrow$ 的区别如下。$\leftrightarrow$ 是逻辑联结词，属于对象语言中的符号，它出现在命题公式中；$\Leftrightarrow$ 不是逻辑联结词，属于元语言中的符号，表示两个命题公式的一种关系，不属于这两个命题公式的任何一个命题公式中的符号。

§1–4–2　基本等价式

若 A 和 B 是任意命题公式，则下列等价关系成立。

（1）双重否定律　$\neg\neg A \Leftrightarrow A$

（2）幂等律　$A \vee A \Leftrightarrow A$　　$A \wedge A \Leftrightarrow A$

（3）交换律　$A \vee B \Leftrightarrow B \vee A$　　$A \wedge B \Leftrightarrow B \wedge A$

（4）结合律　$(A \vee B) \vee C \Leftrightarrow A \vee (B \vee C)$　　$(A \wedge B) \wedge C \Leftrightarrow A \wedge (B \wedge C)$

（5）分配律　$A \vee (B \wedge C) \Leftrightarrow (A \vee B) \wedge (A \vee C)$　　$A \wedge (B \vee C) \Leftrightarrow (A \wedge B) \vee (A \wedge C)$

（6）德摩根律　$\neg (A \vee B) \Leftrightarrow \neg A \wedge \neg B$　　$\neg (A \wedge B) \Leftrightarrow \neg A \vee \neg B$

（7）吸收律　$A \vee (A \wedge B) \Leftrightarrow A$　　$A \wedge (A \vee B) \Leftrightarrow A$

（8）零律　$A \vee 1 \Leftrightarrow 1$　　$A \wedge 0 \Leftrightarrow 0$

（9）同一律　$A \vee 0 \Leftrightarrow A$　　$A \wedge 1 \Leftrightarrow A$

（10）排中律　$A \vee \neg A \Leftrightarrow 1$

（11）矛盾律　$A \wedge \neg A \Leftrightarrow 0$

（12）蕴含等价式　$A \to B \Leftrightarrow \neg A \vee B$

（13）等值等价式　$A \leftrightarrow B \Leftrightarrow (A \to B) \wedge (B \to A)$

（14）假言易位　$A \to B \Leftrightarrow \neg B \to \neg A$

思考：观察以上等价式，会发现多数等价式是成对出现的，这种有趣的现象就是对偶性质的反映。在给定的仅使用逻辑联结词¬、∧和∨的命题公式 A 中，若把∧和∨互换、F 和 T 互换而得到一个命题公式 A^*，则称 A^*为 A 的对偶式。若 A 和 B 为两个命题公式并且 $A\Leftrightarrow B$，则 $A^*\Leftrightarrow B^*$。利用对偶性质可以扩大等价式的范围，也可以减少证明的次数。请读者尝试去发现，以及证明对偶的相关性质。

§1-4-3 置换规则

置换规则：A_1是合式公式 A 的子公式，若 $A_1\Leftrightarrow B_1$，将 A 中的 A_1 用 B_1 替换得到新公式 B，则 $A\Leftrightarrow B$。

证明： 因为 $A_1\Leftrightarrow B_1$，即对它们的命题变元做任何真值的指派，A_1 与 B_1 的真值相同，故以 B_1 替换 A_1 后，公式 B 与 A 再对其命题变元做相应的任何真值指派，它们的真值亦相同。因此，$A\Leftrightarrow B$ 成立。

注意： 代入规则和置换规则有如下区别。

（1）代入规则使用的前提是必须面向重言式；置换规则使用的前提是面向任意命题公式。

（2）代入规则被替代的对象必须是命题变元；置换规则被替代的对象可以是命题公式。

（3）代入规则的替代对象是任意命题公式；置换规则的替代对象必须是等价式。

（4）代入规则必须是处处代入；置换规则可部分替换，亦可处处替换。

有了置换规则，就可以用等值演算判断命题公式的类型。

例 1-4.2 用等值演算判断下列命题公式的类型。

（1）$(p\to q)\wedge p\to q$ （2）$\neg(p\to(p\vee q))\wedge r$ （3）$p\wedge(((p\vee q)\wedge\neg p)\to q)$

解：（1）$(p\to q)\wedge p\to q$

$\Leftrightarrow(\neg p\vee q)\wedge p\to q$ （蕴含等价式）

$\Leftrightarrow\neg((\neg p\vee q)\wedge p)\vee q$ （蕴含等价式）

$\Leftrightarrow(\neg(\neg p\vee q)\vee\neg p)\vee q$ （德摩根律）

$\Leftrightarrow((p\wedge\neg q)\vee\neg p)\vee q$ （德摩根律）

$\Leftrightarrow((p\vee\neg p)\wedge(\neg q\vee\neg p))\vee q$ （分配律）

$\Leftrightarrow(1\wedge(\neg q\vee\neg p))\vee q$ （排中律）

$\Leftrightarrow(\neg q\vee\neg p)\vee q$ （同一律）

$\Leftrightarrow(\neg q\vee q)\vee\neg p$ （交换律，结合律）

$\Leftrightarrow 1\vee\neg p$ （排中律）

$\Leftrightarrow 1$ （零律）

因此$(p\to q)\wedge p\to q$ 是重言式。

（2）$\neg(p\to(p\vee q))\wedge r$

$\Leftrightarrow\neg(\neg p\vee p\vee q)\wedge r$ （蕴含等价式，结合律）

$\Leftrightarrow(p\wedge\neg p\wedge\neg q)\wedge r$ （德摩根律）

$\Leftrightarrow(0\wedge\neg q)\wedge r$ （矛盾律）

$\Leftrightarrow 0\wedge r$ （零律）

$\Leftrightarrow 0$ （零律）

因此$\neg(p\to(p\vee q))\wedge r$ 是矛盾式。

（3）$p\wedge(((p\vee q)\wedge\neg p)\to q)$

$\Leftrightarrow p\wedge(\neg((p\vee q)\wedge\neg p)\vee q)$ （蕴含等价式）

$\Leftrightarrow p\wedge(\neg((p\wedge\neg p)\vee(q\wedge\neg p))\vee q)$ （分配律）
$\Leftrightarrow p\wedge(\neg(0\vee(q\wedge\neg p))\vee q)$ （矛盾律）
$\Leftrightarrow p\wedge(\neg(q\wedge\neg p))\vee q)$ （同一律）
$\Leftrightarrow p\wedge((\neg q\vee p)\vee q)$ （德摩根律，双重否定律）
$\Leftrightarrow p\wedge((\neg q\vee q)\vee p)$ （交换律，结合律）
$\Leftrightarrow p\wedge(1\vee p)$ （排中律）
$\Leftrightarrow p\wedge 1$ （零律）
$\Leftrightarrow p$ （同一律）

因为 00、01 是成假赋值，10、11 是成真赋值，因此 $p\wedge(((p\vee q)\wedge\neg p)\to q)$是可满足式。

例 1-4.3 用等值演算化简下列电路，如图 1-1 所示。

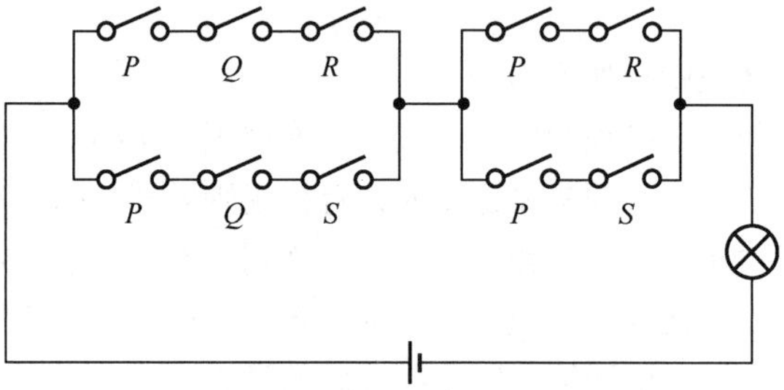

图 1-1 例 1-4.3 电路图

解：上述电路图可描述为：

$((P\wedge Q\wedge R)\vee(P\wedge Q\wedge S))\wedge((P\wedge R)\vee(P\wedge S))$
$\Leftrightarrow ((P\wedge Q\wedge(R\vee S))\wedge(P\wedge(R\vee S))$
$\Leftrightarrow P\wedge Q\wedge(R\vee S)$

化简后的电路如图 1-2 所示。

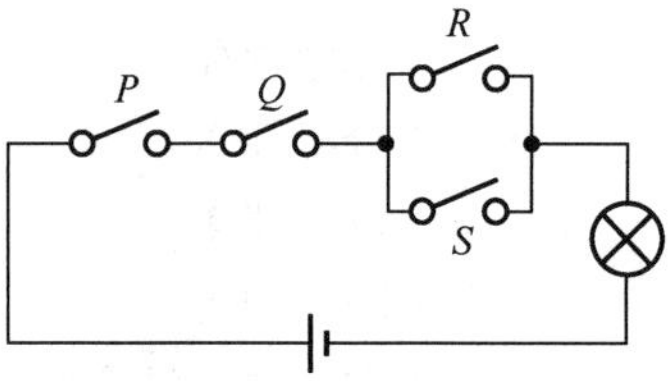

图 1-2 化简后电路图

例 1-4.4 用等值演算，将下面程序结构进行化简，如图 1-3 所示。

解：执行 X 的条件为$(A\wedge B)\vee(\neg A\wedge B)$。

执行 Y 的条件为$(A\wedge\neg B)\vee(\neg A\wedge\neg B)$。

执行 X 的条件可化简为：

$(A\wedge B)\vee(\neg A\wedge B)$
$\Leftrightarrow B\wedge(A\vee\neg A)$
$\Leftrightarrow B$

执行 Y 的条件可化简为：

$(A\wedge\neg B)\vee(\neg A\wedge\neg B)$
$\Leftrightarrow\neg B\wedge(A\vee\neg A)$
$\Leftrightarrow\neg B$

程序结构可简化为图 1-4 所示。

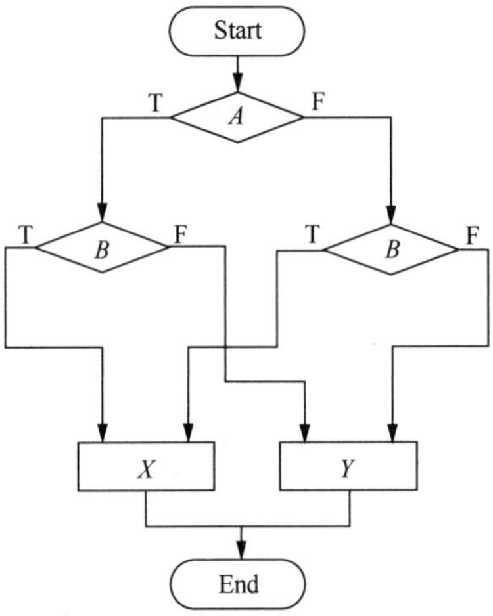

图 1-3 例 1-4.4 程序结构

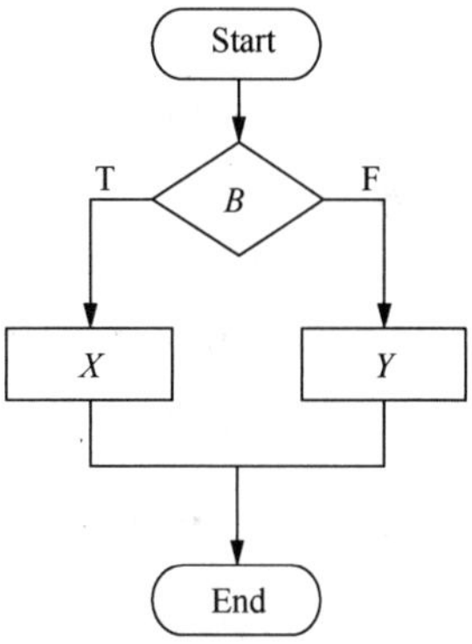

图 1-4 简化后程序结构

§1–5 命题公式的标准化

§1–5–1 析取范式与合取范式

根据置换规则，我们很容易发现一个命题公式经过等值演算，可以变换出若干与之逻辑等价的合式公式，多样的符号形式往往表达的是同一种逻辑内涵。不妨规定一种标准，将形式上多样的合式公式统一划归为一种规范形式——范式。

定义 1-5.1

（1）命题变元或命题变元的否定称为文字。如 p、q、$\neg r$ 等。

（2）有限个文字的析取称为简单析取式（也称为子句）。如 $p\vee q$、$\neg r\vee q$ 等。

（3）有限个文字的合取称为简单合取式（也称为短语）。如 $q\wedge\neg p$、$q\wedge r\wedge p$ 等。

定义 1-5.2

（1）有限个短语的析取式称为析取范式。如$(p\wedge q)\vee(\neg p\wedge q)$等。

（2）有限个子句的合取式称为合取范式。如$(p\vee q)\wedge(\neg p\vee q)\wedge(p\vee\neg q\vee\neg r)$等。

命题公式 $p\vee(q\vee\neg r)$、$\neg(q\vee r)$既不是析取范式也不是合取范式。

定理 1-5.1 对任意命题公式，都存在与其等价的析取范式和合取范式。

求范式的方法如下。

（1）利用等价式中的等值等价式和蕴含等价式将命题公式中的$\rightarrow$、$\leftrightarrow$用逻辑联结词$\neg$、$\wedge$、$\vee$来替代。

（2）重复使用德摩根律将$\neg$移到各个命题变元的前端，并消去多余的$\neg$。

（3）重复利用分配律，可将命题公式化成一些合取式的析取，或化成一些析取式的合取。

例 1-5.1

（1）求命题公式$(p\rightarrow\neg q)\rightarrow r$ 的合取范式。

解： $(p\to\neg q)\to r$

$\Leftrightarrow(\neg p\vee\neg q)\to r$ （消去第一个→）

$\Leftrightarrow\neg(\neg p\vee\neg q)\vee r$ （消去第二个→）

$\Leftrightarrow(p\wedge q)\vee r$ （¬内移——德摩根律)——析取范式

$\Leftrightarrow(p\vee r)\wedge(q\vee r)$ （∨对∧分配律）——合取范式

（2）求命题公式$(p\leftrightarrow q)\to r$ 的析取范式。

解： $(p\leftrightarrow q)\to r$

$\Leftrightarrow\neg(p\leftrightarrow q)\vee r$ （消去→）

$\Leftrightarrow\neg((\neg p\vee q)\wedge(p\vee\neg q))\vee r$ （消去↔）

$\Leftrightarrow(p\wedge\neg q)\vee(\neg p\wedge q)\vee r$ （¬内移——德摩根律）——析取范式

§1–5–2　主析取范式与主合取范式

思考这样一个例子：有命题公式$(p\vee q)\wedge(p\vee r)$，根据置换规则，可以得到若干与之等价的析取范式，如 $p\vee(q\wedge r)$、$(p\wedge p)\vee(q\wedge r)$、$p\vee(q\wedge\neg q)\vee(q\wedge r)$等。定义范式的初衷是为多样化的命题公式提供一种规范化的表达式，但是上述例子恰好说明了范式具有不唯一的表达式，给研究问题带来了不便。因此需要进一步定义规则，使得合式公式可以成为具有唯一确定形式的规范表达。

定义 1-5.3　在含有 n 个命题变元的简单合取式（简单析取式）中，若每个命题变元均以文字的形式在其中出现且仅出现一次，则称这样的简单合取式（简单析取式）为极小项（极大项）。

有几点说明。

① n 个命题变元有 2^n 个极小项和 2^n 个极大项。

② 2^n 个极小项（极大项）均互不等值。

③ 用 m_i 表示第 i 个极小项，其中 i 是该极小项成真赋值的十进制表示。用 M_i 表示第 i 个极大项，其中 i 是该极大项成假赋值的十进制表示。m_i（M_i）称为极小项（极大项）的名称。由 2 个命题变元 p、q 形成的极小项与极大项如表 1-11 所示。

表 1-11　　由 2 个命题变元 p、q 形成的极小项与极大项

极小项			极大项		
公式	成真赋值	名称	公式	成假赋值	名称
$\neg p\wedge\neg q$	0 0	m_0	$p\vee q$	0 0	M_0
$\neg p\wedge q$	0 1	m_1	$p\vee\neg q$	0 1	M_1
$p\wedge\neg q$	1 0	m_2	$\neg p\vee q$	1 0	M_2
$p\wedge q$	1 1	m_3	$\neg p\vee\neg q$	1 1	M_3

由 3 个命题变元 p、q、r 形成的极小项与极大项如表 1-12 所示。

表 1-12　　由 3 个命题变元 p、q、r 形成的极小项与极大项

极小项			极大项		
公式	成真赋值	名称	公式	成假赋值	名称
$\neg p\wedge\neg q\wedge\neg r$	0 0 0	m_0	$p\vee q\vee r$	0 0 0	M_0
$\neg p\wedge\neg q\wedge r$	0 0 1	m_1	$p\vee q\vee\neg r$	0 0 1	M_1
$\neg p\wedge q\wedge\neg r$	0 1 0	m_2	$p\vee\neg q\vee r$	0 1 0	M_2

续表

极小项			极大项		
公式	成真赋值	名称	公式	成假赋值	名称
$\neg p\wedge q\wedge r$	0 1 1	m_3	$p\vee\neg q\vee\neg r$	0 1 1	M_3
$p\wedge\neg q\wedge\neg r$	1 0 0	m_4	$\neg p\vee q\vee r$	1 0 0	M_4
$p\wedge\neg q\wedge r$	1 0 1	m_5	$\neg p\vee q\vee\neg r$	1 0 1	M_5
$p\wedge q\wedge\neg r$	1 1 0	m_6	$\neg p\vee\neg q\vee r$	1 1 0	M_6
$p\wedge q\wedge r$	1 1 1	m_7	$\neg p\vee\neg q\vee\neg r$	1 1 1	M_7

容易得到 m_i 与 M_i 的关系：$\neg m_i\Leftrightarrow M_i$，$\neg M_i\Leftrightarrow m_i$。

定义 1-5.4

（1）主析取范式——由极小项构成的析取范式。

（2）主合取范式——由极大项构成的合取范式。

求主范式（主析取范式和主合取范式）的方法一。

（1）先求出命题公式所对应的析取范式和合取范式。

（2）在析取范式的短语和合取范式的子句中重复出现的命题变元，将其等价变换为只出现一次。

（3）去掉析取范式中的所有永假式（$p\wedge\neg p$），去掉合取范式中的所有永真式（$p\vee\neg p$）。

（4）若析取范式的某一个短语中缺少该命题公式中所规定的命题变元 p，则可用命题公式$(p\vee\neg p)\wedge q\Leftrightarrow q$ 将命题变元 p 补进去，并利用分配律展开，然后合并相同的短语，此时得到的短语将是标准的极小项。若合取范式的某一个子句中缺少该命题公式中所规定的命题变元 p，则可用命题公式$(p\wedge\neg p)\vee q\Leftrightarrow q$ 将命题变元 p 补进去，并利用分配律展开，然后合并相同的子句，此时得到的子句将是标准的极大项。

（5）利用幂等律将相同的极小项和极大项合并，同时利用交换律进行顺序调整，将极小项（极大项）按下标从小到大排列，可得标准的主析取范式和主合取范式。

例 1-5.2 求命题公式 $A=(p\to\neg q)\to r$ 的主析取范式和主合取范式。

解： $(p\to\neg q)\to r$

$\Leftrightarrow (p\wedge q)\vee r$ （析取范式）

$\Leftrightarrow (p\wedge q)\wedge(\neg r\vee r)\vee(\neg p\vee p)\wedge(\neg q\vee q)\wedge r$ （添加缺少的变元）

$\Leftrightarrow (p\wedge q\wedge\neg r)\vee(p\wedge q\wedge r)\vee(\neg p\wedge\neg q\wedge r)\vee(\neg p\wedge q\wedge r)\vee(p\wedge\neg q\wedge r)\vee(p\wedge q\wedge r)$

（分配律展开）

$\Leftrightarrow m_1\vee m_3\vee m_5\vee m_6\vee m_7$ （合并相同的极小项并排序）

$\Leftrightarrow\sum 1,3,5,6,7$ （简化表达）

$(p\to\neg q)\to r$

$\Leftrightarrow (p\vee r)\wedge(q\vee r)$ （合取范式）

$\Leftrightarrow (p\vee(q\wedge\neg q)\vee r)\wedge((p\wedge\neg p)\vee q\vee r)$ （添加缺少的命题变元）

$\Leftrightarrow (p\vee q\vee r)\wedge(p\vee\neg q\vee r)\wedge(p\vee q\vee r)\wedge(\neg p\vee q\vee r)$

$\Leftrightarrow M_0\wedge M_2\wedge M_4$ （合并相同的极大项并排序）

$\Leftrightarrow\prod 0,2,4$ （简化表达）

求主范式的方法二。

（1）列出命题公式对应的真值表，选出命题公式的真值结果为真的所有行。在这样的每一行中，找到每一个赋值所对应的极小项，将这些极小项进行析取即可得到相应的主析取范式。

（2）列出命题公式对应的真值表，选出命题公式的真值结果为假的所有行。在这样的每一行中，找到每一个赋值所对应的极大项，将这些极大项进行合取即可得到相应的主合取范式。

例 1-5.3 用方法二求解命题公式 $A=(p\vee q)\rightarrow\neg r$ 的主析取范式和主合取范式。

命题公式 A 的真值如表 1-13 所示。

表 1-13 命题公式 A 的真值

$p\ q\ r$	$p\vee q$	$\neg r$	$(p\vee q)\rightarrow\neg r$
0 0 0	0	1	1
0 0 1	0	0	1
0 1 0	1	1	1
0 1 1	1	0	0
1 0 0	1	1	1
1 0 1	1	0	0
1 1 0	1	1	1
1 1 1	1	0	0

由命题公式 A 的真值表可知，其真值为真的行是 0、1、2、4、6 行，成真赋值为 000、001、010、100、110，所对应的极小项分别为 $\neg p\wedge\neg q\wedge\neg r$、$\neg p\wedge\neg q\wedge r$、$\neg p\wedge q\wedge\neg r$、$p\wedge\neg q\wedge\neg r$、$p\wedge q\wedge\neg r$，将所得极小项用 $\vee$ 联结即是主析取范式。

命题公式 A 真值为假的行是 3、5、7 行，成假赋值为 011、101、111，所对应的极大项分别为 $p\vee\neg q\vee\neg r$、$\neg p\vee q\vee\neg r$、$\neg p\vee\neg q\vee\neg r$，将所得极大项用 $\wedge$ 联结即是主合取范式。

思考： 重言式、矛盾式的主析取范式和主合取范式是怎样的？

§1–5–3 主范式的应用

例 1-5.4 学校要从 A、B、C 这 3 人中选派若干人出国考察，需满足下述条件。

（1）若 A 去，则 C 必须去。

（2）若 B 去，则 C 不能去。

（3）A 和 B 必须去一人且只能去一人。

问：有几种可能的选派方案？

解： 令 p：派 A 去；q：派 B 去；r：派 C 去。则 3 个条件符号化为如下形式。

（1）$p\rightarrow r$（2）$q\rightarrow\neg r$（3）$(p\wedge\neg q)\vee(\neg p\wedge q)$

可能的选派方案即求命题公式 A 的成真赋值。

$A\Leftrightarrow(p\rightarrow r)\wedge(q\rightarrow\neg r)\wedge((p\wedge\neg q)\vee(\neg p\wedge q))$

$\Leftrightarrow(\neg p\vee r)\wedge(\neg q\vee\neg r)\wedge((p\wedge\neg q)\vee(\neg p\wedge q))$

$\Leftrightarrow((\neg p\wedge\neg q)\vee(\neg p\wedge\neg r)\vee(r\wedge\neg q)\vee(r\wedge\neg r))\wedge((p\wedge\neg q)\vee(\neg p\wedge q))$

$\Leftrightarrow((\neg p\wedge\neg q)\wedge(p\wedge\neg q))\vee((\neg p\wedge\neg r)\wedge(p\wedge\neg q))\vee((r\wedge\neg q)\wedge(p\wedge\neg q))\vee((\neg p\wedge\neg q)\wedge(\neg p\wedge q))\vee((\neg p\wedge\neg r)\wedge(\neg p\wedge q))\vee((r\wedge\neg q)\wedge(\neg p\wedge q))$

$\Leftrightarrow(p\wedge\neg q\wedge r)\vee(\neg p\wedge q\wedge\neg r)$

成真赋值：101、010。最后的选派方案一：派 A 与 C 同去。选派方案二：只派 B 去。

例 1-5.5　学院安排课表，教语言课的教师希望将课程安排在第 1 节或第 3 节；教数学课的教师希望将课程安排在第 2 节或第 3 节；教物理课的教师希望将课程安排在第 1 节或第 2 节。如何安排课表，使得 3 位教师都满意？

解：令 L_1、L_2、L_3 分别表示语言课排在第 1、第 2、第 3 节；

M_1、M_2、M_3 分别表示数学课排在第 1、第 2、第 3 节；

P_1、P_2、P_3 分别表示物理课排在第 1、第 2、第 3 节。

3 位教师都满意的条件是：$(L_1 \vee L_3) \wedge (M_2 \vee M_3) \wedge (P_1 \vee P_2)$ 为真。

$(L_1 \vee L_3) \wedge (M_2 \vee M_3) \wedge (P_1 \vee P_2)$

$\Leftrightarrow ((L_1 \wedge M_2) \vee (L_1 \wedge M_3) \vee (L_3 \wedge M_2) \vee (L_3 \wedge M_3)) \wedge (P_1 \vee P_2)$

$\Leftrightarrow (L_1 \wedge M_2 \wedge P_1) \vee (L_1 \wedge M_3 \wedge P_1) \vee (L_3 \wedge M_2 \wedge P_1) \vee (L_3 \wedge M_3 \wedge P_1) \vee (L_1 \wedge M_2 \wedge P_2) \vee (L_1 \wedge M_3 \wedge P_2) \vee (L_3 \wedge M_2 \wedge P_2) \vee (L_3 \wedge M_3 \wedge P_2)$

因为同一时间只能安排一门课程，所以只有两种排法可以满足条件并且是合理的：$L_3 \wedge M_2 \wedge P_1$ 和 $L_1 \wedge M_3 \wedge P_2$。即语言课排在第 3 节、数学课排在第 2 节、物理课排在第 1 节或者语言课排在第 1 节、数学课排在第 3 节、物理课排在第 2 节。

§1–6　命题逻辑的蕴含关系

§1–6–1　蕴含

定义 1-6.1　设 A 和 B 是两个命题公式，若 $A \to B$ 是永真式，则称 A 蕴含 B，记作 $A \Rightarrow B$，称 $A \Rightarrow B$ 为蕴含式或永真条件式，并称 A 为蕴含式的前件或前提，B 为蕴含式的后件或结论。

符号→和⇒的区别与联系类似于↔和⇔。区别：→是逻辑联结词，属于对象语言中的符号，是命题公式中的符号；而⇒不是逻辑联结词，属于元语言中的符号，表示两个命题公式之间的关系，非命题公式中的符号。联系：$A \Rightarrow B$ 成立，其充要条件 $A \to B$ 是永真式。

等价式与蕴含式之间的关系：设 A 和 B 是两个命题公式，$A \Leftrightarrow B$ 的充要条件是 $A \Rightarrow B$ 且 $B \Rightarrow A$。

§1–6–2　证明蕴含关系的方法

证明蕴含关系的方法如下。

（1）用真值表证明 $A \to B$ 是重言式。

（2）逻辑推演证明：可以使用如下任何一种方法。

① 前件真推导后件真的方法。设条件式的前件指派为真，若能推导出后件指派也为真，则条件式是永真式，故蕴含关系成立。

② 后件假推导前件假的方法。设条件式的后件指派为假，若能推导出前件指派也为假，则条件式是永真式，故蕴含关系成立。

例 1-6.1　求证：$\neg Q \wedge (P \to Q) \Rightarrow \neg P$。

证明：① 前件真推导后件真的方法：设 $\neg Q \wedge (P \to Q)$ 为 T，则 $\neg Q$、$(P \to Q)$ 皆为 T，于是 Q 为 F，$P \to Q$ 为 T，则必须 P 为 F，故 $\neg P$ 为 T。

② 后件假推导前件假的方法：设 $\neg P$ 为 F，若 Q 为 F，则 $P \to Q$ 为 F，$\neg Q \wedge (P \to Q)$ 为 F；若

Q 为 T，则 $\neg Q$ 为 F，$\neg Q\wedge(P\to Q)$ 为 F，故 $\neg Q\wedge(P\to Q)\Rightarrow\neg P$。

§1-6-3　基本蕴含式

由以上方法可证明得到常用的基本蕴含式如下。

（1）$A\Rightarrow(A\vee B)$　附加律

（2）$(A\wedge B)\Rightarrow A$　化简律

（3）$(A\to B)\wedge A\Rightarrow B$　假言推理

（4）$(A\to B)\wedge\neg B\Rightarrow\neg A$　拒取式

（5）$(A\vee B)\wedge\neg B\Rightarrow A$　析取三段论

（6）$(A\to B)\wedge(B\to C)\Rightarrow(A\to C)$　假言三段论

（7）$(A\leftrightarrow B)\wedge(B\leftrightarrow C)\Rightarrow(A\leftrightarrow C)$　等价三段论

（8）$(A\to B)\wedge(C\to D)\wedge(A\vee C)\Rightarrow(B\vee D)$　构造性二难推理

（9）$(A\to B)\wedge(C\to D)\wedge(\neg B\vee\neg D)\Rightarrow(\neg A\vee\neg C)$　破坏性二难推理

§1-7　命题逻辑的推理理论

§1-7-1　推理的有效性

逻辑学的重要任务之一是研究人类的思维规律，能够进行有效的推理是人类智慧的重要体现之一。推理也称论证，是指由已知的若干命题得到新命题的思维过程，其中已知命题称为推理的前提或假设，推得的新命题称为推理的结论。命题逻辑要把推理的过程描述为形式化的逻辑演绎规律。

定义 1-7.1　设 A_1、A_2、…、A_k、B 为命题公式。若对每组赋值，$A_1\wedge A_2\wedge\cdots\wedge A_k$ 为假，或当 $A_1\wedge A_2\wedge\cdots\wedge A_k$ 为真时，B 也为真，则称由前提 A_1、A_2、…、A_k 推出结论 B 的推理是有效的，并称 B 是有效结论。

实际上，有效推理的过程就是证明永真蕴含式的过程，即令 $A_1\wedge A_2\wedge\cdots\wedge A_k$ 是已知的命题公式（前提），若有 $A_1\wedge A_2\wedge\cdots\wedge A_k\Rightarrow B$，则称 B 是 A_1、A_2、…、A_k 的有效结论。

可知无效推理为：前提皆是真命题而结论是假命题。

因为逻辑学研究的是人类思维的规律,关心的不是具体结论的真实性而是推理过程的有效性，所以前提的真值是否为真不作为确定推理是否有效的依据。在命题逻辑推理中应注意区分“有效”和“真”是截然不同的概念：有效的推理不一定产生真的结论；产生真结论的推理未必是有效的；有效的推理可能包含假的前提；而无效的推理却可能包含真的前提；如果前提全是真，那么有效结论也应该是真而绝非假。

§1-7-2　有效推理的判断方法

判断推理是否有效的方法如下。

（1）真值表法。

（2）等值演算法。

（3）主析取范式法。

（4）逻辑推演法。

例 1-7.1　判断下面推理是否有效。

（1）若今天是 1 号，则明天是 5 号。今天是 1 号，所以明天是 5 号。

（2）若今天是 1 号，则明天是 5 号。明天是 5 号，所以今天是 1 号。

（3）若今天是 1 号，则明天是 5 号。明天不是 5 号，所以今天不是 1 号。

解：令 p：今天是 1 号；q：明天是 5 号。

（1）推理的形式结构：$(p\to q)\wedge p\to q$。

用等值演算法：

$(p\to q)\wedge p\to q$

$\Leftrightarrow\neg((\neg p\vee q)\wedge p)\vee q$

$\Leftrightarrow\neg(\neg p\wedge p\vee q\wedge p)\vee q$

$\Leftrightarrow\neg(q\wedge p)\vee q$

$\Leftrightarrow\neg p\vee\neg q\vee q$

$\Leftrightarrow 1$

可知推理有效。

（2）推理的形式结构：$(p\to q)\wedge q\to p$。

用主析取范式法：

$(p\to q)\wedge q\to p$

$\Leftrightarrow(\neg p\vee q)\wedge q\to p$

$\Leftrightarrow\neg((\neg p\vee q)\wedge q)\vee p$

$\Leftrightarrow(\neg p\wedge\neg q)\vee(p\wedge\neg q)\vee(p\wedge\neg q)\vee(p\wedge q)$

$\Leftrightarrow m_0\vee m_2\vee m_3$

结果不含 m_1，故 01 是成假赋值，所以推理无效。

（3）推理的形式结构：$(p\to q)\wedge\neg q\to\neg p$。

用逻辑推演法：

① 前件真推导后件真的方法：设$(p\to q)\wedge\neg q$ 为 T，则$(p\to q)$、$\neg q$ 皆为 T，于是 q 为 F，$p\to q$ 为 T，则 p 必须为 F，故$\neg p$ 为 T。

② 后件假推导前件假的方法：设$\neg p$ 为 F，若 q 为 F，则 $p\to q$ 为 F，$\neg q\wedge(p\to q)$为 F；若 q 为 T，则$\neg q$ 为 F，$\neg q\wedge(p\to q)$为 F。

两种方法均可得$(p\to q)\wedge\neg q\Rightarrow\neg p$，所以推理有效。

§ 1–7–3　自然推理系统

当前提 A_1、A_2、…、A_k 包含较多命题时，上述有效推理的判断方法会增加判定的复杂度，因此我们使用自然推理系统来简化有效推理的过程。

定义 1-7.2　自然推理系统定义如下。

1．字母表

（1）命题变元符号：p、q、r、…。

（2）逻辑联结词符号：¬、∧、∨、→、↔。

（3）括号与逗号：(、)、,。

2. 合式公式（同定义 1–3.3）

3. 推理规则

（1）P 规则（也称前提引入规则）：在推理过程中，前提可随推理的需要随时引入使用。

（2）T 规则（也称结论引入规则）：在推理过程中，前面已推理出的有效结论都可作为后续推理的前提引入。

（3）置换规则。

（4）假言推理规则。

$$\begin{array}{c} A \\ A \to B \\ \hline \text{所以} B \end{array}$$

（5）附加规则。

$$\begin{array}{c} A \\ \hline \text{所以} A \vee B \end{array}$$

（6）化简规则。

$$\begin{array}{c} A \wedge B \\ \hline \text{所以} A \end{array}$$

（7）拒取式规则。

$$\begin{array}{c} A \to B \\ \neg B \\ \hline \text{所以} \neg A \end{array}$$

（8）假言三段论规则。

$$\begin{array}{c} A \to B \\ B \to C \\ \hline \text{所以} A \to C \end{array}$$

（9）析取三段论规则。

$$\begin{array}{c} A \vee B \\ \neg B \\ \hline \text{所以} A \end{array}$$

（10）构造性二难推理规则。

$$\begin{array}{c} A \to B \\ C \to D \\ A \vee C \\ \hline \text{所以} B \vee D \end{array}$$

（11）破坏性二难推理规则。

$$\begin{array}{c} A \to B \\ C \to D \\ \neg B \vee \neg D \\ \hline \text{所以} \neg A \vee \neg C \end{array}$$

（12）合取引入规则。

$$\begin{array}{c} A \\ B \\ \hline \text{所以} A \wedge B \end{array}$$

§1-7-4 自然推理系统中构造有效推理的方法

在自然推理系统中，常用的构造有效推理的方法有 3 种：直接证明法、附加前提证明法、归谬法。

1. 直接证明法

由前提利用推理规则直接推知结论。

例 1-7.2 在自然推理系统中构造下面推理的证明。

（1）若明天下雨或下雪，我就要明早出门做救援。若我明早出门做救援，今晚必须准备物资。我今晚没有准备物资。因此明天不下雨也不下雪。

解：首先定义命题并符号化。

令 p：明天下雨；q：明天下雪；r：我明早出门做救援；s：我今晚准备物资。

其次写出证明的形式结构。

前提：$(p \vee q) \to r$，$r \to s$，$\neg s$。

结论：$\neg p \wedge \neg q$。

最后证明：

① $r \to s$ P

② $\neg s$ P

③ $\neg r$ T，①、②拒取式

④ $(p \vee q) \to r$ P

⑤ $\neg(p \vee q)$ T，③、④拒取式

⑥ $\neg p \wedge \neg q$ T，⑤置换

（2）如果今天是周六，那么我们就到颐和园或圆明园玩。如果颐和园游人太多，那么就不去颐和园。今天是周六，并且颐和园游人太多，所以，我们去圆明园或动物园玩。

解：首先定义命题并符号化。

设 p：今天是周六。q：到颐和园玩。r：到圆明园玩。s：颐和园游人太多。u：到动物园玩。

其次写出证明的形式结构。

前提：$p \to (q \vee r)$，$s \to \neg q$，p，s。

结论：$r \vee u$。

最后证明：

① $p \to (q \vee r)$ P

② p P

③ $q \vee r$ T，①、②假言推理

④ $s \to \neg q$ P

⑤ s P

⑥ $\neg q$ T，④、⑤假言推理

⑦ r T，③、⑥析取三段论

⑧ $r \vee u$ T，⑦附加

2. 附加前提证明法

又称为 CP 规则，适用于结论为蕴含式。

欲证

前提：A_1、A_2、…、A_k。

结论：$C \to B$。

等价地证明

前提：A_1、A_2、…、A_k、C。

结论：B。

理由：

$(A_1 \wedge A_2 \wedge \cdots \wedge A_k) \to (C \to B)$

$\Leftrightarrow \neg(A_1 \wedge A_2 \wedge \cdots \wedge A_k) \vee (\neg C \vee B)$

$\Leftrightarrow \neg(A_1 \wedge A_2 \wedge \cdots \wedge A_k \wedge C) \vee B$

$\Leftrightarrow (A_1 \wedge A_2 \wedge \cdots \wedge A_k \wedge C) \to B$

例 1-7.3 用附加前提证明法构造下面推理的证明。

前提：$p \vee q$，$p \to r$，$r \to \neg s$。

结论：$s \to q$。

证明：

① s	P（附加前提）
② $p \to r$	P
③ $r \to \neg s$	P
④ $p \to \neg s$	T，②、③假言三段论
⑤ $\neg p$	T，①、④拒取式
⑥ $p \vee q$	P
⑦ q	T，⑤、⑥析取三段论

3. 归谬法

归谬法又称为反证法。

欲证

前提：A_1、A_2、…、A_k。

结论：B。

需要在前提中加入$\neg B$，推出矛盾。

理由：

$(A_1 \wedge A_2 \wedge \cdots \wedge A_k) \to B$

$\Leftrightarrow \neg(A_1 \wedge A_2 \wedge \cdots \wedge A_k) \vee B$

$\Leftrightarrow \neg(A_1 \wedge A_2 \wedge \cdots \wedge A_k \wedge \neg B)$

$\Leftrightarrow \neg(A_1 \wedge A_2 \wedge \cdots \wedge A_k \wedge \neg B) \vee F$

$\Leftrightarrow A_1 \wedge A_2 \wedge \cdots \wedge A_k \wedge \neg B \to F$

例 1-7.4 用归谬法构造下面推理的证明。

前提：$\neg(p \wedge q) \vee r$，$r \to s$，$\neg s$，p。

结论：$\neg q$。

证明：

① q	结论否定引入
② $r \to s$	P

③ $\neg s$	P
④ $\neg r$	T，②、③拒取式
⑤ $\neg(p\wedge q)\vee r$	P
⑥ $\neg(p\wedge q)$	T，④、⑤析取三段论
⑦ $\neg p\vee\neg q$	T，⑥置换
⑧ $\neg p$	T，①、⑦析取三段论
⑨ p	P
⑩ $\neg p\wedge p$	T，⑧、⑨合取

本章总结

本章介绍了命题逻辑的基本内容，包括命题、逻辑联结词、命题公式、真值表、等值演算、命题公式的范式、永真蕴含式、命题逻辑的推理理论等。

熟练运用真值表、基本等价式及基本蕴含式是掌握命题演算、推理过程，求主合取范式和主析取范式的基础；要求能灵活正确地使用推理规则；要求善于将自然语言符号化，使推理过程简单、正确。欲在计算机上实现推理还需要继续学习研究。

习　题

1. 下列语句中，哪些是命题？哪些不是命题？如果是命题，那么指出它的真值。

（1）韩寒是赛车手。

（2）你喜欢郭敬明的作品吗?

（3）不存在最大素数。

（4）$21+3<5$。

（5）老王是山东人或河北人。

（6）2 和 3 都是偶数。

（7）小李在看书。

（8）这朵玫瑰花多美丽呀!

（9）请勿随地吐痰!

（10）圆的面积等于半径的平方乘以π。

（11）只有 6 是偶数，3 才能是 2 的倍数。

（12）雪是黑色的当且仅当太阳从东方升起。

（13）如果天不下雨，他就骑自行车上班。

2. 将下列命题符号化，并指出各复合命题的真值。

（1）如果 $3+3=6$，那么雪是白的。

（2）如果 $3+3\neq 6$，那么雪是白的。

（3）如果 $3+3=6$，那么雪不是白的。

（4）如果 $3+3\neq 6$，那么雪不是白的。

3. 设 p：天下雪。

q：我将进城。

r：我有时间。

将下列命题符号化。

（1）天没有下雪，我也没有进城。

（2）如果我有时间，那么我将进城。

（3）如果天不下雪而我又有时间的话，那么我将进城。

4. 用真值表证明下列等价式。

（1）$p\to(q\to r)\Leftrightarrow(p\wedge q)\to r$

（2）$p\to q\Leftrightarrow\neg q\to\neg p$

5. 用等值演算证明习题 4 中的等价式。

（1）$p\to(q\to r)$

（2）$\neg q\to\neg p$

6. 用等值演算判断下列命题公式的类型。

（1）$(p\to q)\wedge p\to q$

（2）$((p\to q)\wedge(q\to r))\to(p\to r)$

7. 求下列命题公式的主析取范式，并求命题公式的成真赋值。

（1）$(p\wedge q)\vee(p\wedge r)$

（2）$\neg(p\vee q)\to(\neg p\wedge r)$

8. 求下列命题公式的主合取范式，并求命题公式的成假赋值。

（1）$(p\to q)\wedge r$

（2）$\neg(p\to q)\leftrightarrow(p\to\neg q)$

9. 求下列命题公式的主析取范式，再用主析取范式求出主合取范式。

（1）$(p\to q)\wedge(q\to r)$

（2）$\neg(\neg p\vee\neg q)\vee r$

10. 用逻辑推演方法证明下列蕴含式。

（1）$p\wedge q\Rightarrow p\to q$

（2）$p\to(q\to r)\Rightarrow(p\to q)\to(p\to r)$

11. 用等值演算证明有效结论。

（1）$(p\to(q\to r))$，$p\wedge q\Rightarrow r$

（2）$\neg p\vee q$，$\neg(q\wedge\neg r)$，$\neg r\Rightarrow\neg p$

12. 在自然推理系统中证明下列各推理是有效推理。

（1）$p\to(q\vee r)$，$(t\vee s)\to p$，$(t\vee s)\Rightarrow q\vee r$

（2）$p\vee q\to r\wedge s$，$s\vee t\to u\Rightarrow p\to u$

（3）$\neg q\vee s$，$(t\to\neg u)\to\neg s\Rightarrow q\to t$

（4）$r\to\neg q$，$r\vee s$，$s\to\neg q$，$p\to q\Rightarrow\neg p$

13. 证明下面各命题推得的结论是有效的：如果今天是星期三，那么我有一次离散数学或数字逻辑测验；如果离散数学老师有事，那么没有离散数学测验；今天是星期三且离散数学老师有事，所以我有一次数字逻辑测验。

第 2 章 谓词逻辑

命题逻辑虽然可以解决许多逻辑问题，但它仍然有局限性。逻辑史上著名的亚里士多德三段论虽然推理正确，但是无法用命题逻辑的方法给出证明。谓词逻辑的发现解决了这样的问题，它使得数理逻辑的演算趋于完备。谓词逻辑也称为一阶谓词逻辑或谓词演算。

§2–1　谓词逻辑命题符号化

§2–1–1　命题逻辑的局限性

逻辑史上著名的亚里士多德三段论，公认是有效的推理。

（1）所有的人都是要死的。

（2）苏格拉底是人。

（3）苏格拉底是要死的。

当试图用命题逻辑的推理方法去构造如上所述三段论的证明时，发现不可为之。

P：所有的人都是要死的。

Q：苏格拉底是人。

R：所以苏格拉底是要死的。

P、Q、R 为不同的命题，无法体现三者相互之间的联系，说明命题逻辑是有局限性的，只能进行命题之间关系的推理，无法深入语句内部，解决与命题的结构和成分有关的推理问题。为此我们需要将命题进一步细致地符号化，分析出其中的个体词、谓词和量词，研究它们的形式结构、逻辑关系、正确的推理形式和方法，由此深入谓词逻辑的学习。谓词逻辑在人工智能领域的知识表示、知识推理、机器证明等方面有重要的意义。

§2–1–2　谓词逻辑三要素

命题是具有真假意义的陈述句。从语法上分析，一个陈述句由主语和谓语两部分组成。一般主语充当个体词，谓语充当谓词。

1. 个体词

在原子命题中，可以独立存在的客体（语句中的主语、宾语等），称为个体词。个体词可以是具体的或特定的事物，如小张、杭州、实数 2 等。具体的或特定的个体词称为个体常元，一般用带或不带下标的小写英文字母 a、b、c、…、a_1、b_1、c_1、…表示；个体词还可以是抽象的或泛指的事物，如房子、大米、学生、思想等，抽象的或泛指的个体词称为个体变元，一般用带或不带下标的小写英文字母 x、y、z、…、x_1、y_1、z_1、…表示。个体变元的取值范围称为个体域或论域：有限个体域，如$\{a,b,c\}$、$\{1,2\}$等；无限个体域，如整数集合 **Z**、实数集合 **R** 等；全总个体域——由宇宙间一切事物组成的论域。

2. 谓词

谓词是用来刻画个体词的性质或事物之间的关系的词。表示特定谓词，称为谓词常元；表示不确定的谓词，称为谓词变元，都用大写英文字母，如 P、Q、R、…，或其带上、下标来表示。对给定的命题，当用表示其个体的小写字母和表示其谓词的大写字母来表示时，规定把小写字母写在大写字母右侧的圆括号内。

如在命题“张明是个大学生”中，“张明”是个体，“是个大学生”是谓词，它刻画了“张明”的性质。设 S：是大学生，c：张明，则“张明是个大学生”可表示为 $S(c)$。又如命题“武汉位于北京和广州之间”，武汉、北京和广州是 3 个个体，“……位于……和……之间”是谓词，它刻画了武汉、北京和广州之间的关系。设 P：……位于……和……之间，a：武汉，b：北京，c：广州，则 $P(a,b,c)$：武汉位于北京和广州之间。

定义 2-1.1 一个原子命题用一个谓词（如 P）和 n 个有次序的个体常元（如 a_1、a_2、…、a_n）表示成 $P(a_1,a_2,\cdots,a_n)$，称它为该原子命题的谓词形式或命题的谓词形式。

应注意的是，命题的谓词形式中的个体常元出现的次序影响命题的真值，不可随意变动，否则真值会有变化。如上述例子中，命题 $P(a,b,c)$为“真”，但命题 $P(c,a,c)$为“假”。原子命题的谓词形式还可以进一步抽象，如在谓词右侧的圆括号内的 n 个个体常元被替换成个体变元，如 x_1、x_2、…、x_n，这样便得到一种关于命题结构的新表达形式，称为 n 元原子谓词。

定义 2-1.2 由一个谓词（如 P）和 n 个个体变元（如 x_1、x_2、…、x_n）组成的 $P(x_1, x_2,\cdots, x_n)$，称为 n 元原子谓词或 n 元命题函数，简称 n 元谓词。

当 n=1 时，称为一元谓词；当 n=2 时，称为二元谓词，…特别地，当 n=0 时，称为零元谓词。零元谓词是命题，这样命题与谓词就得到了统一。n 元谓词不是命题，只有其中的个体变元用特定个体或个体常元替代时，才能成为一个命题。但个体变元在哪些论域取特定的值，对命题的真值是有影响的。

例 2-1.1 令 $S(x)$：x 是大学生。若 x 的论域为某大学计算机系中的全体学生，则 $S(x)$是真的；若 x 的论域是某中学的全体学生，则 $S(x)$是假的；若 x 的论域是某剧场中的观众，且观众中有大学生也有非大学生的其他观众，则 $S(x)$的真值是不确定的。

通常，把一个 n 元谓词中的每个个体的论域综合在一起作为它的论域，称为 n 元谓词的全总论域。当一个命题没有指明论域时，一般都以全总个体域作为其论域。

例 2-1.2 令 $S(x)$：x 是聪明的。若以全总个体域来讨论是否聪明这样的属性，和人类的日常思维形式未免相违。因此，为深入研究命题的方便，通常采用一个谓词如 $P(x)$来限制个体变元 x 的取值范围，并把 $P(x)$称为特性谓词，如令 $P(x)$：x 是大学生。在 $P(x)$约束的范围中讨论是否聪明是符合日常思维的。这样的特性谓词与量词如何联结在一起从而在合理的论域中表达论述将在 2-1-3 节中阐明。

3. 量词

利用 n 元谓词和它的论域概念，有时还是不能用符号来很准确地表达某些命题，令 $S(x)$：x 是大学生，x 的个体域为某单位的职工。$S(x)$可表示某单位职工都是大学生，也可表示某单位有一些职工是大学生。为了避免理解上的歧义，在谓词逻辑中，需要引入用于刻画“所有的”“存在一些”等表示个体常元或变元之间数量关系的词，即量词。量词分为以下两种。

① 符号$\forall$称为全称量词符，用来表达“对所有的”“每一个”“对任何一个”“一切”“凡是”“任意”等词语；$\forall x$ 称为全称量词，x 为指导变元，表示个体域内所有的 x。

② 符号$\exists$称为存在量词符，用来表达“存在一些”“至少有一个”“对一些”“某个”“有的”“存在”等词语；$\exists x$ 称为存在量词，x 称为指导变元，表示个体域内有的 x。

注意：为了表达数学命题的方便，有些教材允许使用符号$\exists !$，称为存在唯一量词符，用来表达“有且只有一个”“存在唯一”等词语。本书只关注全称量词符和存在量词符。

§2-1-3　谓词逻辑命题符号化

有了量词之后，用逻辑符号表示命题的能力大大加强了。

例 2-1.3　用谓词逻辑符号化下列命题。

（1）所有大学生都爱学习。

（2）每个自然数都是实数。

（3）一些大学生通过了英语六级考试。

（4）有的自然数是素数。

解：令 $S(x)$：x 是大学生；$L(x)$：x 爱学习；$N(x)$：x 是自然数；$R(x)$：x 是实数；$I(x)$：x 通过了英语六级考试；$P(x)$：x 是素数。

则该例中各命题分别表示如下。

（1）$(\forall x)(S(x)\to L(x))$

（2）$(\forall x)(N(x)\to R(x))$

（3）$(\exists x)(S(x)\wedge I(x))$

（4）$(\exists x)(N(x)\wedge P(x))$

在该例的解答中，命题中没有特别指明论域，这便意味着各命题是在全总个体域中讨论的，因此都使用了特性谓词，如 $S(x)$、$N(x)$。而且还可以看出，量词与特性谓词的搭配还有一定规律，即全称量词后跟一个条件式，特性谓词作为其前件出现；存在量词后跟一个合取式，特性谓词作为一个合取项出现。

例 2-1.4　用谓词形式表示下列命题。

（1）正数都大于负数。

（2）有的无理数大于有的有理数。

（3）不是所有的人都喜欢看电影。

解：题目中没有指明个体域，一律用全总个体域。

（1）令 $F(x)$：x 为正数；$G(y)$：y 为负数；$L(x,y)$：$x>y$。

则命题表示为：$(\forall x)(F(x)\to(\forall y)(G(y)\to L(x,y)))$。

或者：$(\forall x)(\forall y)(F(x)\wedge G(y)\to L(x,y))$。

（2）令 $F(x)$：x 是无理数；$G(y)$：y 是有理数；$L(x,y)$：$x>y$。

则命题表示为：$(\exists x)(F(x)\wedge(\exists y)(G(y)\wedge L(x,y)))$。

或者：$(\exists x)(\exists y)(F(x)\wedge G(y)\wedge L(x,y))$。

（3）令 $F(x)$：x 是人；$G(x)$：x 喜欢看电影。

则命题表示为：$\neg(\forall x)(F(x)\to G(x))$。

或者：$(\exists x)(F(x)\wedge\neg G(x))$。

§2–2　谓词公式

§2–2–1　谓词逻辑的合式公式

为了方便处理数学和计算机科学的逻辑问题及谓词表示的直觉清晰性，特引进项的概念。

定义 2-2.1　项由下列规则形成。

① 个体常元和个体变元是项。

② 若 f 是 n 元函数，且 $t_1,t_2,\cdots,t_n$ 是项，则 $f(t_1,t_2,\cdots,t_n)$ 是项。

③ 所有项都是有限次使用①和②生成的。

项和函数的使用给谓词逻辑中的个体词表示带来很大的方便。

例 2-2.1　用谓词逻辑符号化下列命题。

（1）王丽的父亲是教授。

（2）对任意整数 x，$x^2-1=(x+1)(x-1)$ 是恒等式。

解：（1）令 $P(x)$：x 是教授；$f(x)$：x 的父亲；c：王丽。

则命题表示为：$P(f(c))$。

（2）令 $I(x)$：x 是整数；$f(x)=x^2-1$；$g(x)=(x+1)(x-1)$；$E(x,y)$：$x=y$。

则命题表示为：$(\forall x)(I(x)\rightarrow E(f(x),g(x)))$。

定义 2-2.2　若 $P(x_1,x_2,\cdots,x_n)$ 是 n 元谓词，$t_1,t_2,\cdots,t_n$ 是项，则称 $P(t_1,t_2,\cdots,t_n)$ 为原子谓词公式，简称原子公式。

由原子公式出发，给出谓词逻辑中的合式公式的递归定义。

定义 2-2.3　谓词逻辑的合式公式为当且仅当由下列规则形成字符串。

① 原子公式是合式公式。

② 若 A 是合式公式，则 $(\neg A)$ 是合式公式。

③ 若 A、B 是合式公式，则 $(A\wedge B)$、$(A\vee B)$、$(A\rightarrow B)$ 和 $(A\leftrightarrow B)$ 都是合式公式。

④ 若 A 是合式公式，x 是个体变元，则 $(\forall x)A$、$(\exists x)A$ 都是合式公式。

⑤ 只有有限次地应用①～④形成的字符串才是合式公式。合式公式简称公式。

例 2-2.2　$(\forall x)P(x)$、$(\forall x)(P(x)\vee Q(x))$ 和 $(\exists x)(\forall y)(P(x,y)\rightarrow R(y))$ 都是合式公式，而 $(\forall x)(P(x)\rightarrow R(x))$ 和 $(\exists x)(\forall y)(\wedge P(x,y))$ 则不是合式公式。

以后为使用方便，在不引起混淆时，可将合式公式中有的括号省略，其规则与命题公式的括号省略相同，即最外层括号可省略。但是，量词后面的括号是不能省略的。

§2–2–2　闭式

定义 2-2.4　在公式 $(\forall x)A(x)$ 或 $(\exists x)A(x)$ 中，称 x 为指导变元，A 为相应量词的辖域。在 $\forall x$ 和 $\exists x$ 的辖域中，x 的所有出现都称为约束出现，A 中不是约束出现的其他变元均称为是自由出现的。

注意：一般来说，如果量词后边只是一个原子谓词公式，那么该量词的辖域就是此原子谓词公式。如果量词后边是括号，那么此括号所表示的区域就是该量词的辖域。如果多个量词紧挨着出现，那么后面的量词及其辖域就是前面量词的辖域。

例 2-2.3 指出下列公式中的量词辖域、个体变元的约束出现和自由出现。

（1）$(\forall x)(P(x)\to(\exists y)Q(x,y))$

（2）$(\exists x)H(x)\wedge L(x,y)$

（3）$(\forall x)(\forall y)(P(x,y)\vee Q(y,z))\wedge(\exists x)R(x,y)$

解：（1）$(\forall x)$的辖域是$(P(x)\to(\exists y)Q(x,y))$，$(\exists y)$的辖域是 $Q(x,y)$。对$(\exists y)$的辖域来说，y 为约束出现，x 为自由出现；对$(\forall x)$的辖域来说，x 和 y 均为约束出现。对整个公式来说，x 约束出现 2 次，y 约束出现 1 次。

（2）$(\exists x)$的辖域是 $H(x)$，x 为约束出现，$L(x,y)$中的 x 和 y 都为自由出现。对整个公式来说，x 既为约束出现又为自由出现，y 自由出现 1 次。

（3）$(\forall x)$和$(\forall y)$的辖域分别为$(\forall y)(P(x,y)\vee Q(y,z))$和$(P(x,y)\vee Q(y,z))$，$x$ 和 y 为约束出现，z 为自由出现。$(\exists x)$的辖域是 $R(x,y)$，x 为约束出现，y 为自由出现。对整个公式来说，x 为约束出现，y 既为约束出现又为自由出现，z 为自由出现。

定义 2-2.5 设 A 为任意一个公式，若 A 中无自由出现的个体变元，则称 A 为封闭的合式公式，简称闭式。

由闭式定义可知，闭式中所有个体变元均为约束出现。如$(\forall x)(P(x)\to Q(x))$和$(\exists x)(\forall y)(P(x)\vee Q(x,y))$是闭式，而$(\forall x)(P(x)\to Q(x,y))$和$(\exists y)(\forall z)L(x,y,z)$不是闭式。

从上面的讨论可以看出，在一个公式中，有的个体变元既可以是约束出现，又可以是自由出现，这就容易产生混淆。为了避免混淆，采用改名规则使得这个变元的身份唯一：将量词辖域中某个约束出现的个体变元和相应指导变元，改为本辖域中未曾出现过的个体变元符号，其余保持不变。

例 2-2.4 将公式$(\forall x)(P(x)\to Q(x,y))\wedge R(x,y)$中的约束变元改名。

解：$(\forall x)$辖域中的变元 x 既为约束出现又为自由出现，因此正确改名是把约束变元 x 改为 z，得$(\forall z)(P(z)\to Q(z,y))\wedge R(x,y)$；$R(x,y)$的 x 为自由变元，所以不改名。

§2–2–3 谓词公式的解释

设 L 是谓词逻辑生成的一阶语言（即上述逻辑概念所构成的符号表达式），则 L 的解释 I 由 4 部分组成。

定义 2-2.6 一个解释 I 由下面 4 部分组成。

① 非空个体域 D_I。

② 对每一个个体常元符号 $a\in L$，有 $a'\in D_I$，称 a'为 a 在 I 中的解释。

③ 对每一个 n 元函数符号 $f\in L$，有一个 D_I上的 n 元函数 f'，称 f'为 f 在 I 中的解释。

④ 对每一个 n 元谓词符号 $P\in L$，有一个 D_I上的 n 元谓词常项 P'，称 P'为 P 在 I 中的解释。

设公式 A，取个体域 D_I，把 A 中的个体常元符号、函数符号、谓词符号分别替换成它们在 I 中的解释，称所得到的公式 A'为 A 在 I 下的解释，或 A 在 I 下被解释成 A'。

例 2-2.5 讨论$(\forall x)(\exists y)P(x,y)$在 $P(x,y)$具有下列意义下的真值情况。个体域为实数集合。

（1）$P(x,y):x+y=0$。

（2）$P(x,y):x\times y=0$。

（3）$P(x,y):x+y=1$。

（4）$P(x,y):x\times y=1$。

解：（1）$(\forall x)(\exists y)P(x,y)$表示：对于任意一个实数，都存在另外一个实数，它们相加等于 0。

是真命题。

（2）$(\forall x)(\exists y)P(x,y)$表示：对于任意一个实数都存在另外一个实数，它们相乘等于 0。是真命题。

（3）$(\forall x)(\exists y)P(x,y)$表示：对于任意一个实数都存在另外一个实数，它们相加等于 1。是真命题。

（4）$(\forall x)(\exists y)P(x,y)$表示：对于任意一个实数都存在另外一个实数，它们相乘等于 1。是假命题。

本例说明：在相同个体域内，谓词不同的解释导致其真值可能不同（也可能相同）。

例 2-2.6 分别取个体域如下。

（1）$D_1=\mathbf{N}$。

（2）$D_2=\mathbf{R}$。

（3）D_3 为全总个体域。

将命题“存在数 x，使得 $x+7=5$”符号化，并讨论真值。

解： 设 $H(x)$：$x+7=5$。

（1）$(\exists x)H(x)$在 $D_1=\mathbf{N}$ 中为假。

（2）$(\exists x)H(x)$在 $D_2=\mathbf{R}$ 中为真。

（3）又设 $F(x)$：x 为数。命题符号化为$(\exists x)(F(x)\wedge H(x))$，在 D_3 中为真。

本例说明：本不同个体域内，命题符号化形式可能不同（也可能相同），真值可能不同（也可能相同）。

例 2-2.7 给定解释 I 如下。

① $D_I=\mathbf{R}$。

② D_I 中特定元素 $a=0$。

③ D_I 中特定函数 $f(x,y)$：$x+y$。$g(x,y)$：$x\times y$。

④ D_I 中特定谓词 $F(x,y)$：x 等于 y。

写出下列公式在 I 中的解释，并指出真值。

（1）$(\exists x)F(f(x,a),g(x,a))$

解： $(\exists x)(x+0=x\times 0)$，真值为真。

（2）$(\forall x)(\forall y)(F(f(x,y),\ g(x,y))\to F(x,y))$

解： $(\forall x)(\forall y)((x+y=x\times y)\to x=y)$，真值为假。

（3）$(\forall x)F(g(x,y),a)$

解： $(\forall x)(x\times y=0)$，真值不确定，不是命题。

注意： 闭式在任何解释下都是命题；不是闭式的公式在解释下可能是命题，也可能不是命题。

§2-2-4 谓词逻辑的公式类型

定义 2-2.7 若公式 A 在任何解释下均为真，则称 A 为逻辑有效式（永真式）。若 A 在任何解释下均为假，则称 A 为矛盾式（永假式）。若至少有一个解释使 A 为真，则称 A 为可满足式。

例 2-2.8 判断下列公式中，哪些是永真式，哪些是矛盾式。

（1）$(\forall x)F(x)\to((\exists x)(\exists y)G(x,y)\to(\forall x)F(x))$

（2）$\neg((\forall x)F(x)\to(\exists y)G(y))\wedge(\exists y)G(y)$

（3）$(\forall x)(F(x)\to G(x))$

解：（1）重言式 $p\to(q\to p)$的代换实例，故为永真式。

（2）矛盾式$\neg(p\to q)\wedge q$ 的代换实例，故为永假式。

（3）解释 I_1：个体域 **N**。$F(x)$：$x>5$。$G(x)$：$x>4$。公式为真。

解释 I_2：个体域 **N**。$F(x)$：$x<5$。$G(x)$：$x<4$。公式为假。

故为可满足式。

注意：因为解释 I 是无穷的，所以在有穷步骤内实现判断谓词公式的类型是不可行的。但是特殊的谓词公式是可判定的，如只含有一元谓词变项的谓词公式、个体域有穷时的谓词公式等。

§2–3　谓词逻辑的等价关系

§2–3–1　等价关系

定义 2-3.1　设 A、B 为任意两个谓词公式，若 $A\leftrightarrow B$ 为逻辑有效的，则称 A 与 B 是等价的，记作 $A\Leftrightarrow B$，称 $A\Leftrightarrow B$ 为等价式。

§2–3–2　基本等价式

（1）量词否定等价式

①$\neg(\forall x)A\Leftrightarrow(\exists x)\neg A$

②$\neg(\exists x)A\Leftrightarrow(\forall x)\neg A$

（2）量词辖域收缩扩张等价式

设 B 是不含变元 x 的谓词公式，则有如下等价式。

① $(\forall x)(A(x)\wedge B)\Leftrightarrow(\forall x)A(x)\wedge B$

② $(\forall x)(A(x)\vee B)\Leftrightarrow(\forall x)A(x)\vee B$

③ $(\forall x)(A(x)\to B)\Leftrightarrow(\exists x)A(x)\to B$

④ $(\forall x)(B\to A(x))\Leftrightarrow B\to(\forall x)A(x)$

⑤ $(\exists x)(A(x)\wedge B)\Leftrightarrow(\exists x)A(x)\wedge B$

⑥ $(\exists x)(A(x)\vee B)\Leftrightarrow(\exists x)A(x)\vee B$

⑦ $(\exists x)(A(x)\to B)\Leftrightarrow(\forall x)A(x)\to B$

⑧ $(\exists x)(B\to A(x))\Leftrightarrow B\to(\exists x)A(x)$

（3）量词分配律等价式

① $(\forall x)(A(x)\wedge B(x))\Leftrightarrow(\forall x)A(x)\wedge(\forall x)B(x)$

② $(\exists x)(A(x)\vee B(x))\Leftrightarrow(\exists x)A(x)\vee(\exists x)B(x)$

（4）多重量词等价式

① $(\forall x)(\forall y)A(x,y)\Leftrightarrow(\forall y)(\forall x)A(x,y)$

② $(\exists x)(\exists y)A(x,y)\Leftrightarrow(\exists y)(\exists x)A(x,y)$

（5）消去量词等值式

设 $D=\{a_1,a_2,\cdots,a_n\}$。

① $\forall xA(x)\Leftrightarrow A(a_1)\wedge A(a_2)\wedge\cdots\wedge A(a_n)$

② $\exists xA(x)\Leftrightarrow A(a_1)\vee A(a_2)\vee\cdots\vee A(a_n)$

此外利用命题等价公式的代入规则可以得到很多谓词等价公式，如由公式$(p\to q)\Leftrightarrow(\neg p\vee q)$可以得到$(\forall x)P(x)\to(\exists y)Q(y)\Leftrightarrow\neg(\forall x)P(x)\vee(\exists y)Q(y)$等。

例 2-3.1 证明下列公式之间的等价关系成立。

$(\forall x)P(x)\to Q(x)\Leftrightarrow(\exists y)(P(y)\to Q(x))$

证明： $(\forall x)P(x)\to Q(x)$

$\Leftrightarrow\neg(\forall x)P(x)\vee Q(x)$ （蕴含等价式）

$\Leftrightarrow(\exists x)\neg P(x)\vee Q(x)$ （量词否定等价式）

$\Leftrightarrow(\exists y)\neg P(y)\vee Q(x)$ （约束变元改名）

$\Leftrightarrow(\exists y)(\neg P(y)\vee Q(x))$ （量词辖域收缩扩张等价式）

$\Leftrightarrow(\exists y)(P(y)\to Q(x))$ （蕴含等价式）

例 2-3.2 设个体域$D=\{a,b,c\}$，消去公式$\forall x\exists y(F(x)\to G(y))$中的量词。

解： $\forall x\exists y(F(x)\to G(y))$

$\Leftrightarrow(\exists y(F(a)\to G(y)))\wedge(\exists y(F(b)\to G(y)))\wedge(\exists y(F(c)\to G(y)))$

$\Leftrightarrow((F(a)\to G(a))\vee(F(a)\to G(b))\vee(F(a)\to G(c)))$

$\wedge((F(b)\to G(a))\vee(F(b)\to G(b))\vee(F(b)\to G(c)))$

$\wedge((F(c)\to G(a))\vee(F(c)\to G(b))\vee(F(c)\to G(c)))$

§2–4　谓词公式的标准化

在命题逻辑里，每一个公式都有与之等值的范式。谓词逻辑和命题逻辑一样，也有必要研究谓词公式的标准形式问题。常见的谓词公式的标准形式有前束范式和斯柯林范式，本书重点研究前束范式。

定义 2-4.1 一个合式公式如果有如下形式：$(Q_1x_1)(Q_2x_2)\cdots(Q_kx_k)B$。其中$Q_i(1\leqslant i\leqslant k)$为$\forall$或$\exists$，$B$为不含有量词的公式，那么称该合式公式为前束范式。

如$(\forall x)(\exists y)(\forall z)(P(x,y)\to Q(y,z))$是前束范式，$(\forall x)P(x)\wedge(\exists y)Q(y)$、$(\forall x)(P(x)\to(\exists y)Q(x,y))$不是前束范式。

设G是任意谓词公式，通过下述步骤可将其转化为与之等价的前束范式。

（1）消去公式中包含的逻辑联结词“$\to$”“$\leftrightarrow$”。

（2）反复运用德摩根律，将“$\neg$”内移到原子谓词公式的前端。

（3）使用谓词的等价公式将所有量词移到公式的最前端。

例 2-4.1 求下列公式的前束范式。

（1）$((\forall x)P(x)\vee(\exists y)Q(y))\to(\forall x)R(x)$

$\Leftrightarrow((\forall x)P(x)\vee(\exists y)Q(y))\to(\forall z)R(z)$ （约束变元改名）

$\Leftrightarrow(\exists x)(\forall y)(\forall z)((P(x)\vee Q(y))\to R(z))$ （量词辖域收缩扩张等价式）

（2）$(\forall x)F(x)\wedge\neg(\exists x)G(x)$

$\Leftrightarrow(\forall x)F(x)\wedge(\forall x)\neg G(x)$ （量词否定等价式）

$\Leftrightarrow(\forall x)F(x)\wedge(\forall y)\neg G(y)$ （换名规则）

$\Leftrightarrow(\forall x)(\forall y)(F(x)\wedge\neg G(y))$ （量词辖域收缩扩张等价式）

（3）$\neg((\forall x)(\exists y)P(a,x,y)\to(\exists x)(\neg(\forall y)Q(y,b)\to R(x)))$

$\Leftrightarrow\neg(\neg(\forall x)(\exists y)P(a,x,y)\vee(\exists x)(\neg\neg(\forall y)Q(y,b)\vee R(x)))$ （蕴含等价式）

$\Leftrightarrow (\forall x)(\exists y)P(a,x,y)\wedge\neg(\exists x)((\forall y)Q(y,b)\vee R(x))$ （德摩根律）

$\Leftrightarrow (\forall x)(\exists y)P(a,x,y)\wedge(\forall x)((\exists y)\neg Q(y,b)\wedge\neg R(x))$ （量词否定等价式）

$\Leftrightarrow (\forall x)((\exists y)P(a,x,y)\wedge(\exists y)\neg Q(y,b)\wedge\neg R(x))$ （量词分配律等价式）

$\Leftrightarrow (\forall x)((\exists y)P(a,x,y)\wedge(\exists z)\neg Q(z,b)\wedge\neg R(x))$ （换名规则）

$\Leftrightarrow (\forall x)(\exists y)(\exists z)(P(a,x,y)\wedge\neg Q(z,b)\wedge\neg R(x))$ （量词辖域收缩扩张等价式）

思考：前束范式是谓词公式的唯一标准化形式吗？

§2-5 谓词逻辑的蕴含关系

§2-5-1 蕴含关系

定义 2-5.1 设 A、B 为任意两个谓词公式，若 $A\to B$ 为逻辑有效的，则称 A 蕴含 B，记作 $A\Rightarrow B$，称 $A\Rightarrow B$ 为蕴含式。

§2-5-2 基本蕴含式

基本蕴含式如下。

（1）$(\forall x)A(x)\vee(\forall x)B(x)\Rightarrow(\forall x)(A(x)\vee B(x))$

（2）$(\exists x)(A(x)\wedge B(x))\Rightarrow(\exists x)A(x)\wedge(\exists x)B(x)$

（3）$(\exists x)A(x)\to(\forall x)B(x)\Rightarrow(\forall x)(A(x)\to B(x))$

其中公式（2）由$(\exists x)A(x)\wedge(\exists x)B(x)$不能推出$(\exists x)(A(x)\wedge B(x))$。可以举一个反例，设 $A(x)$和 $B(x)$分别表示“x 是奇数”和“x 是偶数”，显然命题$(\exists x)A(x)\wedge(\exists x)B(x)$为真。而$(\exists x)(A(x)\wedge B(x))$表示命题“存在一些数既是奇数，也是偶数”，显然不为真。

$A(x,y)$前有两个量词，如果两个量词是相同的，那么它们的次序无关紧要；如果是不同的，那么它们的次序就不可以随便交换。如设 $A(x,y)$表示“$x+y=0$”，论域为实数集合，$(\forall x)(\exists y)A(x,y)$表示“对任意给定的一个实数 x，可以找到一个 y，使得 $x+y=0$”，这是一个为真的命题。而交换量词后 $(\exists y)(\forall x)A(x,y)$ 表示“存在一个实数 y 与任意给定的一个实数 x 之和都等于 0”，这是一个为假的命题。

常用的多量词蕴含式如下。

（1）$(\forall x)(\forall y)A(x,y)\Rightarrow(\forall x)A(x,x)$

（2）$(\exists x)A(x,x)\Rightarrow(\exists x)(\exists y)A(x,y)$

（3）$(\forall x)(\forall y)A(x,y)\Rightarrow(\exists y)(\forall x)A(x,y)$

（4）$(\exists y)(\forall x)A(x,y)\Rightarrow(\forall x)(\exists y)A(x,y)$

（5）$(\forall x)(\exists y)A(x,y)\Rightarrow(\exists y)(\exists x)A(x,y)$

§2-6 谓词逻辑的推理理论

谓词逻辑的推理是命题逻辑推理的进一步深化和发展，因此命题逻辑的推理理论如 P 规则、T 规则、CP 规则等均可在谓词逻辑推理中应用。只是在谓词逻辑推理中，某些前提和结论可能受到量词的约束。为确立前提和结论之间的内部联系，有必要消去量词和添加量词，以使谓词逻辑推理过程类似于命题逻辑的推理过程，因此正确理解和运用有关量词规则是谓词逻辑推理理论中的关键所在。

1. 量词消去规则

（1）全称量词指定规则（简称 US 规则）

$(\forall x)A(x)\Rightarrow A(c)$，其中 c 为论域中的任意个体。

含义：如果$(\forall x)A(x)$为真，那么在论域中的任意个体 c，都使得 $A(c)$为真。

（2）存在量词指定规则（简称 ES 规则）

$(\exists x)A(x)\Rightarrow A(c)$，其中 c 为论域中的特定个体。

含义：如果$(\exists x)A(x)$为真，那么在论域中的某些个体 c，使得 $A(c)$为真。

2. 量词产生规则

（1）全称量词推广规则（简称 UG 规则）

$A(c)\Rightarrow(\forall x)A(x)$，其中 c 为任意个体。

含义：如果论域中的任意个体 c 使得 $A(c)$为真，那么$(\forall x)A(x)$为真。个体 c 必须是任意的，不能是特定的某些个体。

（2）存在量词推广规则（简称 EG 规则）

$A(c)\Rightarrow(\exists y)A(y)$。

含义：如果论域中存在个体 c 使得 $A(c)$为真，那么$(\exists x)A(x)$为真。个体 c 不需要判断是任意或者特定的身份，只要存在一个个体 c 使得 $A(c)$为真，则$(\exists x)A(x)$为真。

例 2-6.1 用 CP 规则证明$(\forall x)(P(x)\vee Q(x))\Rightarrow(\forall x)P(x)\vee(\exists x)Q(x)$。

因为$(\forall x)P(x)\vee(\exists x)Q(x)\Leftrightarrow\neg(\forall x)P(x)\rightarrow(\exists x)Q(x)$。

① $\neg(\forall x)P(x)$	P（附加前提）
② $(\exists x)\neg P(x)$	T，①
③ $\neg P(a)$	ES，②
④ $(\forall x)(P(x)\vee Q(x))$	P
⑤ $P(a)\vee Q(a)$	US，④
⑥ $Q(a)$	T，③、⑤析取三段论
⑦ $(\exists x)Q(x)$	EG，⑥
⑧ $\neg(\forall x)P(x)\rightarrow(\exists x)Q(x)$	CP，①、⑦

例 2-6.2 证明以下推理：所有人都是要死的，苏格拉底是人，因此，苏格拉底是要死的。

证明： 令 $M(x)$：x 是人；$D(x)$：x 是要死的；s：苏格拉底。原题可符号化为：$(\forall x)(M(x)\rightarrow D(x))$，$M(s)\Rightarrow D(s)$。

① $(\forall x)(M(x)\rightarrow D(x))$	P
② $M(s)\rightarrow D(s)$	US，①
③ $M(s)$	P
④ $D(s)$	T，②、③假言推理

例 2-6.3 证明以下推理：所有有理数是实数，某些有理数是整数，因此某些实数是整数。

证明： 令 $Q(x)$：x 是有理数；$R(x)$：x 是实数；$I(x)$：x 是整数。

前提：$(\forall x)(Q(x)\rightarrow R(x))$，$(\exists x)(Q(x)\wedge I(x))$。

结论：$(\exists x)(R(x)\wedge I(x))$。

① $(\exists x)(Q(x)\wedge I(x))$　　P
② $Q(a)\wedge I(a)$　　ES，①
③ $Q(a)$　　T，②化简
④ $I(a)$　　T，②化简
⑤ $(\forall x)(Q(x)\rightarrow R(x))$　　P
⑥ $Q(a)\rightarrow R(a)$　　US，⑤
⑦ $R(a)$　　T，③、⑥假言推理
⑧ $R(a)\wedge I(a)$　　T，④、⑦合取引入
⑨ $(\exists x)(R(x)\wedge I(x))$　　EG，⑧

例 2-6.4 在自然推理系统中，构造推理的证明：人都喜欢吃蔬菜；但不是所有的人都喜欢吃鱼；所以存在喜欢吃蔬菜而不喜欢吃鱼的人。

证明：令 $F(x)$：x 为人；$G(x)$：x 喜欢吃蔬菜；$H(x)$：x 喜欢吃鱼。

前提：$(\forall x)(F(x)\rightarrow G(x))$，$\neg(\forall x)(F(x)\rightarrow H(x))$。

结论：$(\exists x)(F(x)\wedge G(x)\wedge\neg H(x))$。

① $\neg(\exists x)(F(x)\wedge G(x)\wedge\neg H(x))$　　结论否定引入
② $(\forall x)\neg(F(x)\wedge G(x)\wedge\neg H(x))$　　T，①量词否定
③ $\neg(F(y)\wedge G(y)\wedge\wedge\neg H(y))$　　US，②
④ $G(y)\rightarrow\neg F(y)\vee H(y)$　　T，③蕴含等价式
⑤ $\forall x(F(x)\rightarrow G(x))$　　P
⑥ $F(y)\rightarrow G(y)$　　US，⑤
⑦ $F(y)\rightarrow\neg F(y)\vee H(y)$　　T，④、⑥假言三段论
⑧ $F(y)\rightarrow H(y)$　　T，⑦
⑨ $\forall y(F(y)\rightarrow H(y))$　　UG，⑧
⑩ $\forall x(F(x)\rightarrow H(x))$　　T，⑨改名
⑪ $\neg\forall x(F(x)\rightarrow H(x))$　　P
⑫ F　　T，⑩、⑪

注意：（1）在推导过程中，如既要使用 US 规则又要使用 ES 规则消去公式中的量词，而且选用的个体是同一个符号，则必须先使用 ES 规则，再使用 US 规则，然后使用命题演算中的推理规则，最后使用 UG 规则或 EG 规则引入量词，得到所要的结论。

（2）如一个变量用 ES 规则消去量词，当对该变量添加量词时，则只能使用 EG 规则，而不能使用 UG 规则；如使用 US 规则消去量词，当对该变量添加量词时，则可使用 EG 规则和 UG 规则。

（3）如有两个含有存在量词的公式，那么当用 ES 规则消去量词时，不能选用同一个常量符号来替代两个公式中的个体变元，而应用不同的常量符号来替代它们。

（4）当用 US 规则和 ES 规则消去量词时，此量词必须位于整个公式的最左端。

本章总结

本章介绍了谓词逻辑的基本内容，包括谓词逻辑的基本概念、谓词公式、谓词逻辑的等值演算、前束范式、谓词逻辑的推理理论等。

通过本章的学习，读者应掌握谓词公式与命题公式间的关系，应特别注意变元的特性、量词、谓词公式的蕴含与等价关系，以便正确、迅速地将谓词公式化为前束范式；还应真正了解谓词公式的推理规则，善于将语句符号化，并正确推理，为以后的学习或应用打下良好的基础。

习　　题

1. 将下列命题以谓词形式符号化。

（1）4 不是奇数。

（2）2 是偶数且是质数。

（3）2 与 3 都是偶数。

（4）5 大于 3。

（5）直线 A 平行于直线 B 当且仅当直线 A 不相交于直线 B。

2. 利用谓词公式将下列命题符号化。

（1）每列火车都比某些汽车快。

（2）某些汽车比所有火车慢。

（3）对每一个实数 x，存在一个更大的实数 y。

（4）存在实数 x、y 和 z，使得 x 与 y 之和大于 x 与 z 之积。

（5）所有的人都不一样高。

3. 对下列谓词公式中的约束变元进行换名。

（1）$(\exists x)(\forall y)(P(x,z)\rightarrow Q(x,y))\wedge R(x,y)$

（2）$(\forall x)(P(x)\rightarrow(R(x)\vee Q(x,y)))\wedge(\exists x)R(x)\rightarrow(\forall z)S(x,z)$

4. 求下列各式的真值。

（1）$(\forall x)(\exists y)H(x,y)$。其中 $H(x,y)$：$x>y$。个体域为 $D=\{4,2\}$。

（2）$(\exists x)(S(x)\rightarrow Q(a))\wedge p$。其中 $S(x)$：$x>3$。$Q(x)$：$x=5$。a：3。p：$5>3$。个体域为 $D=\{1,3,6\}$。

（3）$(\exists x)(x^2-2x+1=0)$。其中个体域为 $D=\{-1,2\}$。

5. 求下列各式的前束范式。

（1）$(\forall x)P(x)\wedge\neg(\exists x)Q(x)$

（2）$(\forall x)P(x)\vee\neg(\exists x)Q(x)$

（3）$(\forall x)(\forall y)(((\exists z)A(x,y,z)\wedge(\exists u)B(x,u))\rightarrow(\exists v)B(x,v))$

6. 证明下列各式。

（1）$(\forall x)(F(x)\rightarrow(G(y)\wedge R(x)))$，$(\exists x)F(x)\Rightarrow(\exists x)(F(x)\wedge R(x))$

（2）$(\forall x)(F(x)\rightarrow G(x))$，$(\forall x)(R(x)\rightarrow\neg G(x))\Rightarrow(\forall x)(R(x)\rightarrow\neg F(x))$

（3）$(\forall x)(F(x)\vee G(x))$，$(\forall x)(G(x)\rightarrow\neg R(x))$，$(\forall x)R(x)\Rightarrow(\forall x)F(x)$

（4）$(\exists x)F(x)\rightarrow(\forall y)((F(y)\vee G(y))\rightarrow R(y))$，$(\exists x)F(x)\Rightarrow(\exists x)R(x)$

7. 用 CP 规则证明下列各式。

（1）$(\forall x)(F(x)\rightarrow R(x))\Rightarrow(\forall x)F(x)\rightarrow(\forall x)R(x)$

（2）$(\forall x)(F(x)\vee G(x))$，$\neg(\exists x)(G(x)\wedge R(x))\Rightarrow(\forall x)R(x)\rightarrow(\forall x)F(x)$

8. 用归谬法证明下列各式。

（1）$(\forall x)(F(x)\vee G(x))\Rightarrow(\forall x)F(x)\vee(\exists x)G(x)$

（2）$(\forall x)(F(x)\vee G(x))$，$(\forall x)(G(x)\rightarrow\neg R(x))$，$(\forall x)R(x)\Rightarrow(\forall x)F(x)$

（3）$(\forall x)(F(x)\rightarrow\neg G(x))$，$(\forall x)(G(x)\vee R(x))$，$(\exists x)\neg R(x)\Rightarrow(\exists x)\neg F(x)$

9. 证明下面推理。

（1）每个有理数都是实数。有的有理数是整数。因此，有的实数是整数。

（2）不存在能表示成分数的无理数。有理数都能表示成分数。因此，有理数都不是无理数。

（3）每个喜欢步行的人都不喜欢骑自行车。每个人喜欢骑自行车或者喜欢乘汽车。有的人不喜欢乘汽车。因此，有的人不喜欢步行。

第 3 章 集合

集合论是在 19 世纪末由德国数学家奥尔格·康托（Georg Cantor，1845—1918）创立的，它的发展可分为两个阶段：1908 年以前称为朴素集合论，1908 年以后称为公理集合论。

康托以一一对应为原则，提出了集合等价的概念，使得各种无穷集合可以按它们元素的“多少”进行分类，证明了无穷集合在元素数量上存在差别。康托在集合论领域做出了杰出的贡献，包括证明了有理数集合的可数性以及实数集合的不可数性，同时他在数学分析方面的研究成果也引人注目。

在 1900 年前后，由于集合论本身的不协调而相继产生了一些悖论。在各种悖论中，罗素悖论最为简明，只涉及属于、不属于两个概念，引起了数学界的震惊。悖论的出现使人们对集合论产生了怀疑，甚至对整个数学推理的正确性也产生了疑问，这就动摇了数学的基础，触发了数学史上的第三次危机。数学家们经过一番努力之后，终于放弃直接提出集合的定义，而选择了公理化方法。公理系统使朴素集合论避免了悖论，保留了原来一切有价值的东西，使集合论进入一个全新的发展阶段。

§3-1　集合的定义与表示方法

§3-1-1　集合的定义

生产、生活中经常涉及集合的概念，但是在数学上精确地定义集合却是一件困难的事。数学的集合以涵盖宇宙一切事物的一般集合作为其研究对象，而数学的大多数分支所研究的对象或者可以看成某种特定结构的集合，或者可以通过集合来定义。因此集合论的基本概念几乎渗透到数学的一切领域，是整个现代数学的基础，并且已经深入包括计算机科学与技术在内的各个科学领域，如在形式语言、数据库、有限状态机、开关理论等领域都得到了卓有成效的运用。

集合指的是由离散个体构成的整体，用大写字母 A、B、X、Y、…表示；组成集合的对象称为集合的元素或成员，用小写字母 a、b、x、y、…表示。

集合的元素具有如下性质。

（1）无序性：交换集合中元素的顺序不会改变集合。

（2）相异性：集合中的元素都是不同的，凡是相同的元素，均视为同一个元素。

（3）确定性：对任何元素和集合都能确定这个元素是否为该集合的元素。集合的元素一旦给定，这一集合便完全确定了，元素 a 与集合 A 的关系只能是：元素 a 属于 A，记作 $a\in A$；或者 a 不属于 A，记作 $a\notin A$，也可以记作$\neg(a\in A)$。

（4）任意性：集合的元素也可以是集合。

§ 3–1–2　集合的表示方法

集合是由它所包含的元素确定的，为了表示一个集合，通常有如下方法。

（1）枚举法：用花括号列出集合中的全部元素或部分元素，元素之间以逗号隔开。

例 3-1.1　① 集合 A 用枚举法表示：$A=\{a,b,c,d\}$。

② 集合 B 用枚举法表示：$B=\{0,1,4,9,16,\cdots,n^2,\cdots\}$。

枚举法适合表示一个集合仅含有限个元素，或者一个集合的元素之间有明显的特定关系。枚举法的优点是表示效果直观清晰，缺点是集合中元素过多时表示受到一定的限制，如集合 A 是由 52 个大、小写的英文字母构成的整体，如果用枚举法表示显然是很烦琐的。

（2）描述法：通过刻画集合中元素所具备的某种特征来表示集合的方法，其一般表示方法为 $A=\{x|P(x)\}$，通过谓词 P 概括集合元素的特征。

例 3-1.2　下列集合用描述法表示。

① $A=\{x|x$ 是“discrete mathematics”中的所有字母$\}$

② $Z=\{x|x$ 是一个整数$\}$

③ $S=\{x|x$ 是整数，并且满足 $x^2+1=0\}$

④ $\mathbf{Q}_+=\{x|x$ 是一个正有理数$\}$

描述法适合表示一个集合含有很多或无穷多个元素，或者一个集合的元素之间有容易刻画的共同特征。描述法不要求列出集合中的全部元素，而只要求给出该集合中元素的特征，弥补了枚举法的局限性。

思考： 考虑一个特殊的集合 R，R 把所有不属于自身的集合组成一个整体，集合 R 用描述法表示为 $R=\{x|x\notin R\}$，问 R 是否属于 R? 假设 R 属于 R，根据属于关系，那么 R 应符合关于 R 的特征描述，R 不属于自身，即 R 不属于 R；假设 R 不属于 R，即 R 不属于自身，那么 R 满足 R 的特征描述，根据属于关系，R 属于 R。无论怎样假设都自相矛盾，这就是著名的罗素悖论。

（3）归纳法：通过归纳定义集合，主要由 3 部分组成。

第 1 部分：基础。指出某些最基本的元素属于某集合。

第 2 部分：归纳。指出由基本元素造出新元素的方法。

第 3 部分：极小性。指出该集合的界限。

例 3-1.3　集合 A 按如下方式定义。

① 0 和 1 都是 A 中的元素。

② 如果 a、b 是 A 中的元素，那么 ab、ba 也是 A 中的元素。

③ 有限次使用①、②后所得到的字符串都是 A 中的元素。

（4）递归指定法：通过计算规则定义集合中的元素。

例 3-1.4　设 $a_0=1$，$a_{i+1}=2a_i$（$i\geqslant 0$），定义 $S=\{a_0,a_1,a_2,\cdots\}=\{a_k|k\geqslant 0\}$。

（5）文氏图法：一种利用平面上点的集合定义的对集合的图解。一般用平面上的圆形或方形表示一个集合。

例 3-1.5　文氏图表示集合 A、B。

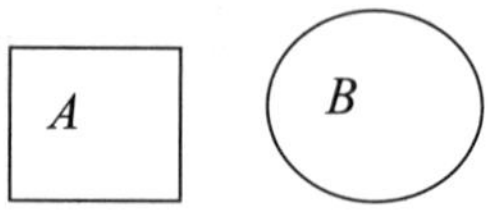

注意：常见的数集 **N**、**Z**、**Q**、**R**、**C** 分别表示自然数、整数、有理数、实数、复数集合。

§3–2 集合之间的重要关系

§3–2–1 集合之间的重要关系

（1）相等关系：两集合 A 和 B 相等，当且仅当它们有相同的元素。若 A 和 B 相等，记作 $A=B$；否则，记作 $A\neq B$。可形式化为：$A=B\Leftrightarrow(\forall x)(x\in A\leftrightarrow x\in B)$。

（2）包含关系：设 A 和 B 是任意两个集合，如果集合 A 中的每个元素，都是集合 B 中的一个元素，那么称 A 是 B 的子集合，简称子集；或称 A 被包含于 B 中，记作 $A\subseteq B$；或称 B 包含 A，记作 $B\supseteq A$。可形式化为：$A\subseteq B\Leftrightarrow(\forall x)(x\in A\rightarrow x\in B)$。

定理 3-2.1 设 A 和 B 是任意两个集合，$A=B\Leftrightarrow A\subseteq B$ 且 $B\subseteq A$。

证明：集合 A 和 B 相等，当且仅当它们有相同的元素，因此$(\forall x)(x\in A\rightarrow x\in B)$和$(\forall x)(x\in B\rightarrow x\in A)$为真，即 $A\subseteq B$ 且 $B\subseteq A$；若 $A\subseteq B$ 且 $B\subseteq A$，假设 $A\neq B$，则设有一元素 $x\in A$ 且 $x\notin B$，与 $A\subseteq B$ 矛盾，或有一元素 $y\in B$ 且 $y\notin A$，与 $B\subseteq A$ 矛盾，因此必然有 $A=B$。

（3）真包含关系：设 A、B 是任意两个集合，如果 $A\subseteq B$ 并且 $A\neq B$，那么称 A 是 B 的真子集，记作 $A\subset B$。可形式化为：$A\subset B\Leftrightarrow A\subseteq B\wedge A\neq B\Leftrightarrow(\forall x)(x\in A\rightarrow x\in B)\wedge(\exists y)(y\in B\wedge y\notin A)$。

§3–2–2 特殊集合

（1）空集：不含有任何元素的集合，称为空集，记作$\varnothing$。可形式化为：$\varnothing=\{x|P(x)\wedge\neg P(x)\}$，其中 $P(x)$为任意谓词公式。

空集的性质如下。

① 空集是任何集合的子集。

证明：对任意集合 A，$\varnothing\subseteq A\Leftrightarrow(\forall x)(x\in\varnothing\rightarrow x\in A)\Leftrightarrow \mathrm{T}$（恒真命题）。

② 空集是唯一的。

证明：假设$\varnothing_1$和$\varnothing_2$是两个空集，且$\varnothing_1\neq\varnothing_2$，由空集的性质①可知$\varnothing_1\subseteq\varnothing_2$并且$\varnothing_2\subseteq\varnothing_1$，由定理 3-2.1 可知$\varnothing_1=\varnothing_2$与$\varnothing_1\neq\varnothing_2$矛盾。

（2）全集：如果一个集合包含了所要讨论的每一个集合，那么称该集合为全集，记作 U 或 E。可形式化为：$E=\{x|P(x)\vee\neg P(x)\}$，其中 $P(x)$为任意谓词公式。

类似空集性质的证明我们可以得到全集的性质。

① 任何集合都是全集的子集。

② 全集是唯一的。

注意：在实际应用中，常常把某个适当大的集合看成全集，因此全集具有相对性。

（3）幂集：设 A 为任意集合，把 A 的所有不同子集构成的集合称为 A 的幂集，记作 $\rho(A)$，可形式化为：$\rho(A)=\{B|B\subseteq A\}$。

例 3-2.1 求集合 A 的幂集。

① $A=\varnothing$

解： $\rho(A)=\{\varnothing\}$。

② $A=\{a,b,c\}$

解： $\rho(A)=\{\varnothing,\{a\},\{b\},\{c\},\{a,b\},\{a,c\},\{b,c\},\{a,b,c\}\}$。

③ $A=\{\varnothing\}$

解： $\rho(A)=\{\varnothing,\{\varnothing\}\}$。

思考： 若 A 是有限集合，则 $\rho(A)$包含多少个元素？

§3–3　集合的运算

集合的运算是指用已知的集合按照确定的规则生成新的集合。下面介绍常见的一些集合运算。

§3–3–1　集合的基本运算

定义 3-3.1　设 A、B 是两个任意集合，则基本运算如下。

① A 和 B 的并运算产生的新集合记作 $A\cup B$，$A\cup B=\{x|x\in A\vee x\in B\}$。

② A 和 B 的交运算产生的新集合记作 $A\cap B$，$A\cap B=\{x|x\in A\wedge x\in B\}$。

③ A 和 B 的差运算产生的新集合记作 $A-B$，$A-B=\{x|x\in A\wedge x\notin B\}$。

④ A 和 B 的对称差运算产生的新集合记作 $A\oplus B$，$A\oplus B=(A-B)\cup(B-A)=\{x|(x\in A\wedge x\notin B)\vee(x\in B\wedge x\notin A)\}$。

⑤ A 的补运算产生的新集合记作$\sim A=E-A=\{x|x\in E\wedge x\notin A\}$。

例 3-3.1　给定自然数集合 **N** 的下列子集。

$A=\{1,2,7,8\}$

$B=\{x|0<x^2<50\}$

$C=\{x|x$ 可以被 3 整除且 $0<x\leqslant 30\}$

$D=\{x|x=2^K,\ K\in\mathbf{Z}\wedge 0\leqslant K\leqslant 6\}$

列出下列集合的元素。

① $A\cup B\cup C\cup D$

② $A\cap B\cap C\cap D$

③ $B-(A\cup C)$

④ $\sim A\cap B\cup D$

⑤ $A\oplus B$

解： 因为 $B=\{1,2,3,4,5,6,7\}$，$C=\{3,6,9,12,15,18,21,24,27,30\}$，$D=\{1,2,4,8,16,32,64,\}$，所以集合的元素如下。

① $A\cup B\cup C\cup D=\{1,2,3,4,5,6,7,8,9,12,15,16,18,21,24,27,30,32,64\}$

② $A\cap B\cap C\cap D=\varnothing$

③ $B-(A\cup C)=\{4,5\}$

④ $\sim A\cap B\cup D=\{1,2,3,4,5,6,8,16,32,64\}$

⑤ $A\oplus B=\{3,4,5,6,8\}$

§3–3–2 集合关系的证明方法

常见的集合关系是包含关系和相等关系，命题演算法是证明这些集合关系的基本方法。假设 X 和 Y 是两个任意集合，命题演算证明方法如下所示。

（1）求证 $X\subseteq Y$。

方法：任取元素 x，若 $x\in X\Rightarrow\cdots\Rightarrow x\in Y$，则 $X\subseteq Y$。

（2）求证 $X=Y$。

方法一：分别证明 $X\subseteq Y$ 并且 $Y\subseteq X$。

方法二：任取元素 x，若 $x\in X\Leftrightarrow\cdots\Leftrightarrow x\in Y$，则 $X=Y$。

例 3-3.2 证明 $A\cup(A\cap B)=A$。

证明： 任取元素 x，$x\in A\cup(A\cap B)$，根据定义 3-3.1，

$x\in A\cup(A\cap B)$

$\Leftrightarrow x\in A\vee(x\in A\cap B)$

$\Leftrightarrow x\in A\vee(x\in A\wedge x\in B)$

$\Leftrightarrow x\in A$

因此得 $A\cup(A\cap B)=A$。

例 3-3.3 证明 $A-B=A\cap\sim B$。

证明： 任取元素 x，$x\in A-B$，根据定义 3-3.1，

$x\in A-B$

$\Leftrightarrow x\in A\wedge x\notin B$

$\Leftrightarrow x\in A\wedge x\in\sim B$

$\Leftrightarrow x\in A\cap\sim B$

因此得 $A-B=A\cap\sim B$。

集合的相等关系还可以用等价置换法来证明。

下面列出常用的集合恒等式。

（1）幂等律	$A\cup A=A$	$A\cap A=A$
（2）结合律	$(A\cup B)\cup C=A\cup(B\cup C)$	$(A\cap B)\cap C=A\cap(B\cap C)$
（3）交换律	$A\cup B=B\cup A$	$A\cap B=B\cap A$
（4）分配律	$A\cup(B\cap C)=(A\cup B)\cap(A\cup C)$	$A\cap(B\cup C)=(A\cap B)\cup(A\cap C)$
（5）同一律	$A\cup\varnothing=A$	$A\cap E=A$
（6）零律	$A\cup E=E$	$A\cap\varnothing=\varnothing$
（7）矛盾排中律	$A\cup\sim A=E$	$A\cap\sim A=\varnothing$
（8）吸收律	$A\cup(A\cap B)=A$	$A\cap(A\cup B)=A$
（9）德摩根律	$\sim(A\cup B)=\sim A\cap\sim B$	$\sim(A\cap B)=\sim A\cup\sim B$
（10）双重否定律	$\sim(\sim A)=A$	

例 3-3.4 用等价置换法证明 $A\cup(A\cap B)=A$。

证明： $A\cup(A\cap B)$

$=(A\cap E)\cup(A\cap B)$ （同一律）

$=A\cap(E\cup B)$ （分配律）

$=A\cap(B\cup E)$ （交换律）

$=A\cap E$ （同一律）

$=A$

§ 3–3–3 笛卡儿积

定义 3-3.2 两个元素 a、b 组成二元组，若它们有次序之别，则称为二元有序组，或称为有序对或序偶，记作 $\langle a,b\rangle$，称 a 为第一分量，b 为第二分量；若它们无次序之别，则称为二元无序组，或称为无序对，记作 (a,b)。

有序对具有如下性质。

（1）有序性：当 $x\neq y$ 时，$\langle x,y\rangle\neq\langle y,x\rangle$。

（2）$\langle x,y\rangle$ 与 $\langle u,v\rangle$ 相等的充要条件是 $\langle x,y\rangle=\langle u,v\rangle\Leftrightarrow x=u\wedge y=v$。

定义 3-3.3 设 A、B 为任意两个集合，A 与 B 的笛卡儿积记作 $A\times B$，$A\times B=\{\langle x,y\rangle|x\in A\wedge y\in B\}$。

例 3-3.5 集合 $A=\{1,2,3\}$，$B=\{a,b,c\}$，求解集合 $A\times B$ 和 $B\times A$。

解： $A\times B=\{\langle 1,a\rangle,\langle 1,b\rangle,\langle 1,c\rangle,\langle 2,a\rangle,\langle 2,b\rangle,\langle 2,c\rangle,\langle 3,a\rangle,\langle 3,b\rangle,\langle 3,c\rangle\}$，

$B\times A=\{\langle a,1\rangle,\langle b,1\rangle,\langle c,1\rangle,\langle a,2\rangle,\langle b,2\rangle,\langle c,2\rangle,\langle a,3\rangle,\langle b,3\rangle,\langle c,3\rangle\}$。

例 3-3.6 集合 $A=\{\varnothing\}$，$B=\varnothing$，求解集合 $P(A)\times A$ 和 $P(A)\times B$。

解： $P(A)=\{\varnothing,\{\varnothing\}\}$，

$P(A)\times A=\{\langle\varnothing,\varnothing\rangle,\langle\{\varnothing\},\varnothing\rangle\}$，

$P(A)\times B=\varnothing$。

笛卡儿积的常用性质如下。

（1）不适合交换律。

$A\times B\neq B\times A$（$A\neq B$、$A\neq\varnothing$、$B\neq\varnothing$）

（2）不适合结合律。

$(A\times B)\times C\neq A\times(B\times C)$（$A\neq\varnothing$、$B\neq\varnothing$、$C\neq\varnothing$）

（3）并或交运算满足分配律。

$A\times(B\cup C)=(A\times B)\cup(A\times C)$ $(B\cup C)\times A=(B\times A)\cup(C\times A)$

$A\times(B\cap C)=(A\times B)\cap(A\times C)$ $(B\cap C)\times A=(B\times A)\cap(C\times A)$

本章总结

集合是描述自然现象的有力工具之一，为关系、函数等数学模型的建立提供了描述工具和研究方法。本章主要介绍了集合的基础知识，包括集合的定义、元素与集合的关系、集合之间的关系、特殊集合（空集、全集、幂集）、集合的基本运算（并、交、补、差、对称差）、笛卡儿积、集合恒等式及证明方法、集合运算的规律及其应用。

通过本章的学习，读者应熟练掌握集合的表示方法；能够判别元素是否属于给定的集合；能够判别两个集合之间是否存在包含、相等、真包含等关系；能熟练掌握集合的基本运算方法；能掌握证明集合的相等或者包含关系的基本方法。

习　　题

1. 列出下列集合的全部元素。

（1）$A=\{x|x\in\mathbf{N}\wedge x$ 是偶数 $\wedge x<15\}$

（2）$B=\{x|x\in\mathbf{N}\wedge 4+x=3\}$

（3）$C=\{x|x$ 是十进制的数字$\}$

2. 确定下列各命题的真假性。

（1）$\varnothing\subseteq\varnothing$

（2）$\varnothing\in\varnothing$

（3）$\varnothing\subseteq\{\varnothing\}$

（4）$\varnothing\in\{\varnothing\}$

（5）$\{a,b\}\subseteq\{a,b,c,\{a,b,c\}\}$

（6）$\{a,b\}\in(a,b,c,\{a,b,c\})$

（7）$\{a,b\}\subseteq\{a,b,\{\{a,b\}\}\}$

（8）$\{a,b\}\in\{a,b,\{\{a,b\}\}\}$

3. 设 A、B、C、D 是任意集合。证明：

（1）$A\cup(B\cap C)=(A\cup B)\cap(A\cup C)$

（2）$A\cap(B\cup C)=(A\cap B)\cup(A\cap C)$

（3）$\sim(\sim A)=A$

（4）$A\cup E=E$

（5）$A\cap\sim A=\varnothing$

（6）$A\cup(A\cap B)=A$

（7）$\sim(A\cap B)=\sim A\cup\sim B$

4. 求下列集合的幂集。

（1）$\{a,\{b,c\}\}$

（2）$\{\varnothing,\{\varnothing\}\}$

（3）$\{\{a,b\},\{a,a,b\},\{a,b,a,b\}\}$

5. 设 $A=\{\varnothing\}$，$B=P(P(A))$，回答下列问题。

（1）$\varnothing\in B$?

（2）$\varnothing\subseteq B$?

（3）$\{\varnothing\}\in B$?

（4）$\{\varnothing\}\subseteq B$?

（5）$\{\{\varnothing\}\}\in B$?

（6）$\{\{\varnothing\}\}\subseteq B$?

6. 设 A、B、C 是集合，证明：

（1）$(A-B)-C=A-(B\cup C)$

（2）$(A-B)-C=(A-C)-(B-C)$

7. 对于任意集合 A、B、C，下列各式是否成立，为什么？

（1）$A\cup B=A\cup C\Rightarrow B=C$

（2）$A\cap B=A\cap C\Rightarrow B=C$

8. 对下列集合，画出文氏图。

（1）$\sim A\cap\sim B$

（2）$A-\sim(B\cup C)$

（3）$A\cap(\sim B\cup C)$

9.（1）证明 $A=B$，$C=D\Rightarrow A\times C=B\times D$。

（2）$A\times C=B\times D$ 是否能推出 $A=B$，$C=D$？为什么？

10. 证明下列各题。

（1）如果 $A\times A = B\times B$，那么 $A = B$。

（2）如果 $A\times B = A\times C$ 且 $A\neq\varnothing$，那么 $B = C$。

（3）$(A\cap B)\times(C\cap D) = (A\times C)\cap(B\times D)$。

11. 下列等式中哪些成立，哪些不成立？对成立的给出证明，对不成立的举出反例。

（1）$(A\cup B)\times(C\cup D) = (A\times C)\cup(B\times D)$

（2）$(A-B)\times(C-D) = (A\times C)-(B\times D)$

第4章 关系

集合论中关系这一概念不仅可以用来描述现实世界事物之间的联系，而且可以构建抽象概念之间的联系。二元关系是所有关系中非常重要的一类关系，它的概念和相关性质在数学、计算机科学等诸多领域中被大量使用。

§4–1 关系的概念及表示

§4–1–1 关系的概念

关系是日常生活和数学中的一个基本概念，如兄弟关系、师生关系、位置关系、大小关系、等于关系、包含关系等。关系理论与集合论、数理逻辑、组合数学、图论和布尔代数都有密切的联系。关系理论还广泛用于计算机科学与技术等相关领域，当前主流的数据库均是建立在关系数据库模型基础上的。

定义 4-1.1 给定任意集合 A 和 B，若 $R\subseteq A\times B$，则称 R 为从 A 到 B 的二元关系，当 $A=B$ 时，称 R 为 A 上的二元关系。

可见，R 是有序对的集合。若 $<x,y>\in R$，则读作“x 对 y 有关系 R”，可表示为 xRy，即 $<x,y>\in R\Leftrightarrow xRy$；若 $<x,y>\notin R$，则读作“x 对 y 无关系 R”，可表示为 $x\not R y$，即 $<x,y>\notin R\Leftrightarrow x\not R y$。

特别地，若 $R=\varnothing$，则称 R 为 A 到 B 上的空关系；若 $R=A\times B$，则称 R 为 A 到 B 上的全域关系；若 $R=\{<x,x>|x\in A\}$，则称 R 为 A 上的恒等关系，记作 I_A。

例 4-1.1 集合 $B=\{a,b\}$，$A=P(B)$，求 B 上的恒等关系和 A 上的包含关系。

解： B 上的恒等关系 $I_B=\{<a,a>,<b,b>\}$。

$A=P(B)=\{\varnothing,\{a\},\{b\},\{a,b\}\}$，则 A 上的包含关系

$$R_{\subseteq}=\{<\varnothing,\varnothing>,<\varnothing,\{a\}>,<\varnothing,\{b\}>,<\varnothing,\{a,b\}>,<\{a\},\{a\}>,$$
$$<\{a\},\{a,b\}>,<\{b\},\{b\}>,<\{b\},\{a,b\}>,<\{a,b\},\{a,b\}>\}。$$

例 4-1.2 集合 $A=\{a,b\}$，$B=\{c,d\}$，试写出从 A 到 B 的所有不同关系。

解： $A\times B=\{<a,c>,<a,d>,<b,c>,<b,d>\}$。从 A 到 B 共有 16 种不同的关系。

关系中包含 0 个元素：$\varnothing$。

关系中包含 1 个元素：$\{<a,c>\},\{<a,d>\},\{<b,c>\},\{<b,d>\}$。

关系中包含 2 个元素：$\{<a,c>,<a,d>\},\{<a,c>,<b,c>\},\{<a,c>,<b,d>\},\{<a,d>,<b,c>\},\{<a,d>,<b,$

$d>\},\{<b,c>,<b,d>\}$。

关系中包含 3 个元素：$\{<a,c>,<a,d>,<b,c>\},\{<a,c>,<a,d>,<b,d>\},\{<a,c>,<b,c>,<b,d>\},\{<a,d>,<b,c>,<b,d>\}$。

关系中包含 4 个元素：$\{<a,c>,<a,d>,<b,c>,<b,d>\}$。

思考： 有限集合 A 包含 n 个元素，B 包含 m 个元素，从 A 到 B 的不同关系共有多少种？

§4–1–2　关系的表示方法

关系是特殊的集合，用来表示集合的枚举法和描述法均适用于表示关系。例 4-1.1 中的集合 B 上的恒等关系是用枚举法表示的，如果用描述法可写为 $I_B=\{<x,y>|(x,y\in B)\wedge(x=y)\}$。

此外为了研究方便，还可以借助图形和矩阵来表示从有限集合到有限集合的二元关系。

1. 关系图

（1）若集合 $A\neq B$，设 $A=\{a_1,a_2,\cdots,a_n\}$，$B=\{b_1,b_2,\cdots,b_m\}$，R 是从 A 到 B 的一个二元关系，则规定 R 的关系图如下。

① 设 a_1、a_2、…、a_n 和 b_1、b_2、…、b_m 分别为关系图中的结点，用小圆圈表示。

② 若 $<a_i,b_j>\in R$，则从 a_i 到 b_j 用带箭头的直线段或曲线段相连，$<a_i,b_j>$为对应关系图中的有向边。

（2）若集合 $A=B$，设 $A=B=\{a_1,a_2,\cdots,a_n\}$，$R$ 是 A 上的关系，则规定 R 的关系图如下。

① a_1、a_2、…、a_n 为关系图中的结点，用小圆圈表示。

② 若 $<a_i,a_j>\in R$，则从 a_i 到 a_j 用带箭头的直线段或曲线段相连，$<a_i,a_j>$为对应关系图中的有向边。

③ 若 $<a_i,a_i>\in R$，则从 a_i 到 a_i 用一个带箭头的小圆环相连，$<a_i,a_i>$为对应关系图中的自回环。

例 4-1.3　试用关系图表示下面的关系。

（1）设 $A=\{2,3,4\}$，$B=\{3,4,5,6\}$，用图表示从 A 到 B 之间的整除关系 R_D。

（2）设 $A=\{1,2,3,4\}$，用图表示 A 上的小于等于关系 R_L。

解：（1）$R_D=\{<2,4>,<2,6>,<3,3>,<3,6>,<4,4>\}$，关系图如图 4-1 所示。

（2）$R_L=\{<1,1>,<2,2>,<3,3>,<4,4>,<1,2>,<1,3>,<1,4>,<2,3>,<2,4>,<3,4>\}$，关系图如图 4-2 所示。

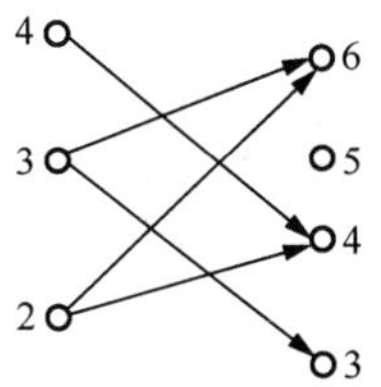

图 4-1　关系图（1）

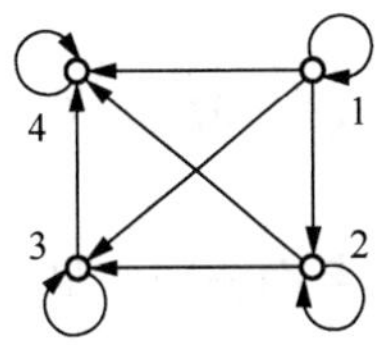

图 4-2　关系图（2）

2. 关系矩阵

设集合 $A=\{a_1,a_2,\cdots,a_n\}$，$B=\{b_1,b_2,\cdots,b_m\}$，R 是从 A 到 B 的一个二元关系，称矩阵 $\boldsymbol{M}_R=(r_{ij})_{n\times m}$ 为关系 R 的关系矩阵（Relation Matrix），其中

$$r_{ij}=\begin{cases}1 & <a_i,b_j>\in R\\ 0 & <a_i,b_j>\notin R\end{cases}\quad (i=1,2,\cdots,n,\ j=1,2,\cdots,m)$$

例 4-1.4　设集合 $A=\{1,2,3,4\}$，考虑 A 上的整除关系 R 和等于关系 S。

（1）试写出 R 和 S 中的所有元素。

（2）试写出 R 和 S 的关系矩阵。

解：（1）根据整除关系和等于关系的定义，有

$R=\{<1,1>,<2,2>,<3,3>,<4,4>,<1,2>,<1,3>,<1,4>,<2,4>\}$，

$S=\{<1,1>,<2,2>,<3,3>,<4,4>\}$。

（2）设 R 和 S 的关系矩阵分别为 $\boldsymbol{M}_R$ 和 $\boldsymbol{M}_S$，则有

$$\boldsymbol{M}_R=\begin{pmatrix}1&1&1&1\\0&1&0&1\\0&0&1&0\\0&0&0&1\end{pmatrix}\quad \boldsymbol{M}_S=\begin{pmatrix}1&0&0&0\\0&1&0&0\\0&0&1&0\\0&0&0&1\end{pmatrix}$$

§4–2 关系的性质

§4–2–1 自反性与反自反性

定义 4-2.1 令 $R\subseteq A\times A$，若对 A 中每个 x，都有 xRx，则称 R 是自反的，即 A 上的关系 R 是自反的 $\Leftrightarrow(\forall x)(x\in A\rightarrow xRx)$。

如集合 A 上的全域关系、恒等关系、小于等于关系、整除关系都是自反的。

定义 4-2.2 令 $R\subseteq A\times A$，若对 A 中每个 x，都有 $x \not R x$，则称 R 是反自反的，即 A 上的关系 R 是反自反的 $\Leftrightarrow(\forall x)(x\in A\rightarrow x \not R x)$。

如实数集上的小于关系、幂集上的真包含关系是反自反的。

例 4-2.1 设 $A=\{1,2,3\}$，定义 A 上的关系 R、S 和 T，用关系矩阵和关系图将它们表示出来，并判断其是否具有自反和反自反性质。

（1）$R=\{<1,1>,<1,2>,<2,2>,<3,3>\}$

（2）$S=\{<1,2>,<2,3>,<3,1>\}$

（3）$T=\{<1,1>,<1,2>,<1,3>,<3,1>,<3,3>\}$

解：R、S 和 T 的关系矩阵分别为 $\boldsymbol{M}_R$、$\boldsymbol{M}_S$ 和 $\boldsymbol{M}_T$。

$$\boldsymbol{M}_R=\begin{pmatrix}1&1&0\\0&1&0\\0&0&1\end{pmatrix}\quad \boldsymbol{M}_S=\begin{pmatrix}0&1&0\\0&0&1\\1&0&0\end{pmatrix}\quad \boldsymbol{M}_T=\begin{pmatrix}1&1&1\\0&0&0\\1&0&1\end{pmatrix}$$

R、S 和 T 的关系图分别如图 4-3、图 4-4 和图 4-5 所示。

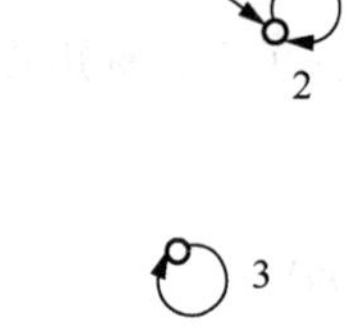

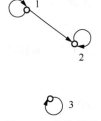

图 4-3 R 的关系图

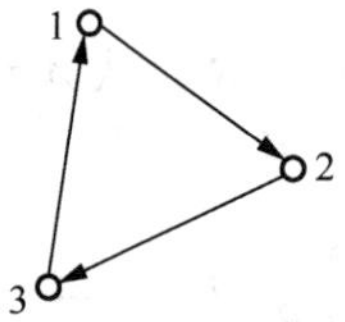

图 4-4 S 的关系图

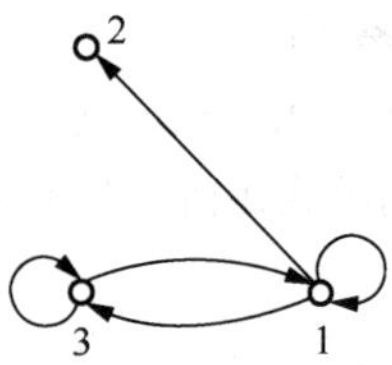

图 4-5 T 的关系图

（1）因为对 A 中每个 x，都有 $<x,x>\in R$，所以 R 是自反的。

（2）因为对 A 中每个 x，都有 $<x, x>\notin S$，所以 S 是反自反的。

（3）因为存在 $2\in A$，使得 $<2,2>\notin T$，所以 T 不是自反的；又因为存在 $1\in A$，使得 $<1,1>\in T$，所以 T 不是反自反的。即 T 既不是自反的，也不是反自反的。

由例 4-2.1 可以得出以下结论。

（1）存在既不是自反的也不是反自反的关系。

（2）关系 R 是自反的⇔关系图中每个结点都有自环；关系 R 是反自反的⇔关系图中每个结点都无自环。

（3）关系 R 是自反的⇔关系矩阵的主对角线上全为 1；关系 R 是反自反的⇔关系矩阵的主对角线上全为 0。

思考：是否存在既是自反又是反自反的关系？

§4–2–2　对称性与反对称性

定义 4-2.3　设 R 为 A 上的关系，对 A 中的每个 x 和 y，若 xRy，则 yRx，称 R 是对称的，即 A 上的关系 R 是对称的 $\Leftrightarrow(\forall x)(\forall y)(x,y\in A\wedge<x,y>\in R\rightarrow<y,x>\in R)$。

如 A 上的全域关系、恒等关系、空关系是对称的。

定义 4-2.4　设 R 为 A 上的关系，对任意 $x, y\in A$，如果 $<x, y>\in R$ 且 $<y, x>\in R$，那么 $x=y$，即 A 上的关系 R 是反对称的 $\Leftrightarrow(\forall x)(\forall y)(x, y\in A\wedge<x, y>\in R\wedge<y, x>\in R\rightarrow x=y)$。

如 A 上的恒等关系、空关系是反对称的。

例 4-2.2　设 $A=\{1,2,3,4\}$，定义 A 上的关系 R、S、T 和 V 如下。写出 R、S、T 和 V 的关系矩阵并画出相应的关系图，判定它们是否具有对称性和反对称性。

（1）$R=\{<1,1>,<1,3>,<3,1>,<4,4>\}$

（2）$S=\{<1,1>,<1,3>,<1,4>,<2,4>\}$

（3）$T=\{<1,1>,<1,2>,<1,3>,<3,1>,<1,4>\}$

（4）$V=\{<1,1>,<2,2>,<3,3>,<4,4>\}$

解：设 R、S、T 和 V 的关系矩阵分别为 $\boldsymbol{M}_R$、$\boldsymbol{M}_S$、$\boldsymbol{M}_T$ 和 $\boldsymbol{M}_V$，则

$$\boldsymbol{M}_R=\begin{pmatrix}1&0&1&0\\0&0&0&0\\1&0&0&0\\0&0&0&1\end{pmatrix}\quad \boldsymbol{M}_S=\begin{pmatrix}1&0&1&1\\0&0&0&1\\0&0&0&0\\0&0&0&0\end{pmatrix}\quad \boldsymbol{M}_T=\begin{pmatrix}1&1&1&1\\0&0&0&0\\1&0&0&0\\0&0&0&0\end{pmatrix}\quad \boldsymbol{M}_V=\begin{pmatrix}1&0&0&0\\0&1&0&0\\0&0&1&0\\0&0&0&1\end{pmatrix}$$

R、S、T 和 V 的关系图分别如图 4-6、图 4-7、图 4-8、图 4-9 所示。

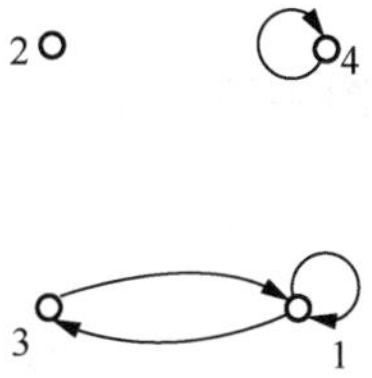

图 4-6　R 的关系图

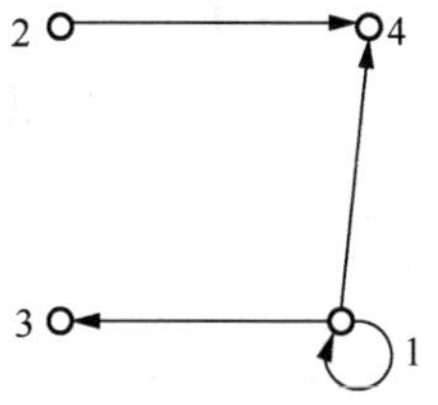

图 4-7　S 的关系图

（1）关系 R 是对称的。

（2）关系 S 是反对称的。

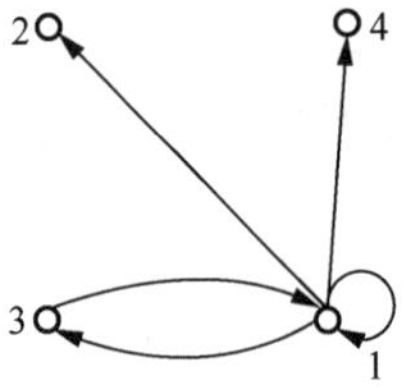

图 4-8　T 的关系图

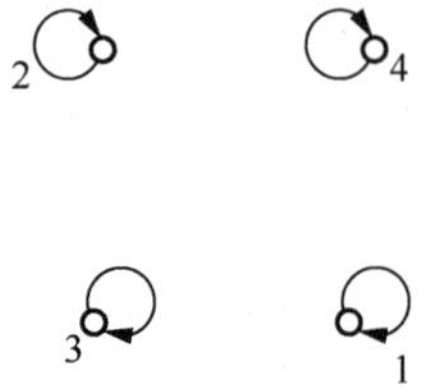

图 4-9　V 的关系图

（3）在关系 T 中，有<1,2>，但没有<2,1>，即 S 不是对称的；有<1,3>且有<3,1>，但是 $1\neq3$，即 S 不是反对称的。因此 T 既不是对称的，也不是反对称的。

（4）在关系 V 中，对 $\forall x$，$y\in A$，$x\neq y$ 时都有 $<x, y>\notin R$，V 既是对称的，也是反对称的。

由例 4-2.2 可以得出以下结论。

（1）存在既不是对称也不是反对称的关系；也存在既是对称也是反对称的关系。

（2）关系 R 是对称的⇔关系图中任何一对结点之间，要么有方向相反的两条边，要么无任何边；关系 R 是反对称的⇔关系图中任何一对结点之间至多有一条边。

（3）关系 R 是对称的⇔R 的关系矩阵为对称矩阵；关系 R 是反对称的⇔R 的关系矩阵中关于主对角线对称位置上的元素不能同时为 1。

§ 4–2–3　传递性

定义 4-2.5　设 R 为 A 上的关系，对 A 中每个 x、y、z，若 xRy 且 yRx，则 xRz，称 R 是传递的，即 A 上的关系 R 是传递的⇔$(\forall x)(\forall y)(\forall z)(x, y, z\in A\wedge xRy\wedge yRz\rightarrow xRz)$。

如 A 上的全域关系、恒等关系、空关系、小于等于和小于关系、整除关系、包含和真包含关系都是传递的。

例 4-2.3　设 $A=\{1,2,3\}$，定义 A 上的关系 R、S、T 和 V 如下，写出 R、S、T 和 V 的关系矩阵并画出相应的关系图，判定它们是否具有传递性。

（1）$R=\{<1,1>,<1,2>,<2,3>,<1,3>\}$

（2）$S=\{<1,2>\}$

（3）$T=\{<1,1>,<1,2>,<2,3>\}$

（4）$V=\{<1,2>,<2,3>,<1,3>,<2,1>\}$

解：设 R、S、T 和 V 的关系矩阵分别为 $\boldsymbol{M}_R$、$\boldsymbol{M}_S$、$\boldsymbol{M}_T$ 和 $\boldsymbol{M}_V$，则

$$\boldsymbol{M}_R=\begin{pmatrix}1&1&1\\0&0&1\\0&0&0\end{pmatrix}\quad \boldsymbol{M}_S=\begin{pmatrix}0&1&0\\0&0&0\\0&0&0\end{pmatrix}\quad \boldsymbol{M}_T=\begin{pmatrix}1&1&0\\0&0&1\\0&0&0\end{pmatrix}\quad \boldsymbol{M}_V=\begin{pmatrix}0&1&1\\1&0&1\\0&0&0\end{pmatrix}$$

R、S、T 和 V 的关系图分别如图 4-10、图 4-11、图 4-12 和图 4-13 所示。

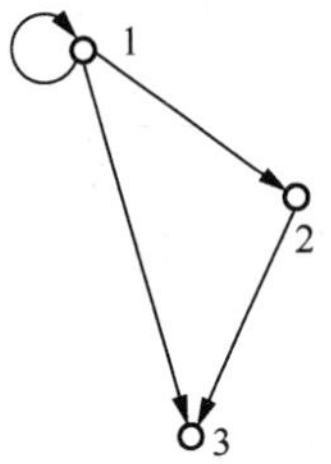

图 4-10　R 的关系图

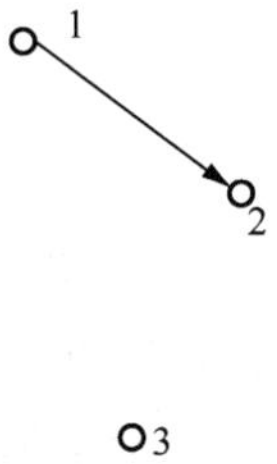

图 4-11　S 的关系图

（1）关系 R 是传递的。

（2）关系 S 是传递的。

（3）在关系 T 中，存在 $x=1,y=2,z=3\in A$ 且$<1,2>$、$<2,3>\in T$，但$<1,3>\notin T$，所以 T 不是传递的。

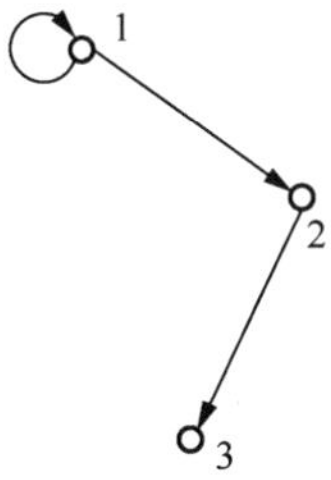

图 4-12　T 的关系图

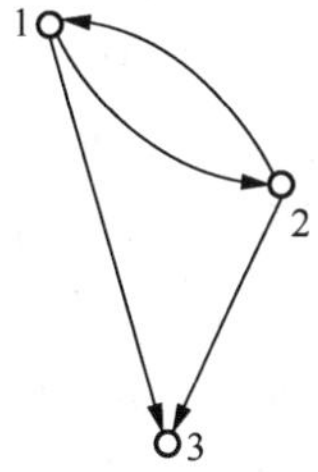

图 4-13　V 的关系图

（4）在关系 V 中，存在 $x=1,y=2$ 和 $z=1\in A$，使得$<1,2>\in V$ 且$<2,1>\in V$，但$<1,1>\notin V$，所以 V 不是传递的。

从例 4-2.3 可以看出：关系的传递性在关系图和关系矩阵中均没有直观的特征可以快速判定。

§4–3　关系的运算

关系是特定的集合，除了可以进行集合常用的运算以外，还涉及符合关系特点的运算，下面逐一介绍。

§4–3–1　关系的复合运算

定义 4-3.1　设有集合 A、B、C，R 是从 A 到 B 的关系，S 是从 B 到 C 的关系。经过对 R 和 S 实行复合（或合成）运算“∘”，得到了一个新的从 A 到 C 的关系，记作 $R\circ S$，也称 $R\circ S$ 为关系 R 和 S 的复合关系，或称 $R\circ S$ 为 R 和 S 的复合。可表示为

$$R\circ S=\{<a,c>|(\exists b)(b\in B\wedge aRb\wedge bSc)\}$$

例 4-3.1　设集合 $A=\{1,2,3,4\}$，$R=\{<1,2>,<2,2>,<3,4>\}$、$S=\{<2,4>,<3,1>,<4,2>\}$、$T=\{<1,4>,<2,1>,<4,2>\}$是 A 上的 3 个关系。计算如下复合运算。

（1）$R\circ S$ 和 $S\circ R$。

（2）$(R\circ S)\circ T$ 和 $R\circ(S\circ T)$。

解：（1）$R\circ S=\{<1,2>,<2,2>,<3,4>\}\circ\{<2,4>,<3,1>,<4,2>\}$

$=\{<1,4>,<2,4>,<3,2>\}$

$S\circ R=\{<2,4>,<3,1>,<4,2>\}\circ\{<1,2>,<2,2>,<3,4>\}$

$=\{<3,2>,<4,2>\}$

（2）$(R\circ S)\circ T=(\{<1,2>,<2,2>,<3,4>\}\circ\{<2,4>,<3,1>,<4,2>\})\circ\{<1,4>,<2,1>,<4,2>\}$

$=\{<1,4>,<2,4>,<3,2>\}\circ\{<1,4>,<2,1>,<4,2>\}$

$=\{<1,2>,<2,2>,<3,1>\}$

$R\circ(S\circ T)=\{<1,2>,<2,2>,<3,4>\}\circ(\{<2,4>,<3,1>,<4,2>\}\circ\{<1,4>,<2,1>,<4,2>\})$

$=\{<1,2>,<2,2>,<3,4>\}\circ\{<2,2>,<3,4>,<4,1>\}$

$=\{<1,2>,<2,2>,<3,1>\}$

常见的复合运算性质如下。

设 A、B、C 和 D 是任意 4 个集合，R、S 和 T 分别是从 A 到 B、B 到 C 和 C 到 D 的二元关系，则有以下性质。

（1）$(R\circ S)\circ T=R\circ(S\circ T)$。

（2）$R\circ I_A=I_A\circ R=R$，其中 I_A 是 A 上的恒等关系。

证明：（1）任意$<a, d>\in(R\circ S)\circ T$。

由“$\circ$”的定义可知，至少存在 $c\in C$，使得$<a,c>\in R\circ S$、$<c,d>\in T$。

对$<a,c>\in R\circ S$，同样至少存在一个 $b\in B$，使得$<a,b>\in R$、$<b,c>\in S$。

于是，由$<b,c>\in S$，$<c,d>\in T$，有$<b,d>\in S\circ T$。

由$<a,b>\in R$ 和$<b,d>\in S\circ T$，有$<a,d>\in R\circ(S\circ T)$。

所以$(R\circ S)\circ T\subseteq R\circ(S\circ T)$。

同理可证：$R\circ(S\circ T)\subseteq(R\circ S)\circ T$。

由集合性质知：$(R\circ S)\circ T=R\circ(S\circ T)$。

（2）任取$<a,b>$，有

$<a,b>\in R\circ I_A$

$\Leftrightarrow(\exists c)(<a,c>\in R\wedge<c,b>\in I_A)$

$\Leftrightarrow(\exists c)(<a,c>\in R\wedge c=b)$

$\Rightarrow<a,b>\in R$

可见，$R\circ I_A\subseteq R$。

同样任取$<a,b>$，有

$<a,b>\in R$

$\Rightarrow<a,b>\in R\wedge b\in A$

$\Rightarrow<a,b>\in R\wedge<b，b>\in I_A$

$\Rightarrow<a,b>\in R\circ I_A$

可见，$R\subseteq R\circ I_A$。

同理可证：$I_A\circ R=R$。

由集合性质知：$R\circ I_A=R$。

例 4-3.2 判断下面的关系是否成立。

（1）$(R\circ S_1)\cap(R\circ S_2)\subseteq R\circ(S_1\cap S_2)$

（2）$(S_1\circ T)\cap(S_2\circ T)\subseteq(S_1\cap S_2)\circ T$

（3）$(R\circ S_1)\cup(R\circ S_2)=R\circ(S_1\cup S_2)$

（4）$(S_1\circ T)\cup(S_2\circ T)=(S_1\cup S_2)\circ T$

解：（1）包含关系不一定成立。

设 $A=\{a\}$，$B=\{b_1,b_2\}$，$C=\{c\}$。

关系 R、S_1、S_2 定义如下：

$R=\{<c,b_1>,<c,b_2>\}$，$S_1=\{<b_1,a>\}$，$S_2=\{<b_2,a>\}$。

则由于 $S_1\cap S_2=\varnothing$，因此 $R\circ(S_1\cap S_2)=R\circ\varnothing=\varnothing$。

但$(R\circ S_1)=\{<c,a>\}$，$(R\circ S_2)=\{<c,a>\}$，所以$(R\circ S_1)\cap(R\circ S_2)=\{<c,a>\}$。

（2）包含关系不一定成立。

设 $A=\{a\}$，$B=\{b_1,b_2\}$，$C=\{c\}$。

关系 S_1、S_2、T 定义如下：

$S_1=\{<a,b_1>\}$，$S_2=\{<a,b_2>\}$，$T=\{<b_1,c>,<b_2,c>\}$。

则由于 $S_1\cap S_2=\varnothing$，因此 $(S_1\cap S_2)\circ T=\varnothing\circ T=\varnothing$。

但 $(S_1\circ T)=\{<a,c>\}$，$(S_2\circ T)=\{<a,c>\}$，所以 $(S_1\circ T)\cap(S_2\circ T)=\{<a,c>\}$。

（3）（4）由“∘”的定义可知关系成立。

定义 4-3.2　设 R 是集合 A 上的二元关系，$n\in\mathbf{N}$，R 的 n 次幂记作 R^n，定义如下。

（1）$R^0=I_A$

（2）$R^{n+1}=R^n\circ R$

例 4-3.3　设 $A=\{a,b,c,d\}$，$R=\{<a,b>,<b,a>,<b,c>,<c,d>\}$，求 R 的各次幂，用关系矩阵表示。

解： R^0 的关系矩阵是：

$$\boldsymbol{M}^0=\begin{pmatrix}1&0&0&0\\0&1&0&0\\0&0&1&0\\0&0&0&1\end{pmatrix}$$

R 的关系矩阵是：

$$\boldsymbol{M}^1=\begin{pmatrix}0&1&0&0\\1&0&1&0\\0&0&0&1\\0&0&0&0\end{pmatrix}$$

R 的各次幂的关系矩阵分别是：

$$\boldsymbol{M}^2=\begin{pmatrix}0&1&0&0\\1&0&1&0\\0&0&0&1\\0&0&0&0\end{pmatrix}\circ\begin{pmatrix}0&1&0&0\\1&0&1&0\\0&0&0&1\\0&0&0&0\end{pmatrix}=\begin{pmatrix}1&0&1&0\\0&1&0&1\\0&0&0&0\\0&0&0&0\end{pmatrix}\ \boldsymbol{M}^3=\begin{pmatrix}0&1&0&1\\1&0&1&0\\0&0&0&0\\0&0&0&0\end{pmatrix}\ \boldsymbol{M}^4=\begin{pmatrix}1&0&1&0\\0&1&0&1\\0&0&0&0\\0&0&0&0\end{pmatrix}$$

因为 $\boldsymbol{M}^4=\boldsymbol{M}^2$，即 $R^4=R^2$，所以可以得到 $R^2=R^4=R^6=\cdots$，$R^3=R^5=R^7=\cdots$。

注意： 关系矩阵的复合运算与代数矩阵相乘类似，只需将计算公式中的加法换为析取，乘法换为合取即可。

由例 4-3.3 容易得到关系幂运算的性质如下。

设 R 是 A 上的关系，$m,n\in\mathbf{N}$，则有如下性质。

（1）$R^m\circ R^n=R^{m+n}$

（2）$(R^m)^n=R^{mn}$

证明：（1）对任意给定的 $m\in\mathbf{N}$，施归纳法于 n。

若 $n=0$，则有

$R^m\circ R^0=R^m\circ I_A=R^m=R^{m+0}$

假设 $R^m\circ R^n=R^{m+n}$，则有

$R^m\circ R^{n+1}=R^m\circ(R^n\circ R)=(R^m\circ R^n)\circ R=R^{m+n+1}$

所以对一切 $m,n\in\mathbf{N}$ 有 $R^m\circ R^n=R^{m+n}$。

（2）类似（1）可证。

若集合 A 是包含 n 个元素的有限集合，R 是 A 上的关系，且 $I,j\in\mathbf{N}$，则 $R^i=R^j$。

证明： R 为 A 上的关系，由于集合 A 是包含 n 个元素的有限集合，因此 A 上的不同关系只有

2^{n^2} 个。列出 R 的各次幂：R^0、R^1、R^2、…、R^n…

必存在自然数 i 和 j 使得 $R^i=R^j$。

§4–3–2　关系的逆运算

定义 4-3.3　设 R 是从集合 A 到 B 的二元关系，由关系 R 得到一个新的从 B 到 A 的关系，记作 R^{-1}，称 R^{-1} 为 R 的逆运算，亦称 R^{-1} 为 R 的逆关系，可表示为 $R^{-1}=\{<y, x>|<x, y>\in R\}$。

例 4-3.4　设 $A=\{1,2,3,4\}$，$B=\{a,b,c,d\}$，$C=\{2,3,4,5\}$，R 是从 A 到 B 的一个关系且 $R=\{<1,a>, <2,c>,<3,b>,<4,b>,<4,d>\}$。

（1）计算 R^{-1}，并画出 R 和 R^{-1} 的关系图。

（2）写出 R 和 R^{-1} 的关系矩阵。

解： $R^{-1}=\{<1,a>,<2,c>,<3,b>,<4,b>,<4，d>\}^{-1}=\{<a,1>,<c,2>,<b,3>,<b,4>,<d,4>\}$

R 和 R^{-1} 的关系图如图 4-14 和图 4-15 所示。

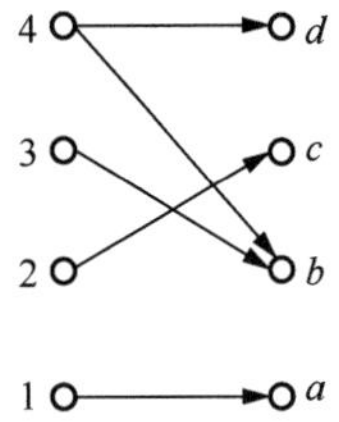

图 4-14　R 的关系图

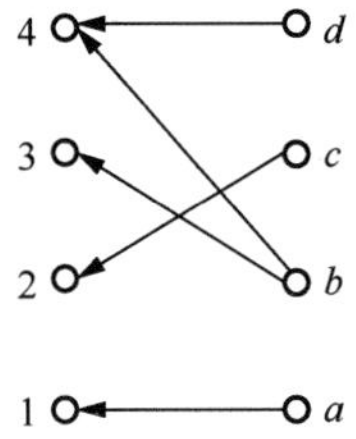

图 4-15　R^{-1} 的关系图

R 和 R^{-1} 的关系矩阵为

$$\boldsymbol{M}_R=\begin{pmatrix}1&0&0&0\\0&0&1&0\\0&1&0&0\\0&1&0&1\end{pmatrix}\qquad \boldsymbol{M}_{R^{-1}}=\begin{pmatrix}1&0&0&0\\0&0&1&1\\0&1&0&0\\0&0&0&1\end{pmatrix}$$

由例 4-3.4 可以看出：

（1）将 R 的关系图中有向边的方向改变成相反方向即得 R^{-1} 的关系图，反之亦然；

（2）将 R 的关系矩阵转置即得 R^{-1} 的关系矩阵，即 R 和 R^{-1} 的关系矩阵互为转置矩阵。

关系逆运算的性质如下。

（1）设 A、B 和 C 是任意 3 个集合，R、S 分别是从 A 到 B、从 B 到 C 的二元关系，则

$(R\circ S)^{-1}=S^{-1}\circ R^{-1}$

证明： 对任意$<x, z>$，有

$<x, z>\in(R\circ S)^{-1}$

$\Leftrightarrow <z, x>\in R\circ S$

$\Leftrightarrow(\exists y)(<z, y>\in R\wedge<y, x>\in S)$

$\Leftrightarrow(\exists y)(<y, z>\in R^{-1}\wedge<x, y>\in S^{-1})$

$\Leftrightarrow(\exists y)(<x, y>\in S^{-1}\wedge<y, z>\in R^{-1})$

$\Leftrightarrow<x, z>\in S^{-1}\circ R^{-1}$

（2）设 R、S 是从集合 A 到集合 B 的关系，则有

$(R\cup S)^{-1}=R^{-1}\cup S^{-1}$

$(R\cap S)^{-1}=R^{-1}\cap S^{-1}$

$(R-S)^{-1}=R^{-1}-S^{-1}$

$(R^{-1})^{-1}=R$

（2）的证明思路同（1），请自行证明。

§4-3-3 关系的闭包运算

关系的闭包运算是关系上的一元运算，闭包运算的结果是包含该关系且具有某种性质的最小关系。

定义 4-3.4 设 R 是 A 上的二元关系，R 的自反（对称、传递）闭包是关系 R_1，则有如下性质。

① R_1 是自反的（对称的、传递的）。

② $R\subseteq R_1$。

③ 对任何自反的关系 R_2，若 $R\subseteq R_2$，则 $R_1\subseteq R_2$。

R 的自反、对称和传递闭包分别记作 $r(R)$、$s(R)$和 $t(R)$。

定理 4-3.1 设 R 为集合 X 上的关系，则有如下性质。

（1）$r(R)=R\cup I_X$

（2）$s(R)=R\cup R^{-1}$

（3）$t(R)=R\cup R^2\cup R^3\cup\cdots$

证明：（1）首先令 $R'=R\cup I_X$，对任意 $x\in X$，因为有$<x, x>\in I_X$，故$<x, x>\in R'$，于是 R'在 X 上是自反的。

其次 $R\subseteq R\cup I_X$，即 $R\subseteq R'$。

最后假设有自反关系 R_2，且 $R\subseteq R_2$，显然有 $I_X\subseteq R_2$，于是 $I_x\cup R=R'\subseteq R_2$，故 $r(R)=R\cup I_X$。

（2）首先令 $R'=R\cup R^{-1}$，因为 $R\subseteq R\cup R^{-1}$，即 $R\subseteq R'$。

其次设$<x,y>\in R'$，则$<x,y>\in R$ 或$<x,y>\in R^{-1}$，即$<y,x>\in R$ 或$<y,x>\in R^{-1}$，故$<y,x>\in R\cup R^{-1}$，所以 R'是对称的。

最后假设 R_2 是对称的且 $R\subseteq R_2$，对任意$<x,y>\in R'$，根据 $R'=R\cup R^{-1}$，则$<x,y>\in R$ 或$<x,y>\in R^{-1}$。当$<x,y>\in R$ 时，由假设 $R\subseteq R_2$ 得$<x,y>\in R_2$；当$<x,y>\in R^{-1}$时，$<y, x>\in R$，由假设 $R\subseteq R_2$ 得$<y, x>\in R_2$，又因为假设 R_2 对称，所以$<x,y>\in R_2$，因此 $R'\subseteq R_2$。

故 $s(R)=R\cup R^{-1}$。

（3）先证 $R\cup R^2\cup\cdots\subseteq t(R)$，为此只需证明对任意正整数 n 都有 $R^n\subseteq t(R)$即可。

用归纳法证明如下。

当 $n=1$ 时，$R^1=R\subseteq t(R)$。

假设 $R^n\subseteq t(R)$，下证 $R^{n+1}\subseteq t(R)$。

令$<x,y>\in R^{n+1}=R^n\circ R$

$\Rightarrow \exists t(<x,t>\in R^n\wedge<t, y>\in R)$

$\Rightarrow \exists t(<x,t>\in t(R)\wedge<t, y>\in t(R))$

$\Rightarrow <x,y>\in t(R)$

从而 $R^{n+1}\subseteq t(R)$。

再证 $t(R)\subseteq R\cup R^2\cup\cdots$。根据传递闭包的定义，只需证明 $R\cup R^2\cup\cdots$是传递的。

对任意$<x,y>,<y,z>$，有

$(<x,y>\in R\cup R^2\cup\cdots)\wedge(<y,z>\in R\cup R^2\cup\cdots)$

$\Rightarrow(\exists t)(<x,y>\in R^t)\wedge(\exists s)(<y,z>\in R^s)$

$\Rightarrow(\exists t)(\exists s)(<x,z>\in R^t\circ R^s)$

$\Rightarrow(\exists t)(\exists s)(<x,z>\in R^{t+s})$

$<x,z>\in R\cup R^2\cup\cdots$，从而 $R\cup R^2\cup\cdots$是传递的。

由以上两方面知，$t(R)=R\cup R^2\cup\cdots$。

例 4-3.5 设 $A=\{1,2,3\}$，$R=\{<1,1>,<1,2>,<2,1>,<1,3>\}$是 A 上的关系。试求 R 的自反闭包、对称闭包和传递闭包。

解： 由关系的自反性定义知，在 R 中添上<2,2>和<3,3>后得到的新关系就具有自反性，且满足自反闭包的定义，即 $r(R)=\{<1,1>,<2,2>,<3,3>,<1,2>,<2,1>,<1,3>\}$。

由关系的对称性定义知，在 R 中添上<3，1>后得到的新关系就具有对称性，且满足对称闭包的定义，即 $s(R)=\{<1,1>,<1,2>,<2,1>,<1,3>,<3,1>\}$。

由关系的传递性定义知，在 R 中添上<2,2>和<2,3>后得到的新关系就具有传递性，且满足传递闭包的定义，即 $t(R)=\{<1,1>,<1,2>,<2,1>,<1,3>,<2,2>,<2,3>\}$。

注意： 设 R 是集合 A 上的二元关系，可由以下规则来判断关系性质。

（1）R 是自反的$\Leftrightarrow I_A\subseteq R$。

（2）R 是反自反的$\Leftrightarrow R\cap I_A=\varnothing$。

（3）R 是对称的$\Leftrightarrow R=R^{-1}$。

（4）R 是反对称的$\Leftrightarrow R\cap R^{-1}\subseteq I_A$。

（5）R 是传递的$\Leftrightarrow R\circ R\subseteq R$。

§4–4　等价关系与划分

§4–4–1　等价关系的概念

定义 4-4.1 设 R 是非空集合 A 上的二元关系，若 R 是自反的、对称的和传递的，则称 R 为 A 上的等价关系。若$<a,b>\in R$，或 aRb，则称 a 等价 b，记作 $a\sim b$。

由于 R 是对称的，因此 a 等价 b 即 b 等价 a，反之亦然，a 与 b 彼此等价。

例 4-4.1 令 $A=\{a,b,c\}$，$R=\{<a,a>,<a,b>,<b,a>,<b,b>,<c,c>\}$，判断 R 是否为等价关系。

解： 因为 $I_A\subseteq R$，可知 R 是自反的；又由于 $R=R^{-1}$，因此 R 是对称的；再者，$R\circ R\subseteq R$，可见 R 是传递的。综上可知，R 是 A 上的等价关系。

例 4-4.2 设 m 为一正整数，$a,b\in\mathbf{Z}$。若存在整数 k，使 $a-b=k\cdot m$，则称 a 与 b 是模 m 同余，记作 $a\equiv b(\text{mod } m)$。证明模 m 同余是任何集合 $A\subseteq\mathbf{Z}$ 上的等价关系。

证明： 设任意 $a,b,c\in A$。

① 因为 $a-a=m\cdot 0$，所以$<a,a>\in R$。

② 若 $a\equiv b(\text{mod } m)$，有 $a-b=m\cdot k$（k 为整数），则 $b-a=-m\cdot k$，故 $b\equiv a(\text{mod } m)$。

③ 若 $a\equiv b(\text{mod } m)$，$b\equiv c(\text{mod } m)$，则 $a-b=m\cdot k$，$b-c=m\cdot j$（k、j 为整数），于是 $a-c=a-b+b-c=m(k+j)$，故 $a\equiv c(\text{mod } m)$。

因此，R 是等价关系。

§4-4-2　等价类

定义 4-4.2　设 R 为非空集合 A 上的等价关系，对 $\forall a\in A$，令 $[a]_R=\{x|x\in A\wedge aRx\}$，称 $[a]_R$ 为 a 关于 R 的等价类，简称 a 的等价类，简记作 $[a]$。

显然，等价类 $[a]_R$ 非空，因为 $a\in[a]_R$。

例 4-4.3　设 R 是 **Z** 上的模 3 等价关系，则

$[0]_R=\{\cdots,-6,-3,0,3,6,\cdots\}$

$[1]_R=\{\cdots,-5,-2,1,4,7,\cdots\}$

$[2]_R=\{\cdots,-4,-1,2,5,8,\cdots\}$

设 R 是非空集合 A 上的等价关系，则等价类有如下性质。

① $\forall a,b\in A$，若 aRb，则 $[a]=[b]$。

② $\forall a,b\in A$，若 $a\not R b$，则 $[a]\cap[b]=\varnothing$。

③ $\cup\{[x]|x\in A\}=A$。

证明：① 对任意 x，有

$x\in[a]$

$\Rightarrow aRx$

$\Rightarrow xRa$　　（R 是对称的）

于是，$xRa\wedge aRb\Rightarrow xRb$　　（R 是传递的）

$\Rightarrow bRx$　　（R 是对称的）

$\Rightarrow x\in[b]$

可见，$[a]\subseteq[b]$。同理可证，$[b]\subseteq[a]$。综上得到，$[a]=[b]$。

②（反证法）假设 $[a]\cap[b]\neq\varnothing$，于是有

$x\in[a]\cap[b]\Rightarrow x\in[a]\wedge x\in[b]$

$\Rightarrow aRx\wedge bRx$

$\Rightarrow aRx\wedge xRb$　　（R 是对称的）

$\Rightarrow aRb$　　（R 是传递的）

这与题设 $a\not R b$ 矛盾，故 $[a]\cap[b]=\varnothing$。

③ 先证 $\cup\{[x]|x\in A\}\subseteq A$。任取 y，使得

$y\in\cup\{[x]|x\in A\}$

$\Leftrightarrow\exists x(x\in A\wedge y\in[x])$

$\Rightarrow y\in[x]\wedge[x]\subseteq A$

$\Rightarrow y\in A$

从而有 $\cup\{[x]|x\in A\}\subseteq A$。

再证 $A\subseteq\cup\{[x]|x\in A\}$。任取 y，使得

$y\in A\Rightarrow y\in[y]\wedge y\in A\Rightarrow y\in\cup\{[x]|x\in A\}$

从而有 $\cup\{[x]|x\in A\}\subseteq A$ 成立。

综上得到，$\cup\{[x]|x\in A\}=A$。

利用非空集合 A 及其上的等价关系可以构造一个新集合——商集。

定义 4-4.3　设 R 为非空集合 A 上的等价关系，以 R 的所有等价类作为元素的集合称为 A 关于 R 的商集，记作 A/R。

$$A/R=\{[a]_R|a\in A\}$$

在例 4-4.3 中，$\mathbf{Z}/R=\{[0],[1],[2]\}$。

与商集有密切联系的概念是集合的划分。下面给出划分的定义。

§4-4-3　划分

定义 4-4.4　设 A 为非空集合，若 A 的子集族 π（$\pi\subseteq P(A)$）满足以下规则。

（1）$\varnothing\notin\pi$

（2）$\forall x\forall y(x,y\in\pi\wedge x\neq y\rightarrow x\cap y=\varnothing)$

（3）$\cup\pi=A$

则称 π 是 A 的一个划分，称 π 中的元素为 A 的划分块。

显然商集 A/R 就是 A 的一个划分，并且不同的商集对应不同的划分。反之，任给 A 的一个划分 $B=\{A_1,A_2,\cdots,A_n\}$，定义 A 上的关系 R 如下：

$$R=\bigcup_{i=1}^{n}(A_i\times A_i)$$

则不难证明 R 是 A 上的等价关系。因此，非空集合 A 上的等价关系与 A 的划分是一一对应的。

例 4-4.4　设集合 $A=\{a,b,c,d\}$，给定 π_1、π_2、π_3、π_4、π_5、π_6 如下，判断它们是否为划分。

$\pi_1=\{\{a,b,c\},\{d\}\}$

$\pi_2=\{\{a,b\},\{c\},\{d\}\}$

$\pi_3=\{\{a\},\{a,b,c,d\}\}$

$\pi_4=\{\{a,b\},\{c\}\}$

$\pi_5=\{\varnothing,\{a,b\},\{c,d\}\}$

$\pi_6=\{\{a,\{a\}\},\{b,c,d\}\}$

解：由划分的定义可知 π_1 和 π_2 是 A 的划分，其他都不是 A 的划分。

例 4-4.5　设 $A=\{1,2,3,4\}$，R 为 $A\times A$ 上的二元关系，$<a,b>R<c,d>\Leftrightarrow a+b=c+d$，证明 R 为等价关系并求 R 导出的划分。

证明：首先对任意 $<a,b>\in A\times A$，有 $a+b=a+b$，所以 $<a,b>R<a,b>$，R 是自反的。

其次对任意 $<a,b>$、$<c,d>\in A\times A$，设 $<a,b>R<c,d>$，则 $a+b=c+d$，交换后有 $c+d=a+b$，所以 $<c,d>R<a,b>$，R 是对称的。

最后对任意 $<a,b>$、$<c,d>$、$<x,y>\in A\times A$，若 $<a,b>R<c,d>$、$<c,d>R<x,y>$，则 $a+b=c+d$ 并且 $c+d=x+y$，所以 $a+b=x+y$，$<a,b>R<x,y>$，R 是传递的。

R 是 $A\times A$ 上的等价关系得以证明。

划分 $=\{\{<1,1>\},\{<1,2>,<2,1>\},\{<1,3>,<2,2>,<3,1>\},\{<1,4>,<4,1>,<2,3>,<3,2>\},\{<2,4>,<4,2>,<3,3>\},\{<3,4>,<4,3>\},\{<4,4>\}\}$

§4-5　次序关系

现实中，有些事情的发生必须在某些事情发生之后，即事情之间存在“先后”关系，也称次序关系。

§ 4–5–1　偏序关系

定义 4-5.1　设 R 是非空集合 A 上的关系，若 R 是自反、反对称和传递的，则称 R 为 A 上的偏序关系，简称偏序，记作“$\preccurlyeq$”。并将“$<a,b>\in\preccurlyeq$”记作 $a\preccurlyeq b$，读作“a 对 b 有偏序关系”。在很多教材中为了书写方便，$\preccurlyeq$常记作“$\leqslant$”，$a\leqslant b$ 仿照数论中的读法读成“a 小于等于 b”，但要注意“小于等于”只是一种记号和读法上的借用，不是普通意义上的小于等于，它表示在偏序关系中的顺序性。序偶$<A,\leqslant>$称为偏序集。

如集合 A 上的恒等关系是 A 上的偏序关系，则小于等于关系、整除关系和包含关系也是相应集合上的偏序关系。

为了使偏序关系图看起来简洁，使元素的次序关系清晰直观，我们把普通的关系图改造为哈斯图，其方法如下。

（1）因为偏序关系具有自反性，所以省略关系图中所有的自回环。

（2）因为偏序关系具有反对称性，对任意 $x,y\in A$，若 $x\leqslant y$，则将 x 画在 y 的下方，可省略关系图中所有边的箭头。

（3）因为偏序关系具有传递性，对任意 $x,y\in A$（$x\neq y$），若 $x\leqslant y$，且 x 与 y 之间不存在 $z\in A$，使得 $x\leqslant z$，$z\leqslant y$，则 x 与 y 之间用一条线相连，这种情形可称为 y 盖住 x，否则无须用线相连。

例 4-5.1　集合 $A=\{1,2,3,4\}$，A 上的关系 R 如下所示，判断 R 是否为偏序关系，若是则画出其关系图和哈斯图。

$$R=\{<1,1>,<2,2>,<3,3>,<4,4>,<1,2>,<1,4>,<2,4>,<3,4>\}$$

解：关系 R 具有自反性、对称性和传递性，所以 R 是偏序关系，其关系图如图 4-16 所示，其哈斯图如图 4-17 所示。

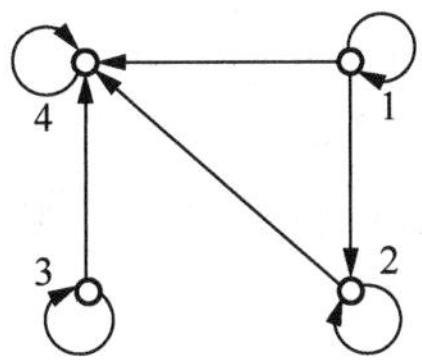

图 4-16　R 的关系图

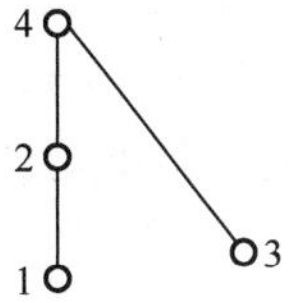

图 4-17　R 的哈斯图

例 4-5.2　设 $A=\{2,3,6,12,24,36\}$，“$\leqslant$”是 A 上的整除关系 R，画出其关系图和哈斯图。

解：由题意可得

$R=\{<2,2>,<2,6>,<2,12>,<2,24>,<2,36>,<3,3>,<3,6>,<3,12>,<3,24>,<3,36>,<6,6>,<6,12>,<6,24>,<6,36>,<12,12>,<12,24>,<12,36>,<24,24>,<36,36>\}$

从而得出该偏序集$<A,\leqslant>$的关系图如图 4-18 所示，哈斯图如图 4-19 所示。

例 4-5.3　已知偏序集$<A,R>$的哈斯图如图 4-20 所示，试求出集合 A 和关系 R 的表达式。

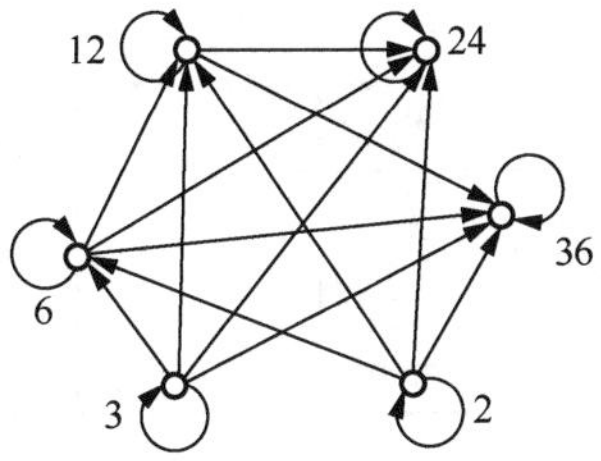

图 4-18　$<A,\leqslant>$的关系图

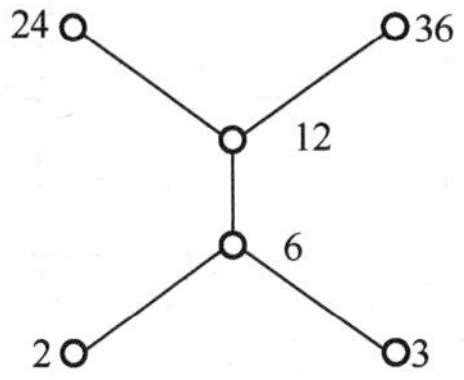

图 4-19　$<A,\leqslant>$的哈斯图

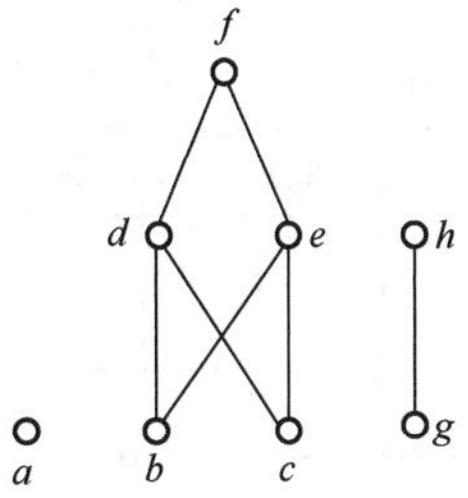

图 4-20　$<A,R>$的哈斯图

解： $A=\{a,b,c,d,e,f,g,h\}$

$R=\{<b,d>,<b,e>,<b,f>,<c,d>,<c,e>,<c,f>,<d,f>,<e,f>,<g,h>\}\cup I_A$

定义 4-5.2 设$<A,\leqslant>$为偏序集，$B\subseteq A$，$y\in B$。

（1）若$\forall x(x\in B\rightarrow y\leqslant x)$为真，则称 y 为 B 的最小元。

（2）若$\forall x(x\in B\rightarrow x\leqslant y)$为真，则称 y 为 B 的最大元。

（3）若$\forall x(x\in B\wedge x\leqslant y\rightarrow x=y)$为真，则称 y 为 B 的极小元。

（4）若$\forall x(x\in B\wedge y\leqslant x\rightarrow x=y)$为真，则称 y 为 B 的极大元。

由定义 4-5.2 可得以下结论。

（1）对于有限集，极小元和极大元一定存在，且可能存在多个。

（2）最小元和最大元不一定存在，如果存在一定唯一。

（3）最小元一定是极小元，最大元一定是极大元。

（4）孤立结点既是极小元，也是极大元。

定义 4-5.3 设$<A,\leqslant>$为偏序集，$B\subseteq A$，$y\in A$。

（1）若$\forall x(x\in B\rightarrow x\leqslant y)$成立，则称 y 为 B 的上界。

（2）若$\forall x(x\in B\rightarrow y\leqslant x)$成立，则称 y 为 B 的下界。

（3）令 $C=\{y|y$ 为 B 的上界$\}$，C 的最小元为 B 的最小上界或上确界。

（4）令 $D=\{y|y$ 为 B 的下界$\}$，D 的最大元为 B 的最大下界或下确界。

由定义 4-5.3 可得以下结论。

（1）子集合 B 的上、下界和上、下确界可在集合 A 中寻找。

（2）一个子集合 B 的上、下界不一定存在，如果存在，可以不唯一。

（3）一个子集合 B 的上、下确界不一定存在，如果存在，一定唯一。

（4）一个子集合 B 有上（下）确界，一定有上（下）界，反之不然。

例 4-5.4 设集合 $A=\{a,b,c,d,e,f,g,h\}$，对应的哈斯图如图 4-21 所示。令 $B=\{a,b\}$，$C=\{c,d,e\}$。求出 B、C 的最大元、最小元、极大元、极小元、上界、下界、上确界、下确界。

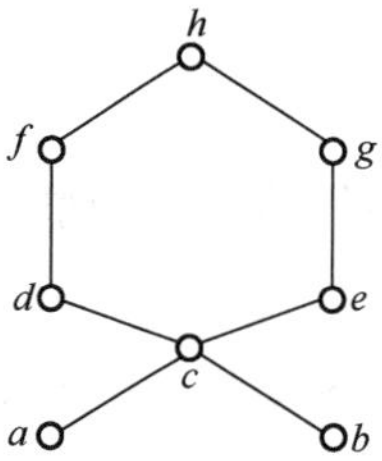

图 4-21 哈斯图

解： 集合 B、C 的各种特殊元素如表 4-1 所示。

表 4-1 集合 B、C 的各种特殊元素

集合	最大元	最小元	极大元	极小元	上界	下界	上确界	下确界
B	无	无	a、b	a、b	c、d、e、f、g、h	无	c	无
C	无	c	d、e	c	h	c、a、b	h	c

例 4-5.5 已知偏序集$<A,R>$的哈斯图如图 4-20 所示，求 A 的极小元、最小元、极大元、最

大元。设 $B=\{b,c,d\}$，求 B 的下界、上界、下确界、上确界。

解： A 的极小元为 a、b、c、g，极大元为 a、f、h，没有最小元与最大元。

B 的下界和下确界都不存在；上界有 d 和 f，上确界为 d。

§ 4–5–2 其他次序关系

定义 4-5.4 设 R 是非空集合 A 上的关系，如果 R 是反自反和传递的，那么称 R 是 A 上的拟序关系，简称拟序，记作“$<$”，读作“小于”，并将“$<a, b>\in <$”记作“$a<b$”。序偶 $<A,<>$ 称为拟序集。

如在集合 A 的幂集 $\rho(A)$ 上定义的 $\subset$ 关系、实数集 **R** 上定义的小于关系均是拟序。

定义 4-5.5 设 $<A,\leqslant>$ 是一个偏序关系，若对任意 $x,y\in A$，总有 $x\leqslant y$ 或 $y\leqslant x$，二者必居其一，则称关系“$\leqslant$”为全序关系，简称全序；或者线序关系，简称线序。序偶 $<A,\leqslant>$ 为全序集或者线序集，或者链。

如实数集 **R** 上定义的小于等于关系为线序。

定义 4-5.6 设 $<A,\leqslant>$ 是一个偏序集，若 A 的任何一个非空子集都有最小元素，则称“$\leqslant$”为良序关系，简称良序，序偶 $<A,\leqslant>$ 称为良序集。

如有限全序集一定是良序集。

例 4-5.6 一个计算机公司开发的项目需要完成 7 个任务，其中的某些任务在其他任务结束之后才能开始。考虑建立任务上的偏序，如果任务 Y 在任务 X 结束之后才能开始，那么 $X\leqslant Y$。这 7 个任务的关于偏序的哈斯图如图 4-22 所示，求一个全序执行这些任务以完成这个项目。

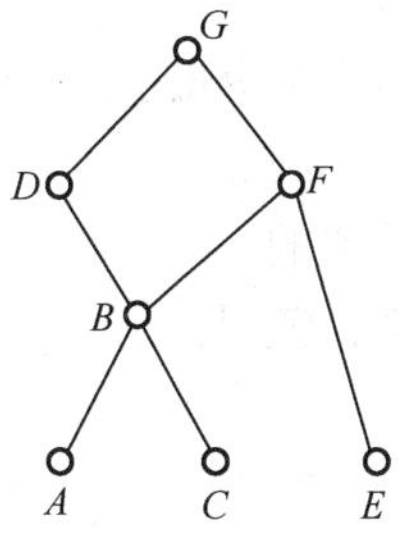

图 4-22 哈斯图

解： 可以通过执行一个拓扑排序得到 7 个任务的其中一种可能执行顺序 $ACEBFDG$。

本章总结

本章的任务是系统地研究“关系”这个概念及其数学性质。本章的主要内容：有序对的定义与性质，从 A 到 B 的关系、A 上的关系；关系的表示法，包括关系表达式、关系矩阵、关系图；关系的运算，包括逆、合成、幂，A 上关系的自反、对称、传递闭包；关系的性质，包括 A 上关系的自反、反自反、对称、反对称、传递的性质；A 上的等价关系、等价类、商集与 A 的划分；A 上的偏序关系与偏序集。

通过本章的学习，读者应掌握二元关系定义与表示方法；掌握关系的复合运算、逆运算和 3 种闭包运算；认清关系的性质；掌握等价关系、等价类、商集、划分、哈斯图、偏序集等概念，会求偏序集中的极大元、极小元、最大元、最小元、上界、下界、上确界、下确界；掌握基本的证明方法，能证明关系是等价关系或偏序关系。

习　题

1. 写出 A 上二元关系 R 的关系矩阵，画出关系图。

（1）$A=\{0,1,2,3\}$，$R=\{<0,0>,<0,3>,<2,0>,<2,1>,<2,3>,<3,2>\}$。

（2）$A=\{1,2,4,6\}$，$R=\{<a,b>|a\in A\wedge b\in A\wedge b$ 为素数$\}$。

（3）$A=\{0,1,2,3,4\}$，$R=\{<a,b>|a\in A\wedge b\in A\wedge a$ 为奇数 $\wedge b\leqslant 3\}$。

（4）$A=\{0,1,2,3,4\}$，$R=\{<a,b>|a\in A\wedge b\in A\wedge 0\leqslant a-b<3\}$。

2. 设集合 $A=\{0,1,2,3,4,5,6\}$，A 上二元关系 $R=\{<a,b>|a\in A\wedge b\in A\wedge(a<b\vee b$ 为素数$)\}$，写出 R 的关系矩阵。

3. 设 R 和 S 是 A 上的任意关系，说明以下命题的真假。若为真命题，则给出证明；若为假命题，举一反例。

（1）若 R 和 S 是自反的，则 $R\circ S$ 也是自反的。

（2）若 R 和 S 是反自反的，则 $R\circ S$ 也是反自反的。

（3）若 R 和 S 是对称的，则 $R\circ S$ 也是对称的。

（4）若 R 和 S 是传递的，则 $R\circ S$ 也是传递的。

（5）若 R 是自反的，则 R^{-1} 也是自反的。

（6）若 R 是反自反的，则 R^{-1} 也是反自反的。

（7）若 R 是对称的，则 R^{-1} 也是对称的。

（8）若 R 是传递的，则 R^{-1} 也是传递的。

4. 设 R、S、T 是 A 上的二元关系，证明：

（1）$R\circ(S\cup T)=R\circ S\cup R\circ T$

（2）$(R\cup S)\circ T=R\circ T\cup S\circ T$

5. $A=\{0,1,2,3\}$，A 上二元关系 R 和 S 分别为

$R=\{<a,b>|a\in A\wedge b\in A\wedge(b=a+1\vee b=a/2)\}$

$S=\{<a,b>|a\in A\wedge b\in A\wedge a=b+2\}$

（1）求 $R\circ S$、$S\circ R$、$R\circ S\circ R$、R^3。

（2）验证 $\boldsymbol{M}_{R\circ S}=\boldsymbol{M}_R\circ\boldsymbol{M}_S$。

（3）求 R^{-1}、S^{-1}、$R^{-1}\circ S^{-1}$、$(S\circ R)^{-1}$，验证$(S\circ R)^{-1}=R^{-1}\circ S^{-1}$。

（4）验证 $\boldsymbol{M}_{R^{-1}}=\boldsymbol{M}_R^{\mathrm{T}}$。

6. R 是集合 X 上的自反关系，证明：R 是对称的和传递的当且仅当如果$<a,b>\in R$ 和$<a,c>\in R$，那么$<b,c>\in R$。

7. R 是集合 X 上的二元关系，证明：若 R 是自反的和传递的，则 $R\circ R=R$。

8. 设 R 是 A 上的二元关系，证明：

（1）若 R 是自反的，则 $s(R)$和 $t(R)$也是自反的；

（2）若 R 是对称的，则 $r(R)$和 $t(R)$也是对称的；

（3）若 R 是传递的，则 $r(R)$也是传递的。

9. 设 R 是 A 上的二元关系，$S=\{<a,b>|a\in A\wedge b\in A\wedge(\exists c)(<a,c>\in R\wedge<c,b>\in R)\}$，证明：若 R 是 A 上的等价关系，则 S 也是 A 上的等价关系。

10. 设 $A\subseteq\mathbf{Z}_+\times\mathbf{Z}_+$（$\mathbf{Z}_+$是正整数集合），$R$ 是 A 上的二元关系，定义为

$$R=\{<<x,y>,<u,v>>|<x,y>\in A\wedge<u,v>\in A\wedge x+v=y+u\}$$

证明：R 是 A 上的等价关系。

11. 集合 A 是自然数集合的子集，A 上的整除关系 R 是偏序关系。定义为

$$R=\{<x,y>|x\in A\wedge y\in A\wedge x \text{ 整除 } y\}$$

画出哈斯图，指出该偏序关系是否为全序关系。

（1）$A=\{3,9,27,54\}$

（2）$A=\{1,2,3,4,6,8,12,24\}$

12. 画出下列各偏序集$<A,\leqslant>$的哈斯图，找出 A 的子集 B_1、B_2 和 B_3 的极大元、极小元、最大元、最小元、上界、下界、上确界和下确界。

（1）$A=\{a,b,c,d,e\}$，$\leqslant=\{<a,b>,<a,c>,<a,d>,<a,e>,<b,e>,<c,e>,<d,e>\}\cup I_A$

$B_1=\{b,c,d\}$，$B_2=\{a,b,c,d\}$，$B_3=\{b,c,d,e\}$

（2）$A=\{a,b,c,d,e\}$，$\leqslant=\{<c,d>\}\cup I_A$

$B_1=\{a,b,c,d,e\}$，$B_2=\{c,d\}$，$B_3=\{c,d,e\}$

（3）$A=P(\{a,b,c\})$，$\leqslant=\{<x,y>\mid x\in P(A)\wedge y\in P(A)\wedge x\subseteq y\}$

$B_1=\{\varnothing,\{a\},\{b\}\}$，$B_2=\{\{a\},\{c\}\}$，$B_3=\{\{a,c\},\{a,b,c\}\}$

第 5 章 函数

本章主要内容包括：函数的概念与性质、函数的运算、特殊函数、基数。

§5–1 函数的概念与性质

§5–1–1 函数的概念

函数是一种特殊的关系，是许多数学工具的基础，在计算机科学与技术各领域里，如自动机理论、可计算性理论等，都有着广泛的应用。各种高级程序设计语言中也使用了大量的函数。实际上，计算机的任何输出都可看成是某些输入的函数。

定义 5-1.1 设 f 是从集合 A 到 B 的关系，如果对每个 $x \in A$，都存在唯一的 $y \in B$，使得 $<x,y> \in f$，那么称关系 f 为 A 到 B 的函数，也可称为映射，记作 $f: A \to B$。A 为函数 f 的定义域，记作 $\mathrm{dom} f = A$；$f(A)$ 为函数 f 的值域，记作 $\mathrm{ran} f$；B 称为函数 f 的陪域。

对 $f: A \to B$ 来说，若 $<x,y> \in f$，则称 x 为函数的自变量，称 y 为函数的因变量。因为 y 值依赖于 x 所取的值，所以称 y 是 f 在 x 处的值，或称 y 为 f 下 x 的像，x 为 f 下 y 的像源。通常把 $<x,y> \in f$ 记作 $f(x)=y$。

从定义 5-1.1 可以看出，A 到 B 的函数 f 是从 A 到 B 的二元关系的子集，且有以下特点。

① A 的每个元素都必须是 f 的有序对的第一个分量。

② 若 $f(x)=y$，则函数 f 在 x 处的值是唯一的，即 $f(x)=y \wedge f(x)=z \Rightarrow y=z$。

③ 允许一个像有多个像源。

例 5-1.1 设 $A=\{1,2,3,4\}$，$B=\{a,b,c,d\}$，试判断下列关系哪些是函数。如果是函数，请写出它的值域。

（1）$f_1=\{<1,a>,<2,a>,<3,d>,<4,c>\}$

（2）$f_2=\{<1,a>,<2,a>,<2,d>,<4,c>\}$

（3）$f_3=\{<1,a>,<2,b>,<3,d>,<4,c>\}$

（4）$f_4=\{<2,b>,<3,d>,<4,c>\}$

解：（1）在 f_1 中，因为 A 中每个元素都有唯一的像和它对应，所以 f_1 是函数。其值域是 A 中每个元素的像的集合，即 $\mathrm{ran} f_1=\{a,c,d\}$。

（2）在 f_2 中，因为元素 2 有两个不同的像 a 和 d，与像的唯一性矛盾，所以 f_2 不是函数。

（3）在 f_3 中，因为 A 中每个元素都有唯一的像和它对应，所以 f_3 是函数。其值域是 A 中每个元素的像的集合，即 $\mathrm{ran}\, f_3=\{a,b,c,d\}$。

（4）在 f_4 中，因为元素 1 没有像，所以 f_4 不是函数。

定义 5-1.2　设 $f: A\to B$，$g:C\to D$，若 $A=C$，$B=D$，且对所有的 $x\in A$ 都有 $f(x)=g(x)$，则称函数 f 和 g 相等，记作 $f=g$。

定义 5-1.2 表明若两函数相等，则它们必须有相同的定义域、陪域和有序对集合。如函数 $f:Z\to Z$、$f(x)=x^2$ 和函数 $g:\{1,2,3\}\to Z$、$g(x)=x^2$ 是两个不同的函数，因为它们的定义域不相同。

例 5-1.2　设集合 $A=\{1,2,3\}$，$B=\{a,b\}$，写出 A 到 B 的不同函数。

解： $f_0=\{<1,a>,<2,a>,<3,a>\}$

$f_1=\{<1,a>,<2,a>,<3,b>\}$

$f_2=\{<1,a>,<2,b>,<3,a>\}$

$f_3=\{<1,a>,<2,b>,<3,b>\}$

$f_4=\{<1,b>,<2,a>,<3,a>\}$

$f_5=\{<1,b>,<2,a>,<3,b>\}$

$f_6=\{<1,b>,<2,b>,<3,a>\}$

$f_7=\{<1,b>,<2,b>,<3,b>\}$

思考： 有限集合 A 包含 n 个元素，B 包含 m 个元素，从 A 到 B 的不同的函数有多少个？

常用的函数如下。

（1）设 $f: A\to B$，如果存在 $c\in B$ 使得对所有的 $x\in A$ 都有 $f(x)=c$，那么称 $f: A\to B$ 是常函数。

（2）称 A 上的恒等关系 I_A 为 A 上的恒等函数，对所有的 $x\in A$ 都有 $I_A(x)=x$。

（3）设 R 是 A 上的等价关系，令 $g: A\to A/R$，对所有的 $a\in A$ 都有 $g(a)=[a]$，称 g 是从 A 到商集 A/R 的自然映射。

（4）设 A 是全集 $U=\{u_1,u_2,\cdots,u_n\}$ 的一个子集，则子集 A 的特征函数定义为从 U 到 $\{0,1\}$ 的一个函数，且 $f_A(u_i)=\begin{cases}1 & u_i\in A\\ 0 & u_i\notin A\end{cases}$。

§5-1-2　函数的性质

定义 5-1.3　设 $f: A\to B$。

（1）若 $\mathrm{ran}\, f=B$，则称 $f: A\to B$ 是满射的。

（2）若 $\forall y\in \mathrm{ran}\, f$ 都存在唯一的 $x\in A$ 使得 $f(x)=y$，则称 $f: A\to B$ 是单射的。

（3）若 $f: A\to B$ 既是满射的又是单射的，则称 $f: A\to B$ 是双射的。

例 5-1.3　确定下列函数的类型。

（1）设 $A=\{1,2,3,4,5\}$，$B=\{a,b,c,d\}$。$f: A\to B$ 定义为 $\{<1,a>,<2,c>,<3,b>,<4,a>,<5,d>\}$。

（2）设 $A=\{1,2,3\}$，$B=\{a,b,c,d\}$。$f: A\to B$ 定义为 $f=\{<1,a>,<2,c>,<3,b>\}$。

（3）设 $A=\{1,2,3\}$，$B=\{1,2,3\}$。$f: A\to B$ 定义为 $f=\{<1,2>,<2,3>,<3,1>\}$。

解：（1）因为对任意 $y\in B$，都存在 $x\in B$，使得 $<x, y>\in f$，所以 f 是满射函数。

（2）因为 A 中不同的元素对应不同的像，所以 f 是单射函数。

（3）因为 f 既是单射函数，又是满射函数，所以 f 是双射函数。

§5-2 函数的运算

函数是特殊的关系，可以进行相应的运算。通过函数的运算可以由已知函数得到新的函数。下面介绍常用的函数运算。

§5-2-1 函数的复合运算

定义 5-2.1 $f: A\to B$、$g:B\to C$ 是两个函数，则 f 与 g 的复合运算 $g\circ f=\{<x,z>|x\in A\wedge z\in C\wedge (\exists y)(y\in B\wedge xfy\wedge ygz)\}$是从 A 到 C 的函数，记作 $g\circ f:A\to C$，称为函数 g 与 f 的复合函数。对任意 $x\in A$，有$(g\circ f)(x)=g(f(x))$。

例 5-2.1 设 $A=\{1,2,3,4,5\}$，$B=\{a,b,c,d\}$，$C=\{1,2,3,4,5\}$，函数 $f:A\to B$、$g:B\to C$ 定义如下：$f=\{<1,a>,<2,a>,<3,d>,<4,c>,<5,b>\}$，$g=\{<a,1>,<b,3>,<c,5>,<d,2>\}$。求 $g\circ f$。

解： $g\circ f=\{<1,1>,<2,1>,<3,2>,<4,5>,<5,3>\}$

例 5-2.2 设$f: R\to R$，$g:R\to R$，$h:R\to R$，满足$f(x)=2x$，$g(x)=(x+1)^2$，$h(x)=x/2$。计算下列各式。

（1）$f\circ g$，$g\circ f$。

（2）$f\circ h$，$h\circ f$。

解：（1）$f\circ g(x)=f(g(x))=f((x+1)^2)=2(x+1)^2$

$g\circ f(x)=g(f(x))=g(2x)=(2x+1)^2$

（2）$f\circ h(x)=f(h(x))=f(x/2)=x$

$h\circ f(x)=h(f(x))=h(2x)=x$

定理 5-2.1 设f和 g 分别是从 A 到 B 和从 B 到 C 的函数，设$f: A\to B$，$g:B\to C$。

① 若$f:A\to B$、$g:B\to C$ 都是满射，则 $g\circ f: A\to C$ 也是满射。

② 若$f:A\to B$、$g:B\to C$ 都是单射，则 $g\circ f: A\to C$ 也是单射。

③ 若$f:A\to B$、$g:B\to C$ 都是双射，则 $g\circ f: A\to C$ 也是双射。

证明： ① 任取 $c\in C$，因为 $g:B\to C$ 是满射，所以存在 $b\in B$ 使得 $g(b)=c$。对于 b，由于$f: A\to B$ 也是满射，因此存在 $a\in A$ 使得$f(a)=b$。因此 $g\circ f(a)=g(f(a))=g(b)=c$，证明了 $g\circ f: A\to C$ 是满射。

② 对任意 $a_1,a_2\in A$，且 $a_1\neq a_2$，由于$f:A\to B$ 是单射，因此$f(a_1)\neq f(a_2)$；又由于 $g:B\to C$ 也是单射，因此有 $g(f(a_1))\neq g(f(a_2))$即 $g\circ f(a_1)\neq g\circ f(a_2)$，证明了 $g\circ f: A\to C$ 是单射。

③ 由①和②得证。

定理 5-2.1 表明：函数的复合运算能够保持函数满射、单射和双射的性质。

§5-2-2 函数的逆运算

定义 5-2.2 设$f: A\to B$，如果$f^{-1}=\{<y,x>|x\in A\wedge y\in B\wedge <x,y>\in f\}$是从 B 到 A 的函数，那么称$f^{-1}:B\to A$ 是函数f的逆函数。

由定义 5-2.2 可以看出，一个函数的逆运算也是函数。给定关系 R，其逆关系一定存在，函数作为关系，其逆关系一定是存在的，但逆关系未必是函数。如 $A=\{a,b,c\}$、$B=\{1,2,3\}$、$f=\{<a,1>,<b,1>,<c,3>\}$是函数，而$f^{-1}=\{<1,a>,<1,b>,<3,c>\}$却不是从 B 到 A 的函数。逆函数f^{-1}存在当且仅当f是双射。

§ 5–3　基数

§ 5–3–1　基数的概念

表示集合中元素多少或度量集合大小的数，称为集合的基数或势。一个集合 A 的基数，记作 $|A|$。如果一个集合包含有限个元素，如有 m 个不同的元素，那么可以表示为 $|A|=m$。现在的问题是：如果一个集合中包含的元素有无穷多个，你无法找到一个“m”去衡量它到底包含多少个元素，或者你面对的是两个无穷集合，又如何比较它们的大小呢？你也许认为无穷集合既然没有办法把所有的元素通过数数的方式数到尽头，就根本不能比较大小。诸如此类的问题，本质上都是人们对“无限”的探索。

1638 年，意大利天文学家伽利略发现了这样一个问题：全体自然数与全体平方数，谁多谁少？传统的思维一直认为“全体大于部分”，但是在康托看来，全体自然数与全体平方数一样多。他在《论所有实代数的集合的一个性质》中给出了度量集合的基本概念：一一对应，以此作为度量集合大小的一把“尺子”。这样，如果两个集合之间能够建立一一对应的关系，就说明它们的元素个数是相等的。康托利用自己的这一结论成功地证明了实数集合与自然数集合之间不能建立起一一对应关系，从而证明了实数集合是不可数的，也解决了伽利略的问题。康托还认为无穷集合彼此之间也是千差万别，应该加以区别。

为了实现一一对应，首先选取一个“标准集合”$N_n=\{0,1,2,\cdots,n-1\}$，称它为 N 的截段 n；再用双射函数作为工具，给出集合基数的定义如下。

定义 5-3.1　设 A 是集合，若 $f: N_n \to A$ 为双射函数，则称集合 A 是有限的，A 的基数是 n，记作 $|A|=n$。

定义 5-3.1 表明，对有限集合 A，可以用数数的方式来确定集合 A 的基数。若 $f: N_n \to A$ 是双射函数，则称集合 A 是可数的。

为了确定某些无穷集合的基数，选取第二个“标准集合”N 来度量这些集合。

定义 5-3.2　设 A 是集合，若 $f: N \to A$ 为双射函数，则称 A 的基数是 $\aleph_0$，记作 $|A|=\aleph_0$。

$\aleph_0$ 读作“阿列夫零”。阿列夫（Aleph），是希伯来文字母表的第一个字母。符号 $\aleph_0$ 是康托引入的。

定义 5-3.2 表明，设 A 是集合，若 $|A|=\aleph_0$，则称 A 是可数无穷的；若 A 是不可数的，则称 A 是不可数的或不可数无穷的。

例 5-3.1　证明 $|\mathbf{Z}|=\aleph_0$。

$$f:\mathbf{Z}\to\mathbf{N},\quad f(x)=\begin{cases}2x & x\geqslant 0\\ -2x-1 & x<0\end{cases}$$

f 是从 $\mathbf{Z}$ 到 $\mathbf{N}$ 的双射函数，从而证明了 $|\mathbf{Z}|=\aleph_0$。

§ 5–3–2　基数的比较

定义 5-3.3　设 A 和 B 为任意集合。

① 若有一个从 A 到 B 的双射函数，则称 A 和 B 有相同基数（或称 A 和 B 等势），记作 $|A|=|B|$（或 $A\sim B$）。

② 若有一个从 A 到 B 的单射函数，则称 A 的基数小于等于 B 的基数，记作 $|A|\leqslant|B|$。

③ 若有一个从 A 到 B 的单射函数，但不存在双射函数，则称 A 的基数小于 B 的基数，记作 $|A|<|B|$。

等势是集合族（集合族可宽泛地理解为构成元素均为集合的集合）上的等价关系，它把集合族划分成等价类，在同一等价类中的集合具有相同的基数。因此可以说，基数是在等势关系下集合的等价类的特征。或者说，基数是在等势关系下集合的等价类的名称。这实际上就是基数的一种定义。

定理 5-3.1 （策梅洛定理）设 A 和 B 是任意两个集合，则下述情况恰有一个成立。

① $|A|<|B|$；② $|B|<|A|$；③ $|A|=|B|$。

定理 5-3.2 （康托-伯恩斯坦-施罗德定理）设 A 和 B 是任意两个集合，若$|A|\leqslant|B|$且$|B|\leqslant|A|$，则$|A|=|B|$。

定理 5-3.2 对证明两集合具有相同基数提供了有效的方法：构造一个单射函数 $f: A\to B$，则有 $|A|\leqslant|B|$；又构造另一个单射函数 $g:B\to C$，以证明$|B|\leqslant|A|$。于是根据定理 5-3.2 即可得出$|A|=|B|$。通常构造这样两个单射函数比构造一个双射函数要容易许多。

例 5-3.2 证明$|(0,1)|=|[0,1]|$，其中$(0,1)$和$[0,1]$分别为实数开区间和闭区间。

证明：（1）构造双射函数，令 $f: [0,1]\to(0,1)$。

$$f(x)=\begin{cases}1/2 & x=0\\ 1/(2+n) & x=1/n,\ n=1,2,3,\cdots\\ x & \text{其他}\end{cases}$$

（2）构造两个单射函数，令 $f:(0,1)\to[0,1]$，$f(x)=x$，可见 f 是单射函数，故$|(0,1)|\leqslant|[0,1]|$。

又令 $g:[0,1]\to(0,1)$，$g(x)=\dfrac{x}{2}+\dfrac{1}{6}$，而 g 是单射函数，从而$|[0,1]|\leqslant|(0,1)|$。

例 5-3.3 证明$(0,1)$与 $\mathbf{R}$ 基数相等。

证明：其中实数区间$(0,1)=\{x|x\in\mathbf{R}\wedge 0<x<1\}$。构造双射函数如下

$$f:(0,1)\to\mathbf{R},\quad f(x)=\tan\pi\frac{2x-1}{2}$$

例 5-3.4 证明 $\mathbf{N}$ 与 $\mathbf{R}$ 基数不相等。

证明：由例 5-3.2 和例 5-3.3 可知 $\mathbf{R}$ 与区间$[0,1]$基数相等，只需证明$[0,1]$不可数。

假设$[0,1]$的实数可数，则所有的实数便可排列成一个数列 $a_1,a_2,a_3,a_4,a_5,\cdots,a_n,\cdots$将所有的实数全都表示成无穷小数的形式。

$a_1=a_{(11)}a_{(12)}a_{(13)}a_{(14)}\cdots a_{(1n)}\cdots$

$a_2=a_{(21)}a_{(22)}a_{(23)}a_{(24)}\cdots a_{(2n)}\cdots$

$a_3=a_{(31)}a_{(32)}a_{(33)}a_{(34)}\cdots a_{(3n)}\cdots$

$a_4=a_{(41)}a_{(42)}a_{(43)}a_{(44)}\cdots a_{(4n)}\cdots$

$\cdots$

$a_n=a_{(n1)}a_{(n2)}a_{(n3)}a_{(n4)}\cdots a_{(nn)}\cdots$

在上述的无穷小数表示方法中，每一个 $a_{(ij)}$都是 $0,1,2,\cdots,9$ 中的一个数。

现在有一个新的无穷小数 $b=b_1b_2b_3b_4b_5b_6\cdots$。令 b_1 不等于 $a_{(11)}$，b_2 不等于 $a_{(22)}$，b_3 不等于 $a_{(33)}$，b_4 不等于 $a_{(44)}$……且 b_i 为 0 或 9 的任意一个数。现在问：这个无穷小数 b 是否在上面的数列中呢？由 b_1 不等于 $a_{(11)}$可知 b 不等于 a_1，由 b_2 不等于 $a_{(22)}$可知 b 不等于 a_2，由 b_3 不等于 $a_{(33)}$可知 b 不等于 a_3，由 b_4 不等于 $a_{(44)}$可知 b 不等于 a_4……依此类推，可知这个无穷小数 b 不会与上述数列中的

任何一个实数相等，但 b 确实是在[0,1]之中。因此说明上述的数列之中不可能包含全部的实数，所以实数不可数。这就是康托著名的对角线法。

定义 5-3.4　设 A 是集合，若 $f: R \to A$ 为双射函数，则称 A 的基数是$\aleph$，记作$|A|=\aleph$。

例 5-3.5　证明对任意集合 A 都有 A 与 $P(A)$基数不相等。

证明：只需证明任何函数 $g:A \to P(A)$都不是满射的。

设 $g: A \to P(A)$是从 A 到 $P(A)$的函数，构造集合 B 如下：

$$B=\{x|x \in A \wedge x \notin g(x)\}$$

则 $B \in P(A)$，但对任意 $x \in A$ 都有 $x \in B \Leftrightarrow x \notin g(x)$。

从而证明了对任意 $x \in A$ 都有 $B \neq g(x)$，即 $B \notin \text{ran}g$。

本章总结

本章主要介绍了函数，函数的像与像源，特殊函数如单射、满射、双射，重要函数如恒等函数、常函数、集合的特征函数，集合等势的定义与性质，可数集与不可数集，集合基数的定义。

通过本章的学习，读者应熟练掌握给定f、A、B，判别f是否为从 A 到 B 的函数；判别函数$f: A \to B$的性质（单射、满射、双射）；熟练计算函数的值、复合以及反函数；证明函数$f: A \to B$ 的性质（单射、满射、双射）；给定集合 A、B，构造双射函数$f: A \to B$；能够证明两个集合等势；知道什么是可数集与不可数集；会求一个简单集合的基数。

习　　题

1. 设 $A=\{a,b,c\}$，$B=\{1,2,3\}$，试说明：下列 A 到 B 的二元关系，哪些能构成 A 到 B 的函数？

（1）$f_1=\{<a,1>,<a,2>,<b,1>,<c,3>\}$

（2）$f_2=\{<a,1>,<b,1>,<c,1>\}$

（3）$f_3=\{<a,2>,<c,3>\}$

（4）$f_4=\{<a,3>,<b,2>,<c,3>,<b,3>\}$

（5）$f_5=\{<a,2>,<b,1>,<c,2>\}$

2. 试说明：下列 A 上的二元关系，哪些能构成 A 到 A 的函数？

（1）$A=\mathbf{N}$（$\mathbf{N}$ 为自然数集合），$f_1=\{<a,b>|a \in A \wedge b \in A \wedge a+b<10\}$。

（2）$A=\mathbf{R}$（$\mathbf{R}$ 为实数集合），$f_2=\{<a,b>|a \in A \wedge b \in A \wedge b=a^2\}$。

（3）$A=\mathbf{R}$（$\mathbf{R}$ 为实数集合），$f_3=\{<a,b>|a \in A \wedge b \in A \wedge b^2=a\}$。

（4）$A=\mathbf{N}$（$\mathbf{N}$ 为自然数集合），$f_4=\{<a,b>|a \in A \wedge b \in A \wedge b$ 为小于 a 的素数的个数$\}$。

（5）$A=\mathbf{Z}$（$\mathbf{Z}$ 为整数集合），$f_5=\{<a,b>|a \in A \wedge b \in A \wedge b=|2a|+1\}$。

3. 下列函数中，哪些是单射？哪些是满射？哪些是双射？为什么？

（1）$f:\mathbf{N} \to \mathbf{N}$，$f(x)=x^2+1$。

（2）$f:\mathbf{Z} \to \mathbf{Z}$，$f(x)=(x \bmod 3)$（函数值为 x 除以 3 的余数）。

（3）$f:\mathbf{N}\to\mathbf{N}$，$f(x)=\begin{cases}1 & 若x为奇数\\ 0 & 若x为偶数\end{cases}$。

（4）$f:\mathbf{N}\to\{0,1\}$，$f(x)=\begin{cases}1 & 若x为奇数\\ 0 & 若x为偶数\end{cases}$。

（5）$f:\mathbf{Z}_+\to\mathbf{R}$，$f(x)=3^x$。

（6）$f:\mathbf{R}\to\mathbf{R}$，$f(x)=x^3$。

4. 设 $f:\mathbf{Z}\times\mathbf{Z}\to\mathbf{Z}$（$\mathbf{Z}$ 为整数集），$f(x,y)=x+y$；$g:\mathbf{Z}\times\mathbf{Z}\to\mathbf{Z}$，$g(x,y)=x\times y$。试证明 f 和 g 是满射函数，但不是单射函数。

5. 设 $f:A\to B$。

$g:B\to P(A)$，定义为：对于 $b\in B$，$g(b)=\{x|x\in A\wedge f(x)=b\}$。

证明：如果 f 是 A 到 B 的满射，那么 g 是 B 到 $P(A)$的单射。

6. 设 $f,g,h\in\mathbf{R}^{\mathbf{R}}$，且 $f(x)=x^2-2$，$g(x)=x+4$，$h(x)=x^3-1$。

（1）试求 $g\circ f$ 和 $f\circ g$。

（2）$g\circ f$ 和 $f\circ g$ 是单射？满射？双射？

（3）f、g、h 中哪些有反函数？若有，求出反函数。

7. 设 $f:A\to B$，$g:B\to C$，g 和 f 的复合函数 $g\circ f:A\to C$，试证明：

（1）如果 $g\circ f$ 是单射，那么 f 是单射；

（2）如果 $g\circ f$ 是满射，那么 g 是满射；

（3）如果 $g\circ f$ 是双射，那么 f 是单射，g 是满射。

8. 设 A、B、C、D 是任意集合，$A\sim B$，$C\sim D$，证明 $A\times C\sim B\times D$。

9. 设 $\mathbf{N}$ 是自然数集合，证明$|P(\mathbf{N})|=\aleph$。

第 6 章 代数结构

本章将从一般代数系统出发，讨论几种常见的代数系统，如半群、独异点、群、环、域等，代数系统中的运算所具有的性质确定了这些代数系统的数学结构。

§6–1 代数系统的概念

在计算机科学中，常用代数系统去描述计算机可计算函数、研究运算的复杂性、刻画抽象数据结构（如程序理论、编码理论和数据理论）、分析程序设计语言的语义等。

由非空集合和该集合上的一个或多个运算所组合的系统，常称为代数系统，有时简称为代数。在研究代数系统之前，首先了解一个非空集合上运算的概念：如将有理数集合 **Q** 上的每一个数 a 映射成它的整数部分 $[a]$，或者将 **Q** 上的每一个数 a 映射成它的相反数 $-a$，这两个映射可以称为 **Q** 上的一元运算；而在 **Q** 上，对任意两个数进行的普通加法和乘法都是 **Q** 上的二元运算，也可以看作是将 **Q** 中的每两个数映射成一个数；至于对 **Q** 上的任意 3 个数 x_1、x_2、x_3，代数式 $x_1^2+x_2^2+x_3^2$ 和 $x_1+x_2+x_3$ 分别给出了 **Q** 上的两个三元运算，它们分别将 **Q** 上的 3 个数映射成 **Q** 上的一个数。上述这些例子有一个共同的特征，那就是其运算的结果都在原来的集合中，我们称具有这种特征的运算是封闭的，简称闭运算。相反地，没有这种特征的运算就是不封闭的。

很容易举出不封闭运算的例子。设 **N** 是自然数集，**Z** 是整数集，普通的减法是 **N**×**N** 到 **Z** 的运算，但因为两个自然数相减可以不是自然数，所以减法运算不是自然数集 **N** 上的闭运算。

定义 6-1.1 设 A 和 B 都是非空集合，n 是一个正整数，若 f 是 A^n 到 B 的一个映射，则称 f 是 A 到 B 的一个 n 元运算。当 $B=A$ 时，称 f 是 A 上的 n 元运算（N-Ary Operation），简称 A 上的运算，并称该 n 元运算在 A 上是封闭的。

例 6-1.1 （1）求一个数的倒数是非零实数集 $\mathbf{R}^*$上的一元运算。

（2）非零实数集 $\mathbf{R}^*$上的乘法和除法都是 $\mathbf{R}^*$上的二元运算，而加法和减法不是。

（3）S 是一个非空集合，S^S 是 S 到 S 上的所有函数的集合，则复合运算∘是 S^S 上的二元运算。

（4）空间直角坐标系中求点 (x,y,z) 的坐标在 x 轴上的投影可以看作实数集 **R** 上的三元运算 $f(x,y,z)=x$，因为参加运算的是有序的 3 个实数，而结果也是实数。

通常用∘、• 、*、……表示二元运算，称为算符。若 $f:S\times S\to S$ 是集合 S 上的二元运算，对任意 $x,y\in S$，如果 x 与 y 运算的结果是 z，即 $f(x,y)=z$，那么可利用复合运算∘简记作 $x\circ y=z$。

类似于二元运算，也可以使用算符来表示 n 元运算，如 n 元运算：$f(a_1,a_2,\cdots,a_n)=b$ 可简记作

$\circ(a_1,a_2,\cdots,a_n)=b$。

$n=1$ 时，$\circ(a_1)=b$ 是一元运算。

$n=2$ 时，$\circ(a_1,a_2)=b$ 是二元运算。

$n=3$ 时，$\circ(a_1,a_2,a_3)=b$ 是三元运算。

这些相当于前缀表示法，但对二元运算用得较多的还是 $a_1\circ a_2=b$，以下所涉及的 n 元运算主要是一元运算和二元运算。

若集合 $X=\{x_1,x_2,\cdots,x_n\}$是有限集，X 上的一元运算和二元运算也可用运算表给出。表 6-1 和表 6-2 分别是一元运算和二元运算的一般形式。

表 6-1　一元运算一般形式

S_i	$\circ(S_i)$
S_1	$\circ(S_1)$
S_2	$\circ(S_2)$
…	…
S_n	$\circ(S_n)$

表 6-2　二元运算一般形式

$\circ$	S_1	S_2	…	S_n
S_1	$S_1\circ S_1$	$S_1\circ S_2$	…	$S_1\circ S_n$
S_2	$S_2\circ S_1$	$S_2\circ S_2$	…	$S_2\circ S_n$
…	…	…	…	…
S_n	$S_n\circ S_1$	$S_n\circ S_2$	…	$S_n\circ S_n$

例 6-1.2　设集合 $S=\{0,1\}$，请给出 S 的幂集$\rho(S)$上的求补运算～和求对称差运算⊕的运算表，其中全集是 S。

解：所求运算表如表 6-3 和表 6-4 所示。

表 6-3　求补运算表

S_i	$\sim(S_i)$
$\varnothing$	$\{0,1\}$
$\{0\}$	$\{1\}$
$\{1\}$	$\{0\}$
$\{0,1\}$	$\varnothing$

表 6-4　求对称差运算表

$\oplus$	$\varnothing$	$\{0\}$	$\{1\}$	$\{0,1\}$
$\varnothing$	$\varnothing$	$\{0\}$	$\{1\}$	$\{0,1\}$
$\{0\}$	$\{0\}$	$\varnothing$	$\{0,1\}$	$\{1\}$
$\{1\}$	$\{1\}$	$\{0,1\}$	$\varnothing$	$\{0\}$
$\{0,1\}$	$\{0,1\}$	$\{1\}$	$\{0\}$	$\varnothing$

定义 6-1.2　一个非空集合 A 连同若干个定义在该集合上的运算 f_1、f_2、…、f_k 所组成的系统称为一个代数系统（Algebraic System），记作$<A,f_1,f_2,\cdots,f_k>$。

例 6-1.3　如果对集合 S，由 S 的幂集$\rho(S)$和该幂集上的运算"∪""∩""～"组成一个代数系统$<\rho(S),\cup,\cap,\sim>$，$S_1\in\rho(S)$，S_1 的补集$\sim S_1=S-S_1$，也常记作 $\overline{S_1}$。又如整数集 **Z** 和 **Z** 上的普通加法+组成一个代数系统$<\mathbf{Z},+>$。值得注意的是，虽然代数系统有许多不同的形式，但它们可能有一些共同的运算。

如考察上述代数系统$<\mathbf{Z},+>$。很明显，在这个代数系统中，关于加法运算，具有以下两个运算规律，即对任意 $x,y,z\in\mathbf{Z}$，有以下运算规律。

（1）$x+y=y+x$　　　　（交换律）

（2）$(x+y)+z=x+(y+z)$　　（结合律）

又如设 S 是集合，$\rho(S)$是 S 的幂集，则代数系统$<\rho(S),\cup>$和$<\rho(S),\cap>$中的∪、∩都适合交换律、结合律，即它们与$<\mathbf{Z},+>$有类似的运算性质。

§ 6–2　代数系统的运算及其性质

对给定的集合，我们可以相当任意地在这个集合上规定运算使它成为代数系统。但我们所研究的是其运算具有某些性质的代数系统。前面考察的几个具体代数系统已经涉及我们所熟悉的运算的某些性质。本节主要讨论一般二元运算的一些性质。

§6–2–1　二元运算的性质

定义 6-2.1　设$*$是定义在集合 S 上的二元运算，如果$\forall x,y\in S$，都有 $x*y=y*x$，那么称二元运算$*$是可交换的或称运算$*$满足交换律（Commutative Law）。

例 6-2.1　设 $\mathbf{Z}$ 是整数集，△、☆分别是 $\mathbf{Z}$ 上的二元运算，其定义为：$\forall a,b\in\mathbf{Z}$，$a\triangle b=ab-a-b$，$a☆b=ab-a+b$；因为 $a\triangle b=ab-a-b=ba-b-a=b\triangle a$ 对 $\mathbf{Z}$ 中任意元素 a、b 成立，所以运算△是可交换的；又因为对 $\mathbf{Z}$ 中的数 0、1，有 $0☆1=0\times1-0+1=1$，$1☆0=1\times0-1+0=-1$，所以 $0☆1\neq1☆0$，从而运算☆是不可交换的。

定义 6-2.2　设$*$是定义在集合 S 上的二元运算，如果$\forall x,y,z\in S$ 都有$(x*y)*z=x*(y*z)$，那么称二元运算$*$是可结合的或称运算$*$满足结合律（Associative Law）。

例 6-2.2　设 $\mathbf{Q}$ 是有理数集合，$\circ$和$*$分别是 $\mathbf{Q}$ 上的二元运算，其定义为：对任意 $a,b\in\mathbf{Q}$，$a\circ b=a$，$a*b=a-2b$，运算$\circ$是可结合的，而运算$*$不可结合。因为对任意 $a,b,c\in\mathbf{Q}$，有$(a\circ b)\circ c=a\circ c=a$，且 $a\circ(b\circ c)=a\circ b=a$，所以$(a\circ b)\circ c=a\circ(b\circ c)$，即得运算$\circ$是可结合的；又因为对 $\mathbf{Q}$ 中的 0、1 而言，$(0*0)*1=0*1=0-2=-2$，而 $0*(0*1)=0*(-2)=0-2\times(-2)=4$，所以$(0*0)*1\neq0*(0*1)$，从而运算$*$不满足结合律。

对满足结合律的二元运算，在一个只有该种运算的表达式中，可以删除标记运算顺序的括号。如实数集上的加法运算是可结合的，所以表达式$(x+y)+(u+v)$可简写为 $x+y+u+v$。

若$<S,\circ>$是代数系统，其中$\circ$是 S 上的二元运算且满足结合律，n 是正整数，$a\in S$，则 $a\circ a\circ a\circ\cdots\circ a$ 是 S 中的一个元素，称其为 a 的 n 次幂，记作 a^n。

关于 a 的幂，用数学归纳法不难证明以下公式

$$a^m\circ a^n=a^{m+n}$$
$$(a^m)^n=a^{mn}$$

其中 m、n 为正整数。

定义 6-2.3　设$\circ$和$*$是定义在集合 S 上的两个二元运算，如果$\forall x,y,z\in S$，都有

$$x\circ(y*z)=(x\circ y)*(x\circ z)$$
$$(y*z)\circ x=(y\circ x)*(z\circ x)$$

那么称运算$\circ$对运算$*$是可分配的，也称运算$\circ$对运算$*$满足分配律（Distributive Law）。

例 6-2.3　设集合 $A=\{0,1\}$，在 A 上定义两个二元运算$\circ$和$*$，如表 6-5 和表 6-6 所示。可以验证运算$*$对运算$\circ$是可分配的，但运算$\circ$对运算$*$是不满足分配律的。因为 $1\circ(0*1)=1\circ1=1$，而$(1\circ0)*(1\circ1)=1*0=0$，所以运算$\circ$对运算$*$不满足分配律。

表 6-5　　二元运算$\circ$

$\circ$	0	1
0	0	1
1	1	0

表 6-6　　二元运算$*$

$*$	0	1
0	0	0
1	0	1

定义 6-2.4　设$\circ$和$*$是集合 S 上的两个可交换的二元运算，如果对任意 $x,y\in S$ 的都有

$$x*(x\circ y)=x$$
$$x\circ(x*y)=x$$

那么称运算$\circ$和$*$满足吸收律（Absorptive Law）。

例 6-2.4 设$\rho(S)$是集合S上的幂集，集合的$\cup$和$\cap$是$\rho(S)$上的两个二元运算，$\forall A,B\in\rho(S)$，由集合相等及$\cap$和$\cup$的定义可得

$$A\cup(A\cap B)=A$$
$$A\cap(A\cup B)=A$$

因此，$\cup$和$\cap$满足吸收律。

定义 6-2.5 设$*$是集合S上的二元运算，如果$\forall x\in S$，都有$x*x=x$，那么称运算$*$是等幂的，或称运算$*$满足幂等律（Idempotent Law）。

例 6-2.5 设$\mathbf{Z}$是整数集，在$\mathbf{Z}$上定义两个二元运算$\circ$和$*$，$\forall x,y\in\mathbf{Z}$，有$x\circ y=\max(x,y)$，$x*y=\min(x,y)$，那么运算$*$和$\circ$都是等幂的。因为对任意$x\in\mathbf{Z}$，有$x\circ x=\max(x,x)=x$，$x*x=\min(x,x)=x$，所以运算$*$和运算$\circ$都是等幂的。

定义 6-2.6 设$\circ$是定义在集合S上的一个二元运算，如果$\exists e_l\in S$，使得$\forall x\in S$都有$e_l\circ=x$，那么称e_l为S中关于运算$\circ$的左幺元（Left Identiy）；如果$\exists e_r\in S$，使$\forall x\in S$都有$x\circ e_r=x$，那么称e_r为S中关于运算$\circ$的右幺元（Right Identity）；如果S中有一个元素e，它既是左幺元又是右幺元，那么称e是S中关于运算$\circ$的幺元（Identity）。

例 6-2.6 在整数集$\mathbf{Z}$中加法的幺元是0，乘法的幺元是1；设S是集合，在S的幂集$\rho(S)$中，$\cup$的幺元是$\varnothing$，$\cap$的幺元是S。

给定的集合和运算中，可能存在幺元，也可能不存在幺元。

例 6-2.7 $\mathbf{R}^*$是非零的实数集合，$\circ$是$\mathbf{R}^*$上如下定义的二元运算：$\forall a,b\in\mathbf{R}^*$，$a\circ b=b$，那么$\mathbf{R}^*$中不存在右幺元；但$\forall a\in\mathbf{R}^*$，$\forall b\in\mathbf{R}^*$都有$a\circ b=b$，所以$\mathbf{R}^*$的任意元素$a$都是运算$\circ$的左幺元，$\mathbf{R}^*$中的运算$\circ$有无穷多左幺元，没有右幺元和幺元。又如在偶数集合中，普通乘法运算没有左幺元、右幺元和幺元。

定理 6-2.1 设$*$是定义在集合S上的二元运算，e_l和e_r分别是S中关于运算$*$的左幺元和右幺元，则有$e_l=e_r=e$，且e为S上关于运算$*$的唯一幺元。

证明： 因为e_l和e_r分别是S中关于运算$*$的左幺元和右幺元，所以$e_l=e_l*e_r=e_r$。

把$e_l=e_r$记作e，假设S中存在除了幺元e以外的另一幺元e_1，则有$e_1=e*e_1=e$。所以e是S中关于运算$*$的唯一幺元。

定义 6-2.7 设$*$是定义在集合S上的一个二元运算，如果$\exists\theta_l\in S$，使得$\forall x\in A$都有$\theta_l*x=\theta_l$，则称θ_l为S中关于运算$*$的左零元；如果$\exists\theta_r\in S$，$\forall x\in S$都有$x*\theta_r=\theta_r$，那么称θ_r为S中关于运算$*$的右零元；如果S中有一元素θ，它既是左零元又是右零元，那么称θ为S中关于运算$*$的零元（Zero Element）。

例 6-2.8 整数集$\mathbf{Z}$上普通乘法的零元是0，加法没有零元；S是集合，在S的幂集$\rho(S)$中，$\cup$的零元是S，$\cap$的零元是$\varnothing$；在非零的实数集$\mathbf{R}^*$上定义运算$*$，使得对任意元素$a,b\in\mathbf{R}^*$，有$a*b=a$，那么$\mathbf{R}^*$的任何元素都是运算$*$的左零元，而$\mathbf{R}^*$中运算$*$没有右零元，也没有零元。

定理 6-2.2 设$\circ$是集合S上的二元运算，θ_l和θ_r分别是S中关于运算$\circ$的左零元和右零元，则有$\theta_l=\theta_r=\theta$且θ是S上关于运算$\circ$的唯一的零元。

这个定理的证明与定理 6-2.1 类似。

定理 6-2.3 设$\langle S,*\rangle$是一个代数系统，其中$*$是S上的一个二元运算，且集合S中的元素个数大于1，若这个代数系统中存在幺元e和零元θ，则$e\neq\theta$。

证明：（用反证法）

若 $e=\theta$，那么对任意 $x\in S$，必有 $x=e*x=\theta*x=\theta=e$，于是 S 中所有元素都是相同的，即 S 中只有一个元素，这与 S 中元素大于 1 矛盾。所以，$e\neq\theta$。

定义 6-2.8 设 $<S,*>$ 是代数系统，其中 $*$ 是 S 上的二元运算，$e\in S$ 是 S 中运算 $*$ 的幺元。S 中任意元素 a，如果 $\exists b_l\in S$ 使得 $b_l*a=e$，那么称 b_l 为 a 的左逆元；如果 $\exists b_r\in S$ 使 $a*b_r=e$，那么称 b_r 为 a 的右逆元；如果 $\exists b\in S$，它既是 a 的左逆元，又是 a 的右逆元，那么称 b 是 a 的逆元（Inverse）。

例 6-2.9 自然数集关于加法运算有幺元 0 且只有 0 有逆元，0 的逆元是 0，其他的自然数都没有加法逆元；设 **Z** 是整数集，则 **Z** 中乘法幺元为 1，且只有−1 和 1 有逆元，分别是−1 和 1；**Z** 中加法的幺元是 0，关于加法，对任何整数 x，x 的逆元是它的相反数 $-x$，因为 $(-x)+x=0=x+(-x)$。

例 6-2.10 设集合 $A=\{a_1,a_2,a_3,a_4,a_5\}$，定义在 A 上的二元运算 $*$ 如表 6-7 所示，试指出代数系统 $<A,*>$ 中各元素的左、右逆元的情况。

表 6-7 定义在 A 上的二元运算 $*$

$*$	a_1	a_2	a_3	a_4	a_5
a_1	a_1	a_2	a_3	a_4	a_5
a_2	a_2	a_4	a_1	a_1	a_4
a_3	a_3	a_1	a_2	a_3	a_1
a_4	a_4	a_3	a_1	a_4	a_3
a_5	a_5	a_4	a_2	a_3	a_5

解：由表可知，a_1 是幺元，a_1 的逆元是 a_1；a_2 的左逆元和右逆元都是 a_3，即 a_2 和 a_3 互为逆元；a_4 的左逆元是 a_2，右逆元是 a_3；a_2 有两个右逆元 a_3 和 a_4；a_5 有左逆元 a_3，但 a_5 没有右逆元。

一般地，对给定的集合和其上的一个二元运算来说，左逆元、右逆元、逆元和幺元、零元不同。如果幺元和零元存在，那么一定是唯一的。而左逆元、右逆元、逆元是与集合中某个元素相关的，一个元素的左逆元不一定是右逆元，一个元素的左（右）逆元可以不止一个，但一个元素若有逆元则是唯一的。

定理 6-2.4 设 $<S,*>$ 是一个代数系统，其中 $*$ 是定义在 S 上的一个可结合的二元运算，e 是该运算的幺元。对 $x\in S$，如果存在左逆元 y_l 和右逆元 y_r，那么有 $y_l=y_r=y$，且 y 是 x 的唯一的逆元。

证明：$y_l=y_l*e=y_l*(x*y_r)=(y_l*x)*y_r=e*y_r=y_r$ 令 $y_l=y_r=y$，则 y 是 x 的逆元。假设 $y_1\in S$ 也是 x 的逆元，则有 $y_1=y_1*e=y_1*(x*y)=(y_1*x)*y=e*y=y$，所以 y 是 x 的唯一的逆元。

由这个定理可知，对可结合的二元运算来说，元素 x 的逆元若存在则是唯一的，通常把 x 的唯一的逆元记作 x^{-1}。

例 6-2.11 若 **N** 和 **Z** 分别表示自然数集和整数集，$\times$ 为普通乘法，则代数系统 $<\mathbf{N},\times>$ 中只有幺元 1 有逆元，$<\mathbf{Z},\times>$ 中只有−1 和 1 有逆元；若+为普通的加法，则代数系统 $<\mathbf{Z},+>$ 中所有元素都有逆元。

例 6-2.12 对代数系统 $<N_m,+_m>$ 而言，其中 m 是正整数，$N_m=\{0,1,\cdots,m-1\}$，$+_m$ 的定义为：$\forall x,y\in N_m$，$i+_m j=(i+j)\text{mod } m$（称 $+_m$ 是定义在 N_m 上的模 m 加法运算）。试问是否每个元素都有逆元？

解：容易验证，$+_m$ 是一个可结合的二元运算。

$$(a+_m b)+_m c=\big((a+b)(\text{mod}\, m)+c\big)(\text{mod}\, m)$$
$$=(a+b-n_1m+c)-n_2m=a+b+c-(n_1+n_2)m=r_1(0\leqslant r_1\leqslant m-1)$$
$$a+_m(b+_m c)=\big(a+_m(b+c)(\text{mod}\, m)\big)(\text{mod}\, m)$$
$$=(a+(b+c)-n_3m)-n_4m=a+b+c-(n_3+n_4)m=r_2(0\leqslant r_2\leqslant m-1)$$
$$(a+_m b)+_m c=a+_m(b+_m c)$$

N_m中关于运算$+_m$的幺元是0。N_m中每个元素都有唯一的逆元，即0的逆元是0，每个非零元素x的逆元是$m-x$。

定理 6-2.5 设$<S,*>$是代数系统，其中$*$是S上可结合的二元运算。S有单位元e，若S中的每个元素都有右逆元，则这个右逆元也是左逆元，从而是该元素唯一的逆元。

证明： 对任意元素$a\in S$，由条件可设$b,c\in S$，b是a的右逆元，c是b的右逆元。因为$b*(a*b)=b*e=b$，所以$e=b*c=(b*(a*b))*c=b*((a*b)*c)=b*(a*(b*c))=b*(a*e)=b*a$。

因此，b也是a的左逆元。

从而由定理6-2.4知，b是a的唯一逆元，由$a\in S$的任意性知定理6-2.5成立。

定义 6-2.9 设$<S,*>$是代数系统，$*$是S上的二元运算，对任意$x,y,z\in S$。

若$x\neq\theta\wedge(x*y=x*z)$，则$y=z$，称$*$满足左可消去律（可约律），称$x$是关于$*$的左可消去元。

若$x\neq\theta\wedge(y*x=z*x)$，则$y=z$，称$*$满足右可消去律（可约律），称$x$是关于$*$的右可消去元。

若上面的两者都成立，则称$*$满足可消去律（可约律），称x是关于$*$的可消去元。

如集合的对称差运算满足可消去律。

§6-2-2 小结

若$<S,\circ>$是代数系统，其中$\circ$是有限非空集合S上的二元运算，则该运算的部分性质可以从运算表直接观察，如以下性质。

（1）当且仅当运算表中每个元素都属于S时，运算$\circ$具有封闭性。

（2）当且仅当运算表关于主对角线对称时，运算$\circ$具有可交换性。

（3）当且仅当运算表的主对角线上的元素与它所在行（列）的表头相同时，运算$\circ$具有幂等性。

（4）S关于运算$\circ$有幺元e，当且仅当表头e所在的列分别与行表头相同且表头e所在的行分别与列表头相同。

（5）S关于运算$\circ$有零元θ，当且仅当列表头θ所在的列与行表头θ所在的行都是θ。

（6）设S关于运算$\circ$有幺元，当且仅当a所在的行与b所在的列交叉点上的元素和b所在的行与a所在的列交叉点上的元素都是幺元时，a与b互为逆元。

代数系统$<S,\circ>$中一个元素是否有左逆元或右逆元也可从运算表中观察出来，但运算是否满足结合律在运算表上一般不易直接观察出来。

§6-3 半群与含幺半群

半群与含幺半群是特殊的代数系统，在计算机科学领域中，如形式语言、自动机理论等方面，它们已得到了卓有成效的应用。

§6-3-1 半群和子半群

定义 6-3.1 设$<S,*>$是一个代数系统，$*$是S上的一个二元运算。如果运算$*$是可结合的，即对任意$x,y,z\in S$，都有$(x*y)*z=x*(y*z)$，那么称代数系统$<S,*>$为半群（Semigroup）。

半群中的二元运算也叫乘法，运算的结果也叫积。

由定义6-3.1易得，$<\mathbf{N},+>$、$<\mathbf{N},\times>$是半群，其中$\mathbf{N}$是自然数集，+、×分别是普通的加法和乘

法。A 是任一集合，$\rho(A)$是 A 的幂集，则$<\rho(A),\cup>$、$<\rho(A),\cap>$都是半群。

例 6-3.1　设 $S=\{a,b,c\}$，S 上的二元运算$\circ$的定义如表 6-8 所示，验证$<S,\circ>$是半群。

表 6-8　　S 上的二元运算$\circ$的定义

$\circ$	a	b	c
a	a	b	c
b	a	b	c
c	a	b	c

解： 由定义 6-3.1 知运算$\circ$在 S 上是封闭的，而且对任意 $x_1,x_2\in S$ 有 $x_1\circ x_2=x_2$，所以$<S,\circ>$是代数系统，且 a、b、c 都是左幺元。

从而对任意 $x,y,z\in S$ 都有 $x\circ(y\circ z)=x\circ z=z=y\circ z=(x\circ y)\circ z$。因此，运算$\circ$是可结合的，所以$<S,\circ>$是半群。

例 6-3.2　设 k 是一个非负整数，集合定义为 $S_k=\{x|x$ 是整数且 $x\geqslant k\}$，那么$<S_k,+>$是半群，其中+是普通的加法。

解： 因为 k 是非负整数，易知运算+在 S_k 上是封闭的，而且普通加法运算是可结合的，所以$<S_k,+>$是半群。

而代数系统$<\mathbf{Z},->$、$<\mathbf{R}-\{0\},/>$都不是半群，这里−和/分别是普通的减法和除法。

定理 6-3.1　设$<S,*>$是半群，B 是 S 的非空子集，且二元运算$*$在 B 上是封闭的，即对任意 $a,b\in B$ 有 $a*b\in B$，那么$<B,*>$也是半群。通常称$<B,*>$是$<S,*>$的子半群（Sub-Semigroup）。

证明： 因为运算$*$在 S 上是可结合的，而 B 是 S 的非空子集，且$*$在 B 上是封闭的，所以$*$在 B 上也是可结合的，因此$<B,*>$是半群。

例 6-3.3　设$\cdot$表示普通的乘法，那么$<\{-1,1\},\cdot>$、$<[-1,1],\cdot>$和$<\mathbf{Z},\cdot>$都是半群$<\mathbf{R},\cdot>$的子半群。

解： 首先，运算$\cdot$在 $\mathbf{R}$ 上是封闭的，且是可结合的，所以$<\mathbf{R},\cdot>$是半群。其次，运算$\cdot$在$\{-1,1\}$、$[-1,1]$和 $\mathbf{Z}$ 上都是封闭的，$\{-1,1\}$、$[-1,1]$和 $\mathbf{Z}$ 都是 $\mathbf{R}$ 的非空子集，由定理 6-3.1 可知$<\{-1,1\},\cdot>$、$<[-1,1],\cdot>$和$<\mathbf{Z},\cdot>$都是$<\mathbf{R},\cdot>$的子半群。

定义 6-3.2　半群$<S,\circ>$中的任意元素 a 的方幂 a^n 定义为

$a^1=a$，$a^{n+1}=a^n\circ a$（n 是大于等于 1 的整数）

可以证明，对任意 $a\in S$ 和任意正整数 m、n 都有

$$a^m\circ a^n=a^{m+n}$$

$$(a^m)^n=a^{mn}$$

若 $a^2=a$，则称 a 为幂等元（Idempotent Element）。

定理 6-3.2　设$<S,*>$是半群，若 S 是一个有限集，则 S 中有幂等元。

证明： 因为$<S,*>$是半群，所以对任意 $y\in S$，由运算$*$的封闭性可知，$y^2=y*y\in S$、$y^3=y^2*y=y*y^2\in S$、……因为 S 是有限集，所以必定存在正整数 i、j 使得 $j>i$ 且 $y^i=y^j$。记 $m=j-i$，则有 $y^i=y^m*y^i$。从而对任意 $n>i$，有 $y^n=y^i*y^{n-i}=y^m*y^i*y^{n-i}=y^m*y^n$。因为 $m\geqslant 1$，所以总可以找到 $k>1$，使得 $km\geqslant i$。对 S 中的元素 y^{km}，就有 $y^{km}=y^m*y^{km}=y^m*y^m*y^{km}=y^{2m}*y^{km}=y^{2m}*(y^m*y^{km})=\cdots=y^{km}*y^{km}$。所以 $a=y^{km}$ 是 S 中的幂等元。

定义 6-3.3　若半群$<S,\circ>$的运算$\circ$满足交换律，则称$<S,\circ>$是一个可交换半群。

在可交换半群 $<S,\circ>$ 中，有 $(a\circ b)^n=a^n\circ b^n$，其中 n 是正整数，$a,b\in S$。

§6–3–2 含幺半群和子含幺半群

定义 6-3.4 含有幺元的半群称为含幺半群或独异点（Monoid）。

例 6-3.4 代数系统 $<\mathbf{R},\cdot>$ 是含幺半群，其中 $\mathbf{R}$ 是实数集，$\cdot$ 是普通乘法，这是因为 $<\mathbf{R},\cdot>$ 是半群，且 1 是 $\mathbf{R}$ 关于运算 $\cdot$ 的幺元。另外代数系统 $<\{-1,1\},\cdot>$、$<[-1,1],\cdot>$ 和 $<\mathbf{Z},\cdot>$ 都是具有幺元 1 的半群。因此它们都是含幺半群。设集合 $A=\{1,2,3,\cdots\}$，则 $<A,+>$ 是半群但不含幺元，所以它不是含幺半群。

定理 6-3.3 设 S 是至少有两个元素的有限集，且 $<S,*>$ 是一个含幺半群，则在关于运算 $*$ 的运算表中任何两行或两列都是不相同的。

证明： 设 S 中关于运算 $*$ 的幺元是 e。因为对任意 $a,b\in S$ 且 $a\neq b$，总有 $e*a=a\neq b=e*b$，且 $a*e=a\neq b=b*e$，所以在运算 $*$ 表中不可能有两行和两列是相同的。

定理 6-3.4 设 $<S,\circ>$ 是含幺半群，对任意 $x,y\in S$，当 x、y 均有逆元时，有如下结论。

（1）$(x^{-1})^{-1}=x$。

（2）$x\circ y$ 有逆元，且 $(x\circ y)^{-1}=y^{-1}\circ x^{-1}$。

证明：（1）因为 x^{-1} 是 x 的逆元，所以 $x^{-1}\circ x=x\circ x^{-1}=e$，从而由逆元的定义和唯一性得 $(x^{-1})^{-1}=x$。

（2）因为 $(x\circ y)\circ(y^{-1}\circ x^{-1})=x\circ(y\circ y^{-1})\circ x^{-1}=x\circ e\circ x^{-1}=x\circ x^{-1}=e$。

同理可证 $(y^{-1}\circ x^{-1})\circ(x\circ y)=e$。

所以，由逆元的定义和唯一性得 $(x\circ y)^{-1}=y^{-1}\circ x^{-1}$。

例 6-3.5 设 $\mathbf{Z}$ 是整数集，m 是任意正整数，$\mathbf{Z}_m$ 是由模 m 的同余类组成的集合，$\mathbf{Z}_m=\{[0],[1],[2],[3],\cdots,[m-1]\}$（注：可以简记作 $\mathbf{Z}_m=\{0,1,2,3,\cdots,m-1\}$）。在 $\mathbf{Z}_m$ 上分别定义两个二元运算 $+_m$ 和 $\times_m$ 如下。

对任意 $[i],[j]\in\mathbf{Z}_m$，$[i]+_m[j]=((i+j)(\bmod m))$，$[i]\times_m[j]=((i\times j)(\bmod m))$。

试证明 $m>1$ 时，在这两个二元运算的运算表中任何两行或两列都不相同。

证明： 考察非空集合 $\mathbf{Z}_m$ 上的二元运算 $+_m$ 和 $\times_m$。

（1）由运算 $+_m$ 和 $\times_m$ 的定义易得，运算 $+_m$ 和 $\times_m$ 在 $\mathbf{Z}_m$ 上都是封闭的且都是可结合的（结合性的证明如下），所以 $<\mathbf{Z}_m,+_m>$、$<\mathbf{Z}_m,\times_m>$ 都是半群。

$$
\begin{aligned}
(a+_m b)+_m c &= \big((a+b)(\bmod m)+c\big)(\bmod m)\\
&=(a+b-n_1m+c)-n_2m=a+b+c-(n_1+n_2)m=r_1(0\leqslant r_1\leqslant m-1)
\end{aligned}
$$

$$
\begin{aligned}
a+_m(b+_m c) &= \big(a+_m(b+c)(\bmod m)\big)(\bmod m)\\
&=(a+(b+c)-n_3m)-n_4m=a+b+c-(n_3+n_4)m=r_2(0\leqslant r_2\leqslant m-1)
\end{aligned}
$$

所以 $(a+_m b)+_m c=a+_m(b+_m c)$

$$
\begin{aligned}
(a\times_m b)\times_m c &= \big((a\times b)(\bmod m)\times c\big)(\bmod m)\\
&=((ab-n_1m)c)-n_2m=abc-(n_1c+n_2)m=r_1(0\leqslant r_1\leqslant m-1)
\end{aligned}
$$

$$
\begin{aligned}
a\times_m(b\times_m c) &= \big(a\times_m(bc)(\bmod m)\big)(\bmod m)\\
&=a(bc-n_3m)-n_4m=abc-(n_3a+n_4)m=r_2(0\leqslant r_2\leqslant m-1)
\end{aligned}
$$

所以 $(a\times_m b)\times_m c=a\times_m(b\times_m c)$

（2）因为 $[0]+_m[i]=[i]=[i]+_m[0]$，所以 $[0]$ 是 $<\mathbf{Z}_m,+_m>$ 中的幺元；因为 $[1]\times_m[i]=[i]=[i]\times_m[1]$，所以 $[1]$ 是 $<\mathbf{Z}_m,\times_m>$ 中的幺元。

由上可知，代数系统$<\mathbf{Z}_m,+_m>$、$<\mathbf{Z}_m,\times_m>$都是含幺半群。从而由定理 6-3.3 知，$\mathbf{Z}_m$中的两个运算$+_m$、$\times_m$的运算表的任何两行或两列都是不相同的。

表 6-9 和表 6-10 分别给出了 m=4 时，$+_4$和$\times_4$的运算，这两个运算表中没有两行或两列是相同的。

表 6-9　　m=4 时$+_4$运算

$+_4$	[0]	[1]	[2]	[3]
[0]	[0]	[1]	[2]	[3]
[1]	[1]	[2]	[3]	[0]
[2]	[2]	[3]	[0]	[1]
[3]	[3]	[0]	[1]	[2]

表 6-10　　m=4 时$\times_4$运算

$\times_4$	[0]	[1]	[2]	[3]
[0]	[0]	[0]	[0]	[0]
[1]	[0]	[1]	[2]	[3]
[2]	[0]	[2]	[0]	[2]
[3]	[0]	[3]	[2]	[1]

定义 6-3.5　设$<M,\circ>$是含幺半群$<S,\circ>$的子半群，且$<S,\circ>$的幺元$e_s\in M$，则$<M,\circ>$称为$<S,\circ>$的子含幺半群（Submonoid）。

由定义 6-3.5 可得，子含幺半群也是含幺半群。

证明：设$<S,\circ>$是可交换含幺半群且幺元为 e，$M=\{x|x\in S$ 且 $x^2=x\}$。因为 $e^2=e$，所以 $e\in M$。又因为对任意 $a,b\in M$，有

$$(a\circ b)\circ(a\circ b)=a\circ(b\circ a)\circ b=(a\circ a)\circ(b\circ b)=a\circ b$$

所以 $a\circ b\in M$，从而运算$\circ$在 M 上是封闭的，故$<M,\circ>$是$<S,\circ>$的子含幺半群。

如$<\mathbf{Z},\times>$是含幺半群，$\mathbf{Z}$ 中所有幂等元的集合为 $M=\{-1,0,1\}$，则$<M,\times>$是$<\mathbf{Z},\times>$的子含幺半群。

例 6-3.6　代数系统$<\{1\},\vee>$、$<\{0,1\},\vee>$中运算$\vee$如表 6-11 所示。

表 6-11　　代数系统$<\{1\},\vee>$、$<\{0,1\},\vee>$中的运算$\vee$

$\vee$	0	1
0	0	1
1	1	1

易得$<\{0,1\},\vee>$是含幺半群且幺元为 0；$<\{1\},\vee>$是$<\{0,1\},\vee>$的子半群且幺元为 1，从而$<\{1\},\vee>$是含幺半群，但不是$<\{0,1\},\vee>$的子含幺半群。

§6–4　群与子群

群是一种较为简单的代数系统，只有一个二元运算。当然这一个二元运算还应满足一定的条件。正是这些条件使我们能够利用这种代数系统去描述事物的对称性和其他特性。群的理论在数

学和包括计算机科学在内的其他学科的许多分支中发挥了重要的作用。本节主要介绍群与子群的一些基本知识。

§6–4–1　群

定义 6-4.1　设$<G,\circ>$是一个代数系统，其中 G 是非空集合，$\circ$是 G 上的一个二元运算，如果满足以下条件。

（1）运算$\circ$是封闭的。

（2）运算$\circ$是可结合的。

（3）$<G,\circ>$中有幺元 e。

（4）对每个元素 $a\in G$，G 中存在 a 的逆元 a^{-1}。

那么称$<G,\circ>$是一个群（Group）或简称 G 是群。

由定义 6-4.1 可得群一定是含幺半群，反之不一定成立。

例 6-4.1　若集合 $G=\{g\}$，定义二元运算$\circ$为 $g\circ g=g$，则$<G,\circ>$是半群。

解：事实上，由运算$\circ$的定义可得，$<G,\circ>$适合群定义的条件（1）、（2）；又 g 是$<G,\circ>$的幺元，$g\in G$ 的逆元是 g，所以$<G,\circ>$是群。

有理数集 **Q** 关于普通加法构成群$<\mathbf{Q},+>$，幺元是 0，$a\in\mathbf{Q}$，a 的逆元是$-a$；类似地，若 **Z** 是整数集，则$<\mathbf{Z},+>$是群，但$<\mathbf{Z},\times>$是只含幺元的半群而不是群。

例 6-4.2　设 $G=\{a,b,c\}$，二元运算$\circ$由表 6-12 给出，则$<G,\circ>$是一个群。

表 6-12　　二元运算$\circ$

$\circ$	a	b	c
a	a	b	c
b	b	c	a
c	c	a	b

解：事实上，a 运算在 G 上是封闭的，a 是单位元，$b^{-1}=c$，$c^{-1}=b$，但结合律是否成立不易从表上看出，验证结合律比较麻烦，需要验证 $3^3=27$ 次。但是，由于第一行、第一列分别与表头相同，因此有 $a\circ x=x\circ a=x$ 对任意 $x\in G$ 成立。这样，验证结合律的 3 个元素中只要出现 a，则必然是可结合的。因此，只要对不包含 a 的任意 3 个元验证可结合性即可，只需验证 $2^3=8$ 次。这里，我们只验证一个元，其余由读者自行验证。

$$(c\circ b)\circ c=a\circ c=c$$
$$c\circ(b\circ c)=c\circ a=c$$

因此，$<G,\circ>$是一个群。

定义 6-4.2　设$<G,\circ>$是一个群，如果 G 是有限集，那么称$<G,\circ>$是有限群（Finite Group），G 中的元素个数称为 G 的阶（Order），记作$|G|$；如果 G 是无穷集合，那么称$<G,\circ>$为无限群（Infinite Group），也称 G 的阶为无限。

例 6-4.1 和例 6-4.2 中的群都是有限群，阶数分别为 1 和 3，例 6-4.2 中的群$<\mathbf{Q},+>$和$<\mathbf{Z},+>$都是无限群。

下面是群的一些基本性质。

定理 6-4.1　在群$<G,\circ>$中，n 个元素的连乘积 $a_1\circ a_2\circ\cdots\circ a_n$，经任意加括号计算所得的结果相同。

证明： 我们证明任意加括号得到的乘积都等于从左到右依次加括号计算所得的乘积，即等于 $\left(\cdots\left(\left(a_1 \circ a_2\right) \circ a_3\right) \circ \cdots \circ a_{n-1}\right) \circ a_n$。

采用数学归纳法，当 $n=2$ 时，定理显然成立。现在假设对小于或等于 k 个元素的连乘积定理成立，则有 $k+1$ 个元素的连乘积 $p = a_1 \circ a_2 \circ \cdots \circ a_k \circ a_{k+1}$（$k \geqslant 2$），对 p 任意加括号，不妨设最后将 $\left(a_1 \circ \cdots \circ a_i\right)$ 与 $\left(a_{i+1} \circ \cdots \circ a_{k+1}\right)$ 相乘，下面对 i 分 3 种情况讨论。

（1）$i=k$，这时按归纳假设有

$$p = \left(a_1 \circ \cdots \circ a_k\right) \circ a_{k+1} = \left(\cdots\left(\left(a_1 \circ a_2\right) \circ a_3 \circ\right) \circ \cdots \circ a_k\right) \circ a_{k+1}$$

（2）$i=k-1$，这时利用结合律和归纳假设有

$$\begin{aligned} p &= \left(a_1 \circ \cdots \circ a_{k-1}\right) \circ \left(a_k \circ a_{k+1}\right) \\ &= \left(\left(a_1 \circ \cdots \circ a_{k-1}\right) \circ a_k\right) \circ a_{k+1} \\ &= \left(\cdots\left(\left(a_1 \circ a_2\right) \circ a_3\right) \cdots \circ a_k\right) a_{k+1} \end{aligned}$$

（3）$i<k-1$，这时 $\left(a_{i+1} \circ \cdots \circ a_{k+1}\right)$ 用归纳假设，再对 p 的表达式用结合律和归纳假设，我们有

$$\begin{aligned} p &= \left(a_1 \circ \cdots \circ a_i\right) \circ \left(a_{i+1} \circ \cdots \circ a_{k+1}\right) \\ &= \left(a_1 \circ \cdots \circ a_i\right) \circ \left(\left(a_{i+1} \circ \cdots \circ a_k\right) \circ a_{k+1}\right) \\ &= \left(\left(a_1 \circ \cdots \circ a_i\right) \circ \left(a_{i+1} \circ \cdots \circ a_k\right)\right) \circ a_{k+1} \\ &= \left(\cdots\left(\left(a_1 \circ a_2\right) \circ a_3 \circ \cdots \circ a_k\right)\right) \circ a_{k+1} \end{aligned}$$

由数学归纳法知定理 6-4.1 成立。

由定理 6-4.1 知，在群中 n 个元素的连乘积 $a_1 \circ a_2 \circ \cdots \circ a_n$ 任意加括号进行计算所得的最后结果是一样的，故可以将其简记作 $\prod_{i=1}^{n} a_i$ 而不致误解。特别当 $a_1=a_2=\cdots=a_n=a$ 时可表示为 a^n。

由定理 6-4.1 的证明可知，这个定理的结论在半群中成立。

定理 6-4.2　设 $<G,\circ>$ 是群，则对 G 中任意 n 个元素 $a_1,a_2,\cdots,a_n$ 有 $\left(a_1 \circ a_2 \circ \cdots \circ a_n\right)^{-1} = a_n^{-1} \circ a_{n-1}^{-1} \circ \ldots \circ a_1^{-1}$，对群中任意元素 a，我们约定

$$a^0=e$$

$$a^{-n}=(a^{-1})^n \qquad （n 为正整数）$$

容易得到以下定理。

定理 6-4.3　若 $<G,\circ>$ 是群，则其幂运算满足如下结论。

（1）$\forall a \in G$，$(a^{-1})^{-1}=a$。

（2）$\forall a,b \in G$，$(a \circ b)^{-1}=b^{-1} \circ a^{-1}$。

（3）$\forall a \in G$，$a^n \circ a^m = a^{n+m}$，$n,m \in \mathbf{Z}$。

（4）$\forall a \in G$，$(a^n)^m = a^{nm}$，$n,m \in \mathbf{Z}$。

（5）若 G 为交换群，则 $(ab)^n=a^n b^n$。

定理 6-4.4　在群 $<G,\circ>$ 中消去律成立，即对 $a,b,c \in G$ 有如下结论。

（1）若 $a \circ b=a \circ c$，则 $b=c$。

（2）若 $b \circ a=c \circ a$，则 $b=c$。

证明：（1）因为 $<G,\circ>$ 是群，$a \in G$，所以存在 a 的逆元 $a^{-1} \in G$，用 a^{-1} 从左边乘 $a \circ b=a \circ c$ 两边，可得

$$a^{-1}\circ(a\circ b)=a^{-1}(a\circ c)$$
$$(a^{-1}\circ a)\circ b=(a^{-1}\circ a)\circ c$$
$$e\circ b=e\circ c$$

所以 $b=c$。

（2）的证明与（1）类似。

定理 6-4.5 设$<G,\circ>$是一个群，则对任意 $a,b\in G$ 有如下结论。

（1）存在唯一的元素 $x\in G$，使 $a\circ x=b$。

（2）存在唯一的元素 $y\in G$，使 $y\circ a=b$。

证明：（1）因为 $a\circ(a^{-1}\circ b)=(a\circ a^{-1})\circ b=e\circ b=b$，所以至少有一个 $x=a^{-1}\circ b\in G$ 满足 $a\circ x=b$。若 x' 是 G 中另一个满足方程 $a\circ x=b$ 的元素，则 $a\circ x'=a\circ x$。由定理 6-4.4 知 $x'=x=a^{-1}\circ b$。因此，$x=a^{-1}\circ b$ 是 G 中唯一满足 $a\circ x=b$ 的元素。

（2）与（1）同理可证。

定理 6-4.6 设$<G,\circ>$是群，$a\in G$，则 a 是幂等元当且仅当 a 是 G 的幺元 e。

证明：因为 $e\circ e=e$，所以 e 是 G 的幂等元。

现设 $a\in G$, $a\neq e$, 若 $a^2=a\circ a=a$，则 $a=e\circ a=(a^{-1}\circ a)\circ a=a^{-1}\circ(a\circ a)=a^{-1}\circ a=e$ 与 $a\neq e$ 矛盾。

由定理 6-4.4 知，在有限群的运算表中，没有两行（或两列）是相同的。为进一步考察群的运算表的性质，下面引进置换的概念。

定义 6-4.3 设 S 是一个非空集合，从 S 到 S 的一个双射称为 S 的一个置换（Permutation）。

如对集合 $S=\{S_1,S_2,S_3,S_4,S_5\}$，$\sigma$是从 S 到 S 的一个映射，使得$\sigma(S_1)=S_2$、$\sigma(S_2)=S_4$、$\sigma(S_3)=S_1$、$\sigma(S_4)=S_3$、$\sigma(S_5)=S_5$，则σ是从 S 到 S 的一个双射，从而是 S 的一个置换。σ也可表示如下。

$$\begin{pmatrix} S_1 & S_2 & S_3 & S_4 & S_5 \\ S_2 & S_4 & S_1 & S_3 & S_5 \end{pmatrix}$$

即其中上一行为按任何次序写出的集合 S 中的全部元素，而在下一行写出上一行相应元素的象。

定理 6-4.7 有限群$<G,\circ>$的运算表中的每一行或每一列都可由 G 中的元素经一个置换得到。

证明：设有限群 $G=\{a_1,a_2,\cdots,a_n\}$。由 G 的运算表的构造可知，表中的第 i 行元素为 $a_i\circ a_1,a_i\circ a_2,\cdots,a_i\circ a_n$，且集合 $G_i=\{a_i\circ a_1,a_i\circ a_2,\cdots,a_i\circ a_n\}$是 G 的子集，因为 G 中消去律成立，所以当 $k\neq l$ 时，$a_i\circ a_k\neq a_i\circ a_l$，从而 $G_1=G$。

作 G 到 G 的映射σ_i:$\sigma_i(a_k)=a_i\circ a_k$，$k=1,2,\cdots,n$，则$\sigma_i$是 G 的一个置换，所以$<G,\circ>$的运算表中的第 i 行可由 G 的元素通过置换σ_i得到。对列的情形类似可证。

§6-4-2 子群

定义 6-4.4 设$<G,\circ>$是一个群，S 是 G 的非空子集。如果$<S,\circ>$也构成群，那么称$<S,\circ>$是$<G,\circ>$的子群（Subgroup）。

定理 6-4.8 设$<H,\circ>$是群$<G,\circ>$的子群，则 H 的幺元就是 G 的幺元，H 中任意元素 a 在 H 中的逆元 a_H^{-1} 就是 a 在 G 中的逆元 a^{-1}。

证明：设 e_H 和 e 分别是 H 和 G 的幺元，e_H^{-1} 为 e_H 在 G 中的逆元，则

$$\begin{aligned} e_H &= e\circ e_H=(e_H^{-1}\circ e_H)\circ e_H=e_H^{-1}\circ(e_H\circ e_H) \\ &= e_H^{-1}\circ e_H=e \end{aligned}$$

又因为对任意 $a\in H$，有

$$a_H^{-1} = a_H^{-1} \circ e_H = a_H^{-1} \circ e_H = a_H^{-1} \circ (a \circ a^{-1}) = (a_H^{-1} \circ a) \circ a^{-1} = e_H \circ a^{-1} = e \circ a^{-1} = a^{-1}$$

设$<G,\circ>$是群，e 是 G 的幺元，由子群的定义可得$\{e\}$、G 都是 G 的子群，称为 G 的平凡子群（Trivil Subgroup）。若 H 是 G 的子群且 $H\neq\{e\}$、$H\neq G$，则称 H 为 G 的真子群（Proper Subgroup）。

例 6-4.3　$<\mathbf{Z},+>$是整数加群，$\mathbf{Z}_E=\{x|x=2n,n\in\mathbf{Z}\}$，证明$<\mathbf{Z}_E,+>$是$<\mathbf{Z},+>$的一个子群。

证明：因为 $0\in\mathbf{Z}_E$，所以 $\mathbf{Z}_E\neq\varnothing$。

（1）对任意 $x,y\in\mathbf{Z}_E$，可设 $x=2n_1$，$y=2n_2$，$n_1,n_2\in\mathbf{Z}_E$，$x+y=2n_1+2n_2=2(n_1+n_2)$，$n_1+n_2\in\mathbf{Z}$，所以 $x+y\in\mathbf{Z}_E$ 即+在 $\mathbf{Z}_E$ 上是封闭的。

（2）运算+在 $\mathbf{Z}_E$ 上可结合，从而在 $\mathbf{Z}_E$ 上可结合。

（3）$<\mathbf{Z},+>$的幺元 0 在 $\mathbf{Z}_E$ 中也是$<\mathbf{Z},+>$的幺元。

（4）对任意 $x\in\mathbf{Z}_E$，有 $x=2n$，$n\in\mathbf{Z}$，而$-x=-2n=2(-n)$，$-n\in\mathbf{Z}$。

所以，$-x\in\mathbf{Z}_E$ 使$-x+x=x+(-x)=0$，$-x$ 是 x 在 $\mathbf{Z}_E$ 中的逆元，即$<\mathbf{Z}_E,+>$是群，从而是$<\mathbf{Z},+>$的子群。

实际上，群的非空子集构成子群的条件可以简化成如下的定理 6-4.9。

定理 6-4.9　设$<G,\circ>$是群，S 是 G 的非空子集，则 S 关于运算$\circ$是$<G,\circ>$的子群的充要条件如下。

（1）对任意 $a,b\in S$，有 $a\circ b\in S$。

（2）对任意 $a\in S$，有 $a^{-1}\in S$。

证明：必要性显然成立。

（充分性）条件（1）说明运算$\circ$在 S 上是封闭的；由于 G 中的运算$\circ$是可结合的，因此 S 中的运算$\circ$是可结合的；对任意 $a\in S$，由条件（2）知，$a^{-1}\in S$，再由条件（1）知 $e=a\circ a^{-1}\in S$，易得 e 是$<S,\circ>$的单位元，a^{-1}是 a 在$<S,\circ>$中的逆元，所以$<S,\circ>$是群，从而是$<G,\circ>$的子群。

定理 6-4.10　设$<G,\circ>$是一个群，S 是 G 的非空子集，则 S 关于运算$\circ$是$<G,\circ>$的子群的充要条件是：对任意 $a,b\in S$，有 $a\circ b^{-1}\in S$。

证明：必要性易得。

（充分性）任取 $a\in S$，由条件 $a\circ b^{-1}\in S$，可得 $e\in S$。又因为 $e,a\in S$，可得 $a^{-1}=e\circ a^{-1}\in S$。这说明若 $a\circ b\in S$，则 $a\circ b^{-1}\in S$。由条件可得 $a\circ b=a\circ(b^{-1})^{-1}\in S$，根据定理 6-4.8 可得，$<S,\circ>$是$<G,\circ>$的子群。

定理 6-4.11　设$<G,\circ>$是一个群，B 是 G 的一个有限非空子集，则 B 关于运算$\circ$是群$<G,\circ>$的子群的充要条件是：对任意 $a,b\in B$，有 $a\circ b\in B$。

证明：必要性由子群的定义可得。

（充分性）设 a 是 B 中的任意元素，由条件可得 $a^2=a\circ a\in B$、$a^3=a^2\circ a\in B$、……，又因为 B 是有限集，所以必存在正整数 i 和 j，使 $i\neq j$，$a^i=a^j$。不妨设 $i<j$，则 $a^i=a^i\circ a^{j-i}$，这说明 a^{j-i} 是$<G,\circ>$中的幺元，这个幺元也在子集 B 中。

如果 $j-i>1$，那么由 $a^{j-i}=a\circ a^{j-i-1}$ 知 a^{j-i-1} 是 a 的逆元且 $a^{j-i-1}\in B$。如果 $j-i=1$，那么由 $a^i=a^i\circ a$ 知 a 就是幺元且 a 的逆元就是 a。总之对任意元素 $a\in B$，有 $a^{-1}\in B$。所以由定理 6-4.9 知$<B,\circ>$是$<G,\circ>$的子群。

例 6-4.4　设$<G,\circ>$是群，$C=\{a|a\in G$ 且对任意 $x\in G$ 有 $a\circ x=x\circ a\}$，求证：$<C,\circ>$是$<G,\circ>$的一个子群。

证明：设 e 是群$<C,\circ>$的幺元，则 $e\in C$；又对任意 $a,b\in C$ 和任意 $x\in G$，有 $a\circ x=x\circ a$，$b\circ x=x\circ b$，

所以 $b^{-1}\circ b\circ x\circ b^{-1}=b^{-1}\circ x\circ b\circ b^{-1}$， $x\circ b^{-1}=b^{-1}\circ x$ ，从而 $\left(a\circ b^{-1}\right)\circ x=a\circ\left(b^{-1}\circ x\right)=a\circ\left(x\circ b^{-1}\right)=\left(a\circ x\right)\circ b^{-1}=x\circ\left(a\circ b^{-1}\right)$，故 $a\circ b^{-1}\in C$。由定理 6-4.10 知，$<C,\circ>$是群$<G,\circ>$的子群。这个子群称为群 G 的中心。

例 6-4.5 设$<H,\circ>$和$<K,\circ>$都是群$<G,\circ>$的子群，试证$<H\cap K,\circ>$也是$<G,\circ>$的子群。

证明：设 e 是群$<G,\circ>$的幺元，则因 H、K 都是 G 的子群，所以 $e\in H$，$e\in K$，从而 $e\in H\cap K$ 。对任意 $a,b\in H\cap K$ ，有 $a,b\in H$ 且 $a,b\in K$。由 H、K 都是 G 的子群，得 $a\circ b^{-1}\in H$ 且 $a\circ b^{-1}\in K$ ，所以 $a\circ b^{-1}\in H\cap K$ ，故 $<H\cap K,\circ>$ 是群$<G,\circ>$的子群。

例 6-4.6 设$<G,\circ>$是群，a 是 G 的一个固定元素，$H=\{a^n|n\in\mathbf{Z}\}$，则$<H,\circ>$是$<G,\circ>$的子群。

解：事实上，G 的幺元 $e=a^0\in H$，对 H 中的任意元素 a^n 和 a^m，有 $a^n\circ(a^m)^{-1}=a^n\circ a^{-m}=a^{n-m}\in H$ ，由定理 6-4.10 知$<H,\circ>$是$<G,\circ>$的子群。

§6–5 交换群、循环群与置换群

本节讨论几种具体的群，这几种群不仅能加深我们对群的认识，而且其本身在理论上和应用上都是非常重要的。

§6–5–1 交换群

定义 6-5.1 如果群$<G,\circ>$中的二元运算$\circ$是可交换的，那么称该群为交换群（Commutative Group），或称为阿贝尔（Abel）群。

例 6-5.1 $<\mathbf{Z},+>$、$<\mathbf{Q},+>$、$<\mathbf{R},+>$、$<\mathbf{R}-\{0\},\times>$都是交换群。

例 6-5.2 设集合 $S=\{1,2,3,4\}$，在 S 上定义一个双射函数σ，有$\sigma(1)=2$、$\sigma(2)=3$、$\sigma(3)=4$、$\sigma(4)=1$，并构造复合函数$\forall x\in S$，有

$$\sigma^2(x)=\sigma\circ\sigma(x)=\sigma(\sigma(x))$$
$$\sigma^3(x)=\sigma\circ\sigma^2(x)=\sigma(\sigma^2(x))$$
$$\sigma^4(x)=\sigma\circ(\sigma^3(x))=\sigma(\sigma^3(x))$$

若用σ^0 表示 S 上的恒等映射，即$\sigma^0(x)=x$，$x\in S$，则有 $\sigma^4(x)=\sigma^0(x)$，设$\sigma^1=\sigma$并构造集合 $F=\{\sigma^0,\sigma^1,\sigma^2,\sigma^3\}$。求证：$<F,\circ>$是一个交换群。

证明：F 上的运算$\circ$如表 6-13 所示。可见 F 上的运算$\circ$是封闭的，由$\circ$的定义可得，运算$\circ$是可结合的。σ^0 是$<F,\circ>$的幺元。

表 6-13　　　　F 上的运算$\circ$

$\circ$	σ^0	σ^1	σ^2	σ^3
σ^0	σ^0	σ^1	σ^2	σ^3
σ^1	σ^1	σ^2	σ^3	σ^0
σ^2	σ^2	σ^3	σ^0	σ^1
σ^3	σ^3	σ^0	σ^1	σ^2

σ^0 的逆元是自身，σ^1 和σ^3 互为逆元，σ^2 的逆元是它自身。由表 6-13 的对称性知，F 上的运算$\circ$是可交换的，所以$<F,\circ>$是一个交换群。

例 6-5.3　设 n 是一个大于 1 的整数，G 为所有 n 阶非奇（满秩）矩阵的集合，$\circ$表示矩阵的乘法，则$<G,\circ>$是一个不可交换群。

事实上，任意两个 n 阶非奇矩阵相乘后还是一个 n 阶非奇矩阵，所以 G 上的运算$\circ$是封闭的；矩阵的乘法运算是可结合的；n 阶单位矩阵 $\boldsymbol{E}$ 是 G 中的幺元；任意一个非奇的 n 阶矩阵 $\boldsymbol{A}$ 有唯一的 n 阶逆矩阵 $\boldsymbol{A}^{-1}$，$\boldsymbol{A}^{-1}$ 也是非奇的，且 $\boldsymbol{A}^{-1}\circ\boldsymbol{A}=\boldsymbol{A}\circ\boldsymbol{A}^{-1}=\boldsymbol{E}$，但 G 中的运算$\circ$不是可交换的，因此$<G,\circ>$是一个群，但不是交换群。

定理 6-5.1　设$<G,\circ>$是一个群，则$<G,\circ>$是交换群的充要条件是：对任意 $a,b\in G$，有$(a\circ b)\circ(a\circ b)=(a\circ a)\circ(b\circ b)$。

证明：（必要性）设$<G,\circ>$是交换群，则对任意 $a,b\in G$ 有 $a\circ b=b\circ a$，

因此$(a\circ a)\circ(b\circ b)=a\circ(a\circ b)\circ b=a\circ(b\circ a)\circ b=(a\circ b)\circ(a\circ b)$。

（充分性）若对任意 $a,b\in G$，$(a\circ b)\circ(a\circ b)=(a\circ a)\circ(b\circ b)$，则 $a\circ(a\circ b)\circ b=(a\circ a)\circ(b\circ b)=(a\circ b)\circ(a\circ b)=a\circ(b\circ a)\circ b$。

所以 $a^{-1}\circ(a\circ(a\circ b)\circ b)\circ b^{-1}=a^{-1}\circ(a\circ(b\circ a)\circ b)\circ b^{-1}$，即得 $a\circ b=b\circ a$。

因此，群$<G,\circ>$是交换群。

例 6-5.4　设$<G,\circ>$是群，e 是 G 的幺元，若对任意 $x\in G$，都有 $x^2=x\circ x=e$，则$<G,\circ>$是交换群。

证明：对任意 $a,b\in G$，由条件 $a^2=e$、$b^2=e$ 可得 $a=a^{-1}$、$b=b^{-1}$。又因为 $a\circ b\in G$，所以$(a\circ b)^2=e$，从而 $a\circ b=(a\circ b)^{-1}=b^{-1}\circ a^{-1}=b\circ a$，故$<G,\circ>$是交换群。

§6–5–2　循环群

定义 6-5.2　设$<G,\circ>$是群，若 G 中存在一个元素 a，使得 G 中任意元素都是 a 的幂，即对任意 $b\in G$ 都有整数 n 使 $b=a^n$，则称$<G,\circ>$为循环群（Cyclic Group），元素 a 称为循环群 G 的生成元（Generator）。

循环群根据其生成元的阶分为有限循环群和无限循环群。

例 6-5.5　$<\mathbf{Z},+>$是由 1 生成的无限循环群，−1 也是其生成元。

例 6-5.6　设 $\mathbf{Z}$ 是整数集，m 是一个正整数，$\mathbf{Z}_m$ 是由模 m 的剩余类组成的集合，$\mathbf{Z}_m$ 上的二元运算$+_m$定义为：对$[i],[j]\in\mathbf{Z}_m$，有

$$[i]+_m[j]=((i+j)(\bmod m))$$

证明$<\mathbf{Z}_m,+_m>$是以[1]为生成元的循环群。

证明：由例 6-3.5 知，$<\mathbf{Z}_m,+_m>$是含幺半群，幺元为[0]。又 $\mathbf{Z}_m$ 中，[0]的逆元是[0]，$[i]\in\mathbf{Z}_m$，$1\leqslant i\leqslant m-1$ 时，$[i]$的逆元是$[m-i]$，所以$<\mathbf{Z}_m,+_m>$是群。又对任意$[i]\in\mathbf{Z}_m$，有$[i]=[1]^i$（$0\leqslant i\leqslant m-1$），所以$<\mathbf{Z}_m,+_m>$是以[1]为生成元的循环群，称为模 m 的剩余类加群。

定理 6-5.2　任何一个循环群都是交换群。

证明：设$<G,\circ>$是一个循环群，a 是它的一个生成元。那么对任意 $x,y\in G$，必有 $r,s\in\mathbf{Z}$ 使得 $x=a^r$，$y=a^s$，所以 $x\circ y=a^r\circ a^s=a^{r+s}=a^{s+r}=a^s\circ a^r=y\circ x$，因此$<G,\circ>$是一个交换群。

对有限循环群，有下面的定理。

定理 6-5.3　设$<G,\circ>$是一个由元素 a 生成的循环群且是有限群，如果 G 的阶是 n，即$|G|=n$，那么 $a^n=e$ 且 $G=\{a,a^2,a^3,\cdots,a^{n-1},a^n=e\}$。其中 e 是$<G,\circ>$的幺元，n 是使 $a^n=e$ 的最小正整数（称 n 为元素 a 的阶或周期）。

证明：因为 G 是有限群，$a\in G$，所以存在正整数 s 使 $a^s=e$。假设对某个正整数 m，$m<n$ 使

$a^m=e$，那么由于$<G,\circ>$是一个由 a 生成的循环群，因此 G 中任何元素都能写成 a^k（$k\in\mathbf{Z}$）的形式。又 $k=mg+r$，其中 $g,r\in\mathbf{Z}$ 且 $0\leqslant r\leqslant m-1$，这样就有 $a^k=a^{mg+r}=(a^m)^g\circ a^r=a^r$，所以 G 中每个元素都能写成 a^r（$0\leqslant r\leqslant m-1$）的形式，这样 G 中最多有 m 个不同的元素，与 $m<n$ 且$|G|=n$ 矛盾，所以 $a^m=e$（$0<m<n$）是不可能的。

下面证明 a、a^2、a^3、…、a^n 是互不相同的，用反证法。若 $a^i=a^j$，其中 $1\leqslant i<j\leqslant n$，就有 $a^{j-i}=e$ 且 $0<j-i<n$，上面已经证明这是不可能的，所以 a、a^2、a^3、…、a^n 是互不相同的。又$|G|=n$，所以 $G=\{a,a^2,a^3,\cdots,a^n\}$，因为 $e\in G$，$a^m\neq e$（$1\leqslant m<n$），所以 $a^n=e$。

例 6-5.7 在循环群（模 4 的剩余类加群）$<\mathbf{Z}_4,+_4>$中，试说明[1]和[3]都是生成元。

解：因为$[1]^1=[1]$，$[1]^2=[1]+_4[1]=[2]$，$[1]^3=[1]+_4[2]=[3]$，$[1]^4=[1]+_4[3]=[0]$。

所以[1]是循环群$<\mathbf{Z}_4,+_4>$的生成元。

又因为$[3]^1=[3]$，$[3]^2=[3]+[3]=[2]$，$[3]^3=[3]+[2]=[1]$，$[3]^4=[3]+[1]=[0]$。

所以，[3]也是循环群$<\mathbf{Z}_4,+_4>$的生成元。

一个循环群的生成元可以不是唯一的。

$<\mathbf{Z}_m,+_m>$是循环群，也是交换群。

$<\mathbf{Z}_6,+_6>$是群，它的子群为$<\{0\},+_6>$、$<\{0,3\},+_6>$、$<\{0,2,4\},+_6>$、$<\mathbf{Z}_6,+_6>$。

定理 6-5.4 若$<G,*>$是一个群，则对任意元素 $a\in G$，a 与 a^{-1} 具有相同的阶。

证明：（1）若 a 有有限周期 r，则 $a^r=e$。因为 $a^{-r}=(a^{-1})^r=(a^r)^{-1}=e^{-1}=e$，所以 a^{-1} 的周期 $s\leqslant r$。又因为 $a^s=((a^{-1})^s)^{-1}=e^{-1}=e$，所以周期 $r\leqslant s$。故 $r=s$。

（2）若 a 的周期无限，而 a^{-1} 的周期有限。则由（1）可知，a 的周期有限，矛盾，所以 a^{-1} 的周期也无限。

定理 6-5.5 若$<G,*>$是一个群，则对任意元素 $a\in G,a$ 的周期 r 小于等于$|G|$。

证明：因为$<G,*>$是有限群，不妨设 G 的阶是 n，即$|G|=n$。则对任意元素 $a\in G$，a、a^2、a^3、…、a^{n-1}、a^n、$a^{|G|+1}$ 中至少有两个元素相同。不妨设 $a^p=a^q$，其中 $1\leqslant p<q\leqslant |G|+1$，则 $a^{q-p}=a^q*a^{-p}=a^q*(a^p)^{-1}=a^q*(a^q)^{-1}=e$，所以 a 的周期 r 满足 $r\leqslant p<q\leqslant |G|$。

定理 6-5.6 若$<G,*>$是一个群，对任意元素 $a\in G$，a 具有有限周期 r，则 $a^k=e$ 当且仅当 k 是 r 的倍数。

证明：（1）若 k 是 r 的倍数，不妨设 $k=sr$，则 $a^k=(a^r)^s=e^s=e$。

（2）反之，若 k 不是 r 的倍数，不妨设 $k=sr+q$，$q\in\mathbf{Z}$，$0<q<r$。于是 $a^q=a^{k-sr}=a^k*(a^r)^{-s}=e$。这与 r 是 a 的周期相矛盾。所以 k 是 r 的倍数。

§6-5-3 置换群

对一个具有 n 个元素的集合 S，将 S 上所有 $n!$个不同的置换所组成的集合记作 S_n。

定义 6-5.3 设$\sigma_1,\sigma_2\in S_n$，S_n 上的二元运算$\circ$使对$\sigma_1,\sigma_2\in S_n$，$\sigma_1\circ\sigma_2$ 表示对 S 的元素先作置换σ_2，接着再作置换σ_1 所得到的置换。二元运算$\circ$称为左复合。

例 6-5.8 设 $S=\{1,2,3,4\}$，S_4 中的元素

$$\sigma_1=\begin{pmatrix}1&2&3&4\\1&4&2&3\end{pmatrix},\quad \sigma_2=\begin{pmatrix}1&2&3&4\\2&1&3&4\end{pmatrix}$$

则 $\sigma_1\circ\sigma_2=\begin{pmatrix}1&2&3&4\\1&4&2&3\end{pmatrix}\circ\begin{pmatrix}1&2&3&4\\2&1&3&4\end{pmatrix}=\begin{pmatrix}1&2&3&4\\4&1&2&3\end{pmatrix}$

因为σ_1、σ_2都是 S 上的双射变换，所以它们都有逆变换并且是置换。如σ_1 的逆置换为

$$\sigma_1^{-1}=\begin{pmatrix}1&2&3&4\\1&3&4&2\end{pmatrix}$$

易得 $\sigma_1^{-1}\circ\sigma_1=\sigma_1\circ\sigma_1^{-1}=\begin{pmatrix}1&2&3&4\\1&2&3&4\end{pmatrix}$ 是使 S 中每个元素都映射到自身的置换。

为确定起见，我们在下面对左复合进行讨论。

定理 6-5.7 $<S_n,\circ>$是一个群，其中$\circ$是置换的左复合运算。

证明：首先证明二元运算$\circ$在 S_n 上是封闭的，对任意$\sigma_1,\sigma_2\in S_n$，若 $a,b\in S$，$a\neq b$，则因σ_1、σ_2都是 S 上的双射变换，所以

$$c=\sigma_2(a)\neq\sigma_2(b)=d$$
$$\sigma_1(c)\neq c_1(d)$$

从而 $\sigma_1\circ\sigma_2(a)=\sigma_1(\sigma_2(a))=\sigma_1(c)\neq\sigma_1(d)=\sigma_1(\sigma_2(b))=\sigma_1\sigma_2(b)$

因而$\sigma_1\circ\sigma_2$是 S 上的单射变换。

对 $z\in S$，因为σ_1是 S 上的双射变换，所以存在 $y\in S$ 使$\sigma_1(y)=z$。又σ_2是 S 上的双射变换，所以存在 $x\in S$ 使$\sigma_2(x)=y$，从而$\sigma_1\circ\sigma_2(x)=\sigma_1(\sigma_2(x))=\sigma_1(y)=z$，即得$\sigma_1\circ\sigma_2$是 S 上的满射变换。故$\sigma_1\circ\sigma_2\in S_n$。

其次证明二元运算$\circ$在 S_n 上是可结合的且有幺元。

对$\sigma_1,\sigma_2,\sigma_3\in S_n$，$x\in S$，记$\sigma_3(x)=y$，$\sigma_2(y)=z$，$\sigma_1(z)=w$。

则，由于$\sigma_1\circ\sigma_2(y)=\sigma_1(\sigma_2(y))=\sigma_1(z)=w$，因此$(\sigma_1\circ\sigma_2)\circ\sigma_3(x)=\sigma_1\circ\sigma_2(\sigma_3(x))=\sigma_1\circ\sigma_2(y)=w$。

同样地，由于$\sigma_2\circ\sigma_3(x)=\sigma_2(\sigma_3(x))=\sigma_2(y)=z$，因此$\sigma_1\circ(\sigma_2\circ\sigma_3)(x)=\sigma_1(\sigma_2\circ\sigma_3(x))=\sigma_1(z)=w$。

因此，$\sigma_1\circ(\sigma_2\circ\sigma_3)=(\sigma_1\circ\sigma_2)\circ\sigma_3$。

如果将 S 中的每个元素都映射成它自身的变换，记作σ_e，那么σ_e是双射变换，所以$\sigma_e\in S_n$。且对任意元素$\sigma\in S_n$，都有$\sigma\circ\sigma_e=\sigma_e\circ\sigma=\sigma$，因此 S_n 中存在幺元σ_e，称它为幺置换(Identical Permutation)。

最后，对任意$\sigma\in S_n$，因为 σ 是 S 上的双射变换，所以它有逆变换 σ^{-1} 且 σ^{-1} 也是 S 上的双射变换，所以 $\sigma^{-1}\in S_n$。由于 σ 将 $x\in S$ 映射成 $y\in S$ 当且仅当 σ^{-1} 将 y 映射成 x，因此$\sigma\circ\sigma^{-1}=\sigma^{-1}\circ\sigma=\sigma_e$，$\sigma^{-1}$是 σ 在$<S_n,\circ>$中的逆元，故$<S_n,\circ>$是群。

定义 6-5.4 $<S_n,\circ>$的任何一个子群，称为集合 S 上的一个置换群（Permutation Group）。特别地，置换群$<S_n,\circ>$称为集合 S 的 n 次对称群（Symetric Group）。

例 6-5.9 设 $S=\{1,2,3\}$，写出 S 的对称群和 S 上的其他置换群，并指出它们是否是循环群，是否是交换群。

解：S 的对称群为$<S_3,\circ>$，$S_3=\{\sigma_e,\sigma_1,\sigma_2,\sigma_3,\sigma_4,\sigma_5\}$。

其中σ_e、σ_1、σ_2、σ_3、σ_4、σ_5 如下所示；运算$\circ$表示 S_3 上的左复合运算，S_3 上的运算$\circ$如表 6-14 所示。

表 6-14 S_3上的运算$\circ$

$\circ$	σ_e	σ_1	σ_2	σ_3	σ_4	σ_5
σ_e	σ_e	σ_1	σ_2	σ_3	σ_4	σ_5
σ_1	σ_1	σ_e	σ_5	σ_4	σ_3	σ_2
σ_2	σ_2	σ_4	σ_e	σ_5	σ_1	σ_3
σ_3	σ_3	σ_5	σ_4	σ_e	σ_2	σ_1
σ_4	σ_4	σ_2	σ_3	σ_1	σ_5	σ_e
σ_5	σ_5	σ_3	σ_1	σ_2	σ_e	σ_4

$$\sigma_e=\begin{pmatrix}1&2&3\\1&2&3\end{pmatrix}\sigma_1=\begin{pmatrix}1&2&3\\2&1&3\end{pmatrix}\sigma_2=\begin{pmatrix}1&2&3\\3&2&1\end{pmatrix}\sigma_3=\begin{pmatrix}1&2&3\\1&3&2\end{pmatrix}\sigma_4=\begin{pmatrix}1&2&3\\2&3&1\end{pmatrix}\sigma_5=\begin{pmatrix}1&2&3\\3&1&2\end{pmatrix}$$

由表6-14可见，S_3上的二元运算∘不是可交换的，如

$$\sigma_1\circ\sigma_2=\sigma_5\neq\sigma_4=\sigma_2\circ\sigma_1$$

所以 $<S_3,\circ>$ 不是交换群，更不是循环群；容易得到 S 上的置换群还有 $<\{\sigma_e\},\circ>$、$<\{\sigma_e,\sigma_1\},\circ>$、$<\{\sigma_e,\sigma_2\},\circ>$、$<\{\sigma_e,\sigma_3\},\circ>$、$<\{\sigma_e,\sigma_4,\sigma_5\},\circ>$，它们都是循环群，从而都是交换群。

例6-5.10 对称群 $<S_1,\circ>$、$<S_2,\circ>$ 都是交换群；$<S_n,\circ>$（$n\in\mathbf{N}\wedge n\geqslant 3$）都不是交换群。

§6-6 陪集与拉格朗日定理

我们已经讨论了利用集合上的等价关系对集合进行划分（分解），本节研究利用子群来对群进行划分，从而研究群的一些性质。

§6-6-1 陪集

我们从推广 $<\mathbf{Z},+>$ 中“模 m 同余”的概念开始。易知，对 $a,b\in\mathbf{Z}$，$a\equiv b(\bmod m)\Leftrightarrow m/(a-b)\Leftrightarrow a-b\in H=\{mk\mid k\in\mathbf{Z}\}$，因此在群 $<\mathbf{Z},+>$ 中，$a\equiv b(\bmod m)\Leftrightarrow a-b\in H$。推广到一般的群，有以下定义。

定义6-6.1 设 $<H,\circ>$ 是群 $<G,\circ>$ 的子群，$a,b\in G$，如果 $b^{-1}\circ a\in H$，那么称 a 与 b 有二元关系 R_{L}（模 H 左同余）。

即 $aR_{\mathrm{L}}b\Leftrightarrow$ 存在 $h\in H$ 使 $a=bh$。

定理6-6.1 设 $<H,\circ>$ 是群 $<G,\circ>$ 的子群，则有如下结论。

（1）R_{L} 是 G 上的一个等价关系。

（2）对任意 $a\in G$，$[a]=aH$，其中 $[a]=\{x|x\in G$ 且 $xR_{\mathrm{L}}a\}$ 是 a 所在的等价类，$aH=\{a\circ h\mid h\in H\}$ 称为由 a 确定的 $<G,\circ>$ 中的 H 的左陪集（Left Coset）。

（3）$|aH|=|H|$（即 aH 与 H 之间存在双射）。

证明：（1）设 $a,b,c\in G$，因为 G 的幺元 $e\in H$，使 $a=a\circ e$，所以 $aR_{\mathrm{L}}b$，R_{L} 是自反的；若 $aR_{\mathrm{L}}b$，则有 $h\in H$ 使 $a=b\circ h$，从而 $b=a\circ h^{-1}$，所以 $bR_{\mathrm{L}}a$，R_{L} 是对称的；若 $aR_{\mathrm{L}}b$ 且 $bR_{\mathrm{L}}a$，则 $a=b\circ h_1$，$b=c\circ h_2$，从而有 $h_1\circ h_2\in H$ 使 $a=c\circ h_1\circ h_2$，因而 $aR_{\mathrm{L}}c$，R_{L} 是传递的。所以 R_{L} 是 G 上的等价关系。

（2）由于 $x\in[a]\Leftrightarrow xR_{\mathrm{L}}a\Leftrightarrow\exists h\in H$ 使 $x=a\circ h\Leftrightarrow x\in aH$，因此 $[a]=aH$。

（3）容易验证映射 $f: aH\to H, a\circ h=h$ 是一个双射，故 $|aH|=|H|$。

推论6-6.1 设 $<H,\circ>$ 是群 $<G,\circ>$ 的子群，则有如下结论。

（1）$G=\bigcup\limits_{a\in G}aH$。

（2）对任意 aH、bH，或者 $aH\cup bH=\varnothing$，或者 $aH=bH$。

（3）$aH=bH\Leftrightarrow a^{-1}\circ b\in H$，特别 $eH=H$、$aH=H$ 当且仅当 $a\in H$。

证明：由于 $[a]=aH$ 是 G 的等价类，由等价类的性质知，$G=\bigcup\limits_{a\in G}[a]=\bigcup\limits_{a\in G}aH$，得（1）。

若 $aH\cap bH\neq\varnothing$，则有 $aH=bH$，得（2）。

最后，$aH=bH \Rightarrow a \circ e=b \circ h \Rightarrow a^{-1} \circ b=h^{-1} \in H$。反之，$a^{-1} \circ b=h \in H \Rightarrow b=a \circ h \in aH \Rightarrow aH \cap bH \neq \varnothing \Rightarrow aH=bH$，得（3）。

群 G 表示成子群 H 的互不相同的左陪集的并，称为 G 关于子群 H 的左陪集分解。

例 6-6.1　设 $G=S_3=\{\sigma_e,\sigma_1,\sigma_2,\sigma_3,\sigma_4,\sigma_5\}$，其中

$$\sigma_e=\begin{pmatrix}1&2&3\\1&2&3\end{pmatrix}\sigma_1=\begin{pmatrix}1&2&3\\2&1&3\end{pmatrix}\sigma_2=\begin{pmatrix}1&2&3\\3&2&1\end{pmatrix}\sigma_3=\begin{pmatrix}1&2&3\\1&3&2\end{pmatrix}\sigma_4=\begin{pmatrix}1&2&3\\2&3&1\end{pmatrix}\sigma_5=\begin{pmatrix}1&2&3\\3&1&2\end{pmatrix}$$

$H=\{\sigma_e,\sigma_1\}$，写出 G 关于 H 的左陪集分解。

解： $\sigma_e H=H$，$\sigma_2 H=\{\sigma_2,\sigma_4\}$，$\sigma_3 H=\{\sigma_3,\sigma_5\}$，因此 $G=H\cup\sigma_2 H\cup\sigma_3 H$。

例 6-6.2　设 $G=\mathbf{Q}-\{0\}$，• 是普通乘法，$H=\{1,-1\}$，则 $<H,\bullet>$是$<G,\bullet>$的子群，求 G 关于 H 的左陪集分解。

解： 因为 $aH=bH \Leftrightarrow a^{-1}\bullet b\in H \Leftrightarrow |a^{-1}\bullet b|=1 \Leftrightarrow |a|=|b|$，

故 $G=\bigcup\limits_{a\in \mathbf{Q}_+} aH$，$aH=\{a,-a\}$，$\mathbf{Q}_+$表示正有理数集。

与左陪集相似，我们可以定义 H 的右陪集。设$<H,\circ>$是群$<G,\circ>$的子群，在 G 上定义二元关系 R_r

$$aR_r b \Leftrightarrow \exists h\in H，使\ a=h\circ b$$

R_r 是 G 上的一个等价关系，由此得到 G 的一个划分，a 所在的等价类 $\bar{a}=\{h\circ a\mid h\in H\}$ 记作 Ha，称为 H 的一个右陪集。并且 $Ha=Hb \Leftrightarrow a\circ b^{-1}\in H$。同样有 G 关于 H 的右陪集分解。如例 6-6.1 中 H 的右陪集有

$$H\sigma_e=H, H\sigma_2=\{\sigma_2,\sigma_5\}, H\sigma_3=\{\sigma_3,\sigma_4\}, S_3=H\sigma_e\cup H\sigma_2\cup H\sigma_3$$

因为 S_3 不是交换群，所以子群 H 的左陪集不一定是右陪集，如 $\sigma_2 H\neq H\sigma_2$。尽管如此，但我们发现 H 的左陪集的集合$\{H,\sigma_2H,\sigma_3H\}$与右陪集的集合$\{H,H\sigma_2,H\sigma_3\}$所含元素个数相同，这一性质可以推广到一般情形。

定理 6-6.2　设$<H,\circ>$是群$<G,\circ>$的子群，$S_L=\{aH|a\in G\}$，$S_R=\{Ha|a\in G\}$，则存在集合 S_L 到集合 S_R 的双射（或说 S_L 与 S_R 的基数相同）。

证明： 映射 $f{:}aH\to Ha^{-1}$ 是 S_L 到 S_R 的一个双射。事实上，$aH=bH \Leftrightarrow a^{-1}\circ b\in H \Leftrightarrow a^{-1}\circ (b^{-1})^{-1}\in H \Leftrightarrow Ha^{-1}=Hb^{-1}$，$f$ 是单射。任取 $Hb\in S_R$，有 $b^{-1}H\in S_L$ 使 $b^{-1}H\to Hb$，所以 f 是满射，从而 f 是双射。

定义 6-6.2　设$<H,\circ>$是群$<G,\circ>$的子群，H 在 G 中全体左（右）陪集组成的集合的基数称为 H 在 G 中的指数（Index），也称为阶，记作$[G{:}H]$。

在例 6-6.1 中$[G{:}H]=3$，在例 6-6.2 中$[G{:}H]$为无限。我们主要讨论$[G{:}H]$为有限的情形。有限群的阶有以下重要的结果（拉格朗日定理）。

§6–6–2　拉格朗日定理

定理 6-6.3　（拉格朗日定理）设$<G,\circ>$是有限群，$<H,\circ>$是$<G,\circ>$的子群，则$|G|=[G{:}H]\bullet|H|$。

证明： 因 G 有限，H 在 G 中左陪集的个数必有限，于是 G 的左陪集分解为 $G=a_1H\cup a_2H\cup\cdots\cup a_kH$，$k=[G{:}H]$。由定理 6-6.1（3）知，$|a_iH|=|H|$，因此

$$|G|=\sum_{i=1}^{k}|a_iH|=k|H|=[G:H]|H|$$

推论 6-6.2　任何质数阶群不可能有非平凡子群。

这是因为，如果有非平凡子群，那么该子群的阶 m 必定是原来群的阶 p 的一个因子且 $m\neq1$，$m\neq p$，这与原来群的阶 p 是质数相矛盾。

推论 6-6.3 设 $<G,\circ>$ 是 n 阶有限群，那么对任意 $a\in G$，a 的阶必是 n 的因子且必有 $a^n=e$，这里 e 是群 $<G,\circ>$ 的幺元。如果 n 为质数，那么 $<G,\circ>$ 必是循环群。

这是因为，由 G 中的任意元素 a 生成的循环群

$$H=\{a^i \mid i\in\mathbf{Z}\}$$

是 G 的子群。如果 H 的阶是 m，那么由定理 6-5.3 知 $a^m=e$，且 a 的阶等于 m。由拉格朗日定理知，$n=mk$，$k\in\mathbf{Z}$，因此，a 的阶 m 是 n 的因子，且有 $a^n=a^{mk}=(a^m)^k=e^k=e$。

因为质数阶的群只有平凡子群，所以质数阶的群必定是循环群。

例 6-6.3 设 $k=\{e,a,b,c\}$，在 k 上定义二元运算 $*$ 如表 6-15 所示。

表 6-15 在 k 上定义二元运算 $*$

$*$	e	a	b	c
e	e	a	b	c
a	a	e	c	b
b	b	c	e	a
c	c	b	a	e

证明 $<k,*>$ 是一个群但不是一个循环群。

证明： 由表 6-15 知，运算 $*$ 是封闭的和可结合的。幺元是 e，每个元素的逆元是自身，所以 $<k,*>$ 是群。因为 e 是 1 阶元，a、b、c 都是 2 阶元，故 $<k,*>$ 不是循环群。$<k,*>$ 常称为克莱因（Klein）四元群。

如设集合

$$S=\{1,2,3,4\}\ \sigma_e=\begin{pmatrix}1&2&3&4\\1&2&3&4\end{pmatrix}\sigma_1=\begin{pmatrix}1&2&3&4\\2&1&4&3\end{pmatrix}\sigma_2=\begin{pmatrix}1&2&3&4\\4&3&2&1\end{pmatrix}\sigma_3=\begin{pmatrix}1&2&3&4\\3&4&1&2\end{pmatrix}$$

则置换群 $<\{\sigma_e,\sigma_1,\sigma_2,\sigma_3\},\circ>$ 就是一个 Klein 四元群。

例 6-6.4 证明任何一个 4 阶群只可能是 4 阶循环群或者是 Klein 四元群。

证明： 设 4 阶群为 $<\{e,a,b,c\},\circ>$，其中 e 是幺元。当 4 阶群中有一个 4 阶元时，它就是循环群。

当 4 阶群中不含 4 阶元时，由推论 6-6.3 知 a、b、c 的阶都是 2，由群中消去律成立可得 $a\circ b=c=b\circ a$，$b\circ c=a=c\circ b$，$a\circ c=b=c\circ a$，因此这个群是 Klein 四元群。

§6-6-3 正规子群

定义 6-6.3 设 $<H,\circ>$ 是 $<G,\circ>$ 的子群，若对 G 中的任意元素 a 有 $aH=Ha$，则称 $<H,\circ>$ 是 $<G,\circ>$ 的正规子群。

由定义 6-6.3 容易得知，任何群 $<G,\circ>$ 都有正规子群，因为群 $<G,\circ>$ 的两个平凡子群是 G 的正规子群。任何交换群的子群都是正规子群。

§6-7 同态与同构

本节将讨论代数系统的同态与同构。代数系统的同态与同构就是两个代数系统之间存在着一

种特殊的映射——保持运算的映射，它是研究两个代数系统之间关系的强有力的工具之一。

§6-7-1　同态

定义 6-7.1　设<$X,\circ$>和<$Y,*$>是两个代数系统，$\circ$和$*$分别是 X 和 Y 上的二元运算。设 f 是从 X 到 Y 的一个映射，使得对任意 $x,y\in X$ 都有 $f(x\circ y)=f(x)*f(y)$，则称 f 为由<$X,\circ$>到<$Y,*$>的一个同态映射（Homomorphism），称<$X,\circ$>与<$Y,*$>同态，记作 $X\sim Y$。把<$f(X),*$>称为<$X,\circ$>的一个同态象。其中 $f(X)=\{a\mid a=f(x),\ x\in X\}\subseteq Y$ 。

在这个定义中，如果<$Y,*$>就是<$X,\circ$>，那么 f 是 X 到自身的映射。当上述条件仍然满足时，我们就称 f 是<$X,\circ$>上的一个自同态映射（Endomorphism）。

例 6-7.1　设 $\boldsymbol{M}$ 是所有 n 阶实数矩阵的集合，$*$表示矩阵的乘法运算，则<$\boldsymbol{M},*$>是一个代数系统。设 $\mathbf{R}$ 表示所有实数的集合，$\times$表示数的乘法，则<$\mathbf{R},\times$>也是一个代数系统。定义 $\boldsymbol{M}$ 到 $\mathbf{R}$ 的映射 $f{:}f(\boldsymbol{A})=|\boldsymbol{A}|,\boldsymbol{A}\in\boldsymbol{M}$，即 f 将 n 阶矩阵 $\boldsymbol{A}$ 映射为它的行列式$|\boldsymbol{A}|$。因为$|\boldsymbol{A}|$是一个实数，而且当 $\boldsymbol{A},\boldsymbol{B}\in\boldsymbol{M}$ 时，有 $f(\boldsymbol{A}*\boldsymbol{B})=|\boldsymbol{A}*\boldsymbol{B}|=|\boldsymbol{A}|\times|\boldsymbol{B}|=f(\boldsymbol{A})\times f(\boldsymbol{B})$，所以 f 是一个同态映射，$\boldsymbol{M}\sim\mathbf{R}$，且 $\mathbf{R}$ 是 $\boldsymbol{M}$ 的一个同态象。

例 6-7.2　考察代数系统<$\mathbf{R},\cdot$>，其中 $\mathbf{R}$ 是实数集，$\cdot$ 是普通乘法运算。如果我们对运算结果只感兴趣于正、负、0 这样的特征区别，那么代数系统<$\mathbf{R},\cdot$>中运算结果的特征就可以用另一个代数系统<$B,*$>的运算结果来描述，其中 B={正,负,0}是定义在 B 上的二元运算，如表 6-16 所示。

表 6-16　　定义在 B 上的二元运算

*	正	负	0
正	正	负	0
负	负	正	0
0	0	0	0

作映射 $f{:}\mathbf{R}\to B$ 如下

$$f(x)=\begin{cases}\text{正 若 } x>0\\ \text{负 若 } x<0\\ 0 \text{ 若 } x=0\end{cases}\quad x\in\mathbf{R}$$

由经验可得，$\forall x,y\in\mathbf{R}$，有 $f(x\cdot y)=f(x)f(y)$，因此映射 f 是由<$\mathbf{R},\cdot$>到<$B,*$>的一个同态映射。

由例 6-7.2 知，在<$\mathbf{R},\cdot$>中运算结果的正、负、0 的特征就等于在<$B,\cdot$>中的运算特征。可以说，代数系统<$B,*$>描述了<$\mathbf{R},\cdot$>中运算结果的基本特征。而这正是研究两个代数系统之间是否存在同态的重要意义之一。

例 6-7.3　设 $f{:}\mathbf{R}\to\mathbf{R}$ 定义为对任意 $x\in\mathbf{R}$，$f(x)=2^x$。

$g{:}\mathbf{R}\to\mathbf{R}$ 定义为对任意 $x\in\mathbf{R}$，$g(x)=3^x$。

则 f、g 都是从<$\mathbf{R},+$>到<$\mathbf{R},\times$>的同态映射。

§6-7-2　同构

定义 6-7.2　设 f 是<$X,\circ$>到<$Y,*$>的一个同态映射，如果 f 是从 X 到 Y 的一个满射，那么 f 称为满同态（Epimorphism）；如果 f 是从 X 到 Y 的一个单射，那么 f 称为单同态（Monomorphism）；如果 f 是从 X 到 Y 的一个双射，那么 f 称为同构映射（Isomorphism），并称<$X,\circ$>和<$Y,*$>是同构

的（Isomorphic），也可表示为$<X,\circ>\cong<Y,*>$。若 g 是$<A,\circ>$到$<A,\circ>$的同构映射，则称 g 为自同构映射（Automorphism）。

定理 6-7.1 设 G 是由一些只有一个二元运算的代数系统构成的非空集合，则 G 中代数系统之间的同构关系是等价关系。

证明： 因为任何一个代数系统$<X,\circ>$都可以通过恒等映射与它自身同构，即自反性成立。关于对称性，设$<X,\circ>\cong<Y,*>$且有对应的同构映射 f，因为 f 的逆映射是$<Y,*>$到$<X,\circ>$的同构映射，所以$<Y,*>\cong<X,\circ>$。最后，如果 f 是$<X,\circ>$到$<Y,*>$的同构映射，g 是$<Y,*>$到$<U,\triangle>$的同构映射，那么 $g\circ f$ 就是$<X,\circ>$到$<U,\triangle>$的同构映射。因此，同构关系是等价关系。

例 6-7.4 设 $f:\mathbf{Q}\to\mathbf{R}$ 定义为对任意 $x\in\mathbf{Q}$，$f(x)=2x$，那么 f 是$<\mathbf{Q},+>$到$<\mathbf{R},+>$的单同态。

例 6-7.5 设 $f:\mathbf{Z}\to\mathbf{Z}_n$ 定义为对任意 $x\in\mathbf{Z}$，$f(x)=x(\mathrm{mod}n)$，那么 f 是从$<\mathbf{Z},+>$到$<\mathbf{Z}_n,+_n>$的一个满同态映射。

例 6-7.6 设 n 是确定的正整数，集合 $H_n=\{x|x=kn,k\in\mathbf{Z}\}$，定义映射 $f:\mathbf{Z}\to H_n$ 为对任意 $k\in\mathbf{Z}$，$f(k)=kn$。

那么，f 是$<\mathbf{Z},+>$到$<H_n,+>$的一个同构映射，所以 $\mathbf{Z}\cong H_n$。

例 6-7.7 设 $X=\{a,b\}$，$Y=\{奇,偶\}$，$U=\{0,1\}$，二元运算$\circ$、$*$、$\triangle$如表 6-17～表 6-19 所示，代数系统$<Y,*>$和$<U,\triangle>$都与代数系统$<X,\circ>$同构。

表 6-17 二元运算$\circ$

$\circ$	a	b
a	a	b
b	b	a

表 6-18 二元运算$*$

$*$	偶	奇
偶	偶	奇
奇	奇	偶

表 6-19 二元运算$\triangle$

$\triangle$	0	1
0	0	1
1	1	0

同构是很重要的概念，从例 6-7.7 可以看出，形式上不同的代数系统，如果它们同构的话，就可以抽象地把它们看作本质上相同的代数系统，只是所用的符号不同。另外由定理 6-7.1 知，同构是一个等价关系，从而可用同构对代数系统进行分类研究。

利用同态和同构还可由一个代数系统研究另一个代数系统。

定理 6-7.2 设 f 是代数系统$<X,\circ>$和$<Y,*>$的满同态。

（1）若$\circ$可交换，则$*$可交换。

（2）若$\circ$可结合，则$*$可结合。

（3）若代数系统$<X,\circ>$有幺元 e，则 $e'=f(e)$是$<Y,*>$的幺元。

证明：（1）因为 f 是$<X,\circ>$到$<Y,*>$的满同态，所以对任意 $x,y\in Y$，存在 $a,b\in X$，使 $f(a)=x$，$f(b)=y$，从而由$\circ$的可交换性得

$$x*y=f(a)*f(b)=f(a\circ b)=f(b\circ a)=f(b)*f(a)=y*x$$

故$*$可交换。

（2）由条件知，对任意 $x,y,z\in Y$，存在 $a,b,c\in X$，使 $f(a)=x$，$f(b)=y$，$f(c)=z$，从而由$\circ$可结合得

$$\begin{aligned}x*(y*z)&=f(a)*(f(b)*f(c))=f(a)*f(b\circ c)=f(a\circ(b\circ c))\\&=f(a\circ b)*f(c)=(f(a)*f(b))*(c)=(x*y)*z\end{aligned}$$

故$*$可结合。

（3）因为 e 是代数系统$<X,\circ>$的幺元，f 是$<X,\circ>$到$<Y,*>$的满同态，所以 $e'=f(e)\in Y$，且对任意 $x\in Y$，都存在 $a\in X$ 使 $f(a)=x$，从而

$$x*e'=f(a)*f(e)=f(a\circ e)=f(a)=x=f(e\circ a)=f(e)*f(a)=e'*x$$

故 e'是$<Y,*>$的幺元。

定理 6-7.3　设 f 是从代数系统$<X,\circ>$到代数系统$<Y,*>$的同态映射。

（1）如果$<X,\circ>$是半群，那么$<f(X),*>$是半群。

（2）如果$<X,\circ>$是含幺半群，那么$<f(X),*>$是含幺半群。

（3）如果$<X,\circ>$是群，那么$<f(X),*>$是群。

证明：（1）因为$<X,\circ>$是半群，$<Y,*>$是代数系统，f 是$<X,\circ>$到$<Y,*>$的同态映射，所以 $f(X)\subseteq Y$。

对任意 $x,y\in f(X)$，必存在 $a,b\in X$ 使得 $f(a)=x$，$f(b)=y$。

因为 $c=a\circ b\in \mathbf{Z}$，所以 $x*y=f(a)*f(b)=f(a\circ b)=f(c)\in f(X)$。

$*$作为 $f(X)$上的二元运算是封闭的。

f 作为$<X,\circ>$到$<f(X),*>$的同态映射是满同态，因为$\circ$是可结合的，由定理 6-7.2 知 $f(X)$上的运算$*$是可结合的，故$<f(X),*>$是半群。

（2）因为$<X,\circ>$是含幺半群，所以$<X,\circ>$是半群且含有幺元 e，f 是$<X,\circ>$到$<Y,*>$的同态映射，由（1）知$<f(X),*>$是半群，由定理 6-7.2 知 $e'=f(e)$是$<f(X),*>$的幺元，所以$<f(X),*>$是含幺半群。

（3）设$<X,\circ>$是群，则由（2）知$<f(X),*>$是含幺半群。又对任意 $x\in X$，必有 $a\in X$ 使 $f(a)=x$，因为$<X,\circ>$是群，所以 a 在 X 中有逆元 a^{-1}，且 $f(a^{-1})\in f(X)$。

$$f(a)*f(a^{-1})=f(a\circ a^{-1})=f(e)=e'$$

$$f(a^{-1})*f(a)=f(a^{-1}\circ a)=f(e)=e'$$

所以，$f(a^{-1})$是 $f(a)$ 的逆元，即 $f(a^{-1})=(f(a))^{-1}$，因此$<f(X),*>$是群。

推论 6-7.1　设 f 是代数系统$<X,\circ>$到代数系统$<Y,*>$的同态满射。

（1）如果$<X,\circ>$是群，那么$<Y,*>$是群。

（2）如果$<X,\circ>$是群，$<H,\circ>$是$<X,\circ>$的子群，那么$<f(H),*>$是群$<Y,*>$的子群。

定理 6-7.4　设 f 是$<X,\circ>$到$<Y,*>$的同态映射，$<S,*>$是$<Y,*>$的子群，记 $H=f^{-1}(S)=\{a|a\in X$ 且 $f(a)\in S\}$，那么$<H,\circ>$是$<X,\circ>$的子群。

证明：因为$<S,*>$是$<Y,*>$的子群，所以$<Y,*>$的幺元 $e'\in S$，又若 e 是$<X,\circ>$的幺元，则 $f(e)=e'$，所以 $e\in H$，$H\neq\varnothing$。

对任意 $a,b\in H$，有 $a\circ b^{-1}\in X$ 且 $x=f(a)\in S$，$y=f(b)\in S$，因为$<S,*>$是$<Y,*>$子群，所以 $x*y^{-1}\in S$。从而

$$f(a\circ b^{-1})=f(a)*f(b^{-1})=f(a)*(f(b))^{-1}=x*y^{-1}\in S$$

所以 $a\circ b^{-1}\in H$，$<H,\circ>$是$<X,\circ>$的子群。

定义 6-7.3　设 f 是$<X,\circ>$到$<Y,*>$的同态映射，e'是 Y 中的幺元。记 $ker(f)=\{a|a\in X$ 且 $f(a)=e'\}$，

称 $ker(f)$为同态映射 f 的核，简称 f 的同态核（Kernel）。

若 f 是$<X,\circ>$到$<Y,*>$的同态映射，e'是 Y 的幺元，$S=\{e'\}$，则$<S,*>$是$<Y,*>$的子群，且 $ker(f)=f^{-1}(S)$，所以由定理 6-7.4 可得推论 6-7.2。

推论 6-7.2 设 f 是$<X,\circ>$到$<Y,*>$的同态映射，则 f 的同态核 $ker(f)$是 X 的子群。

在一般的集合上，我们定义了元素间的等价关系，下面我们在含有二元运算的代数系统中引入同余关系，并进一步讨论同态和同余关系的对应。

§6–7–3 同余关系

定义 6-7.4 设$<A,\circ>$是一个代数系统，$\circ$是 A 上的一个二元运算，R 是 A 上的一个等价关系。如果当$<x_1,x_2>,<y_1,y_2>\in R$ 时，都有$<x_1\circ y_1,x_2\circ y_2>\in R$，那么称 R 为 A 上关于$\circ$的同余关系（Congruence Relation）。由这个同余关系将 A 划分成的等价类称为同余类（Congruence Class）。

恒等关系是任何具有一个二元运算的代数系统上的同余关系。

例 6-7.8 设代数系统$<\mathbf{Z},+>$上的关系 E 为：$xEy\Leftrightarrow x\equiv y(\text{mod } m)$，$x,y\in X$，则 E 是 $\mathbf{Z}$ 上的等价关系，现证 E 是$<\mathbf{Z},+>$上的同余关系。

证明： 若 aEb、cEd，则 $a\equiv b(\text{mod } m)$，$c\equiv d(\text{mod } m)$，即存在 $k_1,k_2\in\mathbf{Z}$ 使

$$a-b=k_1m,\quad c-d=k_2m$$

所以$(a+c)-(b+d)=(a-b)+(c-d)=(k_1+k_2)m$，从而$(a+c)\equiv(b+d)(\text{mod } m)$，即$(a+c)E(b+d)$。

还可以证明 E 也是$<\mathbf{Z},\cdot>$和$<\mathbf{Z},->$上的同余关系。

例 6-7.9 设 $A=\{a,b,c,d\}$，在 A 上定义关系 $R=\{<a,a>,<a,b>,<b,a>,<b,b>,<c,c>,<c,d>,<d,c>,<d,d>\}$，则 R 是 A 上的等价关系。$\circ$和$*$分别由表 6-20 和表 6-21 定义，它们都是 A 上的二元运算。$<A,\circ>$和$<A,*>$是两个代数系统。

表 6-20 A 上的二元运算$\circ$

$\circ$	a	b	c	d
a	a	a	d	c
b	b	a	d	a
c	c	b	a	b
d	d	d	b	a

表 6-21 A 上的二元运算$*$

$*$	a	b	c	d
a	a	a	d	c
b	b	a	d	a
c	c	b	a	b
d	c	d	b	a

容易验证，R 是 A 上关于运算$\circ$的同余关系，同余类为$\{a,b\}$和$\{c,d\}$。由于对$<a,b>$、$<c,d>\in R$ 有$<a*c,b*d>=<d,a>\in R$，因此 R 不是 A 上关于运算$*$的同余关系。

由例 6-7.9 可知，在 A 上定义的等价关系 R，不一定是 A 上的同余关系，这是因为同余关系与定义在 A 上的二元运算密切相关。

定义 6-7.5 设 E 是代数系统$<X,\circ>$上的同余关系，在集合 X/E 上定义运算$*$如下

$$[x_1]*[x_2]=[x_1\circ x_2]$$

称$<X/E,*>$为$<X,\circ>$的商代数（Quotient Algebra）。

这里需要说明的是，对集合 X/E 中任意两个元素$[x_1]$、$[x_2]$的运算结果$[x_1]*[x_2]$在 X/E 中是唯一确定的，即如果$[x_1]=[y_1]$和$[x_2]=[y_2]$，有$[x_1]*[y_1]=[x_2]*[y_2]$。

事实上，由于 E 是同余关系，故有（$x_1\circ x_2$）$E(y_1\circ y_2)$，从而$[x_1\circ x_2]=[y_1\circ y_2]$。由运算$*$的定义得$[x_1]*[x_2]=[y_1]*[y_2]$。

也就是说，X/E 上的运算$*$和$\circ$与元素的选择无关。

定理 6-7.5　设$\circ$是非空集合 X 上的二元运算，E 是 X 上关于$\circ$的同余关系，则存在代数系统$<X,\circ>$到商代数$<X/E,*>$的满同态，即$<X/E,*>$是$<X,\circ>$的同态象。

证明：作映射 $g_e:X\to X/E$，$g_e(x)=[x]$，$x\in X$，显然 g_e 是满射。而且，对任意 $x_1,x_2\in X$，$g_e(x_1\circ x_2)=[x_1\circ x_2]=[x_1]*[x_2]=g_e(x_1)*g_e(x_2)$。

由定理 6-7.5 知，任何一个在其上定义了一种同余关系 E 的代数系统都以 E 所确定的商代数为同态象，其中同态映射 g_e 称为同余关系 E 的自然同态。因此，定理 6-7.5 说明，对于一个代数系统$<X,\circ>$中的同余关系 E，可以定义一个自然同态 g_E；反之若 f 是代数系统$<X,\circ>$到$<Y,*>$的同态映射，是否可对应地定义一个同余关系 E 呢？事实上，在同态映射 f 与$<X,\circ>$上的同余关系之间，确实存在一定意义下的一一对应关系。

定理 6-7.6　设$<X,\circ>$和$<Y,*>$是两个具有二元运算的代数系统，f 是$<X,\circ>$到$<Y,*>$的同态映射，则 X 上的关系

$$E_f=\{<x,y>\mid f(x)=f(y),x,y\in X\}$$

是一个同余关系。

证明：易得 E_f 是 X 上的等价关系。

因为 f 是同态映射，所以若 $x_1E_fy_1$、$x_2E_fy_2$，则

$$f(x_1\circ x_2)=f(x_1)*f(x_2)=f(y_1)*f(y_2)=f(y_1\circ y_2)$$

即$(x_1\circ x_2)E_f(y_1\circ y_2)$，故 E_f 是一个同余关系。

定理 6-7.7　设 f 是$<X,\circ>$到$<Y,\triangle>$的满同态映射，则$<X/E_f,*>$与$<Y,\triangle>$同构。

证明：定义映射 $h:X/E_f\to Y$，$h([x])=f(x)$。

由 E_f 的定义得，若 $f(x_1)=f(x_2)$，则有 $x_1E_fx_2$，即$[x_1]=[x_2]$，所以 h 是映射且是单射，又因为 h 是满同态，所以 h 是满射。

又因为 $h([x_1]*[x_2])=h([x_1\circ x_2])=f(x_1\circ x_2)=f(x_1)\triangle f(x_2)=h([x_1])\triangle h([x_2])$，所以，$h$ 是一个从$<X/E_f,*>$到$<Y,\triangle>$的同构映射。

此定理说明，如果$<X,\circ>$与$<Y,\triangle>$满同态，那么必能找到一个代数系统与$<Y,\triangle>$同构。

图 6-1 所示为上述映射关系的三角形图解。

推论 6-7.3　若 f 是$<X,\circ>$到$<Y,\triangle>$的同态映射，则$<X/E_f,*>$与$<f(X),\triangle>$同构，$<X/E_f,*>$与$<Y,\triangle>$同态。

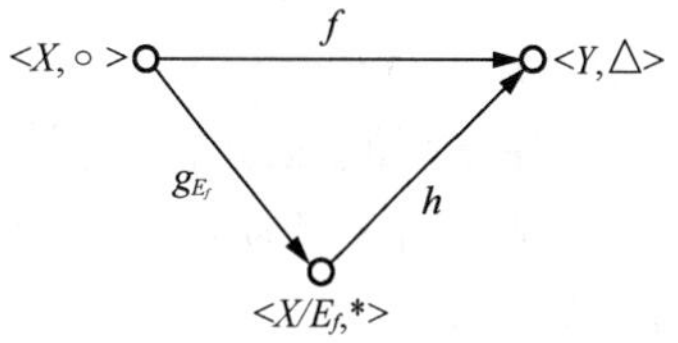

图 6-1　映射关系的三角形图解

形象地说，一个代数系统的同态象可以看作在除去该代数系统中某些元素的次要特性的情况下，对该代数系统的一种粗糙描述。如果我们把属于同一个同余类的元素看作是没有区别的，那么原代数系统的形态可以用同余类之间的相互关系来描述。

§ 6–8　环与域

前面我们已初步研究了具有一个二元运算的代数系统——半群、含幺半群、群。本节我们

将讨论具有两个二元运算的代数系统。对给定的两个具有二元运算的代数系统$<X,\triangle>$和$<X,*>$，很容易将它们组合成一个具有两个二元运算的代数系统$<X,\triangle,*>$，我们感兴趣的是两个二元运算$\triangle$和$*$之间有联系的代数系统$<A,\triangle,*>$。通常我们把第一个运算$\triangle$称为“加法”，把第二个运算$*$称为“乘法”。

§6-8-1 环

如对整数集 **Z** 和有理数集 **Q** 以及通常的加法和乘法，我们有具有两个二元运算的代数系统$<\mathbf{Z},+,\times>$和$<\mathbf{Q},+,\times>$。并且$\forall a,b,c\in\mathbf{Z}$（或 **Q**），都有 $a\times(b+c)=(a\times b)+(a\times c)$和$(b+c)\times a=(b\times a)+(c\times a)$，这就是二元运算+和×的联系，也就是乘法运算对加法运算是可分配的。

定义 6-8.1 设 X 是非空集合，$<X,\triangle,*>$是代数系统，$\triangle$、$*$都是二元运算，如果满足如下条件。

（1）$<X,\triangle>$是交换群。

（2）$<X,*>$是半群。

（3）运算$*$对运算$\triangle$是可分配的。

那么称$<X,\triangle,*>$是环（Ring）。环$<X,\triangle,*>$中若运算$*$是可交换的，则称环$<X,\triangle,*>$为交换环（Commutative Ring），否则称为非交换环（Noncommutative Ring）。

例 6-8.1 整数集 **Z**、有理数集 **Q**、实数集 **R**、复数集 **C** 关于数的加法和乘法都分别构成环，而且都是交换环。

例 6-8.2 x 的整系数多项式的全体 $\mathbf{Z}[x]=\{f(x)=a_nx^n+a_{n-1}x^{n-1}+\cdots+a_1x+a_0\mid a_n,a_{n-1},\cdots,a_0\in\mathbf{Z}$，$n$ 是非负整数$\}$，且关于通常多项式的加法与乘法构成环。同样 x 的有理系数多项式集 $\mathbf{Q}[x]$、实系数多项式集 $\mathbf{R}[x]$、复系数多项式集 $\mathbf{C}[x]$关于通常多项式的加法和乘法都分别构成环。

例 6-8.3 整数集 **Z** 上的全体 n 阶方阵 $\boldsymbol{M}(n,\mathbf{Z})$关于矩阵的加法和乘法也构成环。当 $n\geqslant 2$ 时，这种环是非交换环。同样我们有环 $\boldsymbol{M}(n,\mathbf{Q})$、$\boldsymbol{M}(n,\mathbf{R})$与 $\boldsymbol{M}(n,\mathbf{C})$。

例 6-8.4 前面我们在同余类集 $\mathbf{Z}_m$ 中引进了两种运算$+_m$与$\times_m$，容易验证$<\mathbf{Z}_m,+_m,\times_m>$是一个交换环，称为模 m 的同余类环。

环中称为加法的运算常用+表示，称为乘法的运算常用·表示。

定理 6-8.1 设$<X,+,\cdot>$是一个环，则对任意 $x,y,z\in X$，有如下等式成立。

（1）$x\cdot\theta=\theta\cdot x=\theta$

（2）$x\cdot(-y)=(-x)\cdot y=-(x\cdot y)$

（3）$(-x)\cdot(-y)=xy$

（4）$x\cdot(y-z)=x\cdot y-x\cdot z$

（5）$(y-z)\cdot x=y\cdot x-z\cdot x$

其中θ是加法幺元，$-x$ 是 x 的加法逆元，并有 $x+(-y)=x-y$。

证明：（1）因为 $x\cdot\theta=x\cdot(\theta+\theta)=x\cdot\theta+x\cdot\theta$，$<X,+>$是群，所以由加法消去律得 $x\cdot\theta=\theta$。同理可证$\theta\cdot x=\theta$。

（2）因为$(-x)\cdot y+x\cdot y=(-x+x)\cdot y=\theta\cdot y=\theta$，类似地有 $x\cdot y+(-x)\cdot y=\theta$，所以$(-x)\cdot y$ 是 $x\cdot y$ 的逆元，即$(-x)\cdot y=-(x\cdot y)$。

（3）因为 $x\cdot(-y)+(-x)\cdot(-y)=(x+(-x))\cdot(-y)=\theta\cdot(-y)=\theta$，$x\cdot(-y)+x\cdot y=x\cdot((-y)+y)=x\cdot\theta=\theta$，所以$(-x)\cdot(-y)=x\cdot y$。

（4）$x\cdot(y-z)=x\cdot(y+(-z))=x\cdot y+x\cdot(-z)=x\cdot y+(-x\cdot z)=x\cdot y-x\cdot z$。

（5）$(y-z)\cdot x=(y+(-z))\cdot x=y\cdot x+(-z\cdot)x=y\cdot x+(-z\cdot x)=y\cdot x-z\cdot x$。

例 6-8.5 设<X,+, • >是环，任取 $x,y\in X$，计算$(x-y)^2$和$(x+y)^3$。

解： $(x-y)^2=(x-y)\cdot(x-y)=x^2-y\cdot x-x\cdot y-y\cdot(-y)=x^2-y\cdot x-x\cdot y+y^2$

类似可得

$$(x+y)^3=x^3+y\cdot x^2+x\cdot y\cdot x+y^2\cdot x+x^2\cdot y+y\cdot x\cdot y+x\cdot y^2+y^3$$

显然，若<X,+, • >是交换环，$x,y\in X$，则

$$(x-y)^2=x^2-2xy-y^2$$

$$(x+y)^3=x^3+3x^2y+3xy^2+y^3$$

我们还可以根据环中乘法的性质来定义一些常见的特殊环。

定义 6-8.2 设<X,+, • >是环，若<X, • >含有幺元，则称<X,+, • >是含幺环（Ring With Unity）。

Z、**Q**、**R**、**C** 都是含幺环。可以证明，若 X 是含幺元 e 的环，且 X 至少有两个元素，则 $e\neq\theta$。以下只讨论至少有两个元素的含幺环。

例 6-8.6 设 A 是集合，$\rho(A)$是它的幂集，如果在 $\rho(A)$上定义二元运算+和 • 如下：对任意 $X,Y\in\rho(A)$有

$$X+Y=\{x\,|\,x\in S \text{ 且 } x\in X\cup Y \text{ 且 } x\notin X\cap Y\}，X\cdot Y=X\cap Y$$

容易证明<$\rho(A)$,+, •>是环，因为集合运算∩是可交换的，<$\rho(A)$, •>有幺元 A，所以环<$\rho(A)$,+, •>是含有幺元的交换环。

例 6-8.7 设 $X=\{2k\,|\,k\in\mathbf{Z}\}$，则 X 关于数的加法和乘法构成环，称为偶数环，它不含幺元，从而不是含幺环。

定义 6-8.3 设<X,+, • >是环，若 $x,y\in X$，$x\neq\theta$，$y\neq\theta$，而 $x\cdot y=\theta$，则称 x 为 X 的一个左零因子，y 为 X 的一个右零因子，环 X 的左零因子和右零因子都称为环 X 的零因子（Zero Divisor）。

某些同余类环中有零因子，如<$\mathbf{Z}_6,+_6,\times_6$>中，[2] 和 [3] 就是它的零因子。当 $n\geqslant 2$ 时，矩阵环 $\boldsymbol{M}(n,\mathbf{Z})$中有零因子，如在矩阵环 $\boldsymbol{M}(2,\mathbf{Z})$中，取 $x=\begin{pmatrix}1&0\\1&0\end{pmatrix}$，$y=\begin{pmatrix}0&0\\1&1\end{pmatrix}$，则 $x\neq0$，$y\neq0$，但 $x\cdot y=\begin{pmatrix}1&0\\1&0\end{pmatrix}\cdot\begin{pmatrix}0&0\\1&1\end{pmatrix}=\begin{pmatrix}0&0\\0&0\end{pmatrix}=\theta$，所以 x、y 是 $\boldsymbol{M}(2,\mathbf{Z})$的零因子。

定理 6-8.2 交换环<X,+, • >中无零因子当且仅当 X 中乘法消去律成立，即对 $c\neq\theta$ 和 $c\cdot a=c\cdot b$，必有 $a=b$。

证明： 若 X 中无零因子，并设 $c\neq\theta$ 和 $c\cdot a=c\cdot b$，则有 $c\cdot a-c\cdot b=c(a-b)=\theta$，必有 $a-b=\theta$，所以 $a=b$。

反之，若消去律成立，设 $a\neq\theta$，$a\cdot b=\theta$，则 $a\cdot b=a\cdot\theta$，消去 a 得 $b=\theta$，所以 X 中无零因子。

§ 6–8–2 域

定义 6-8.4 若至少有两个元素的环<X,+, • >是可交换、含幺元和无零因子的，则称 X 为整环（Integral Domain）。

整数环<**Z**,+, • >是整环，<$\mathbf{Z}_6,+_6,\times_6$>和<$\boldsymbol{M}(2,\mathbf{Z})$,+, • >都不是整环。

定义 6-8.5 若环<X,+, • >至少含有 2 个元素且是含幺元和无零因子的，并且对任意 $a\in X$ 当 $a\neq\theta$ 时，a 有逆元 $a^{-1}\in X$，则称<X,+, • >为除环（Division Ring）。

若环<X,+, • >既是整环，又是除环，则称 X 是域（Field）。

例 6-8.8 <**Q**,+, • >，<**R**,+, • >，<**C**,+, • >都是域，这里 **Q** 为有理数集，**R** 为实数集，**C** 为复数集。但整数环<**Z**,+, • >不是域。

例 6-8.9 设 S 为下列集合，+和 • 是数的加法和乘法。

（1）$S=\{x|x=3n$ 且 $n\in\mathbf{Z}\}$

（2）$S=\{x|x=2n+1$ 且 $n\in\mathbf{Z}\}$

（3）$S=\{x|x=\mathbf{Z}\geqslant 0\}$

（4）$S=\{x|x=a+b\sqrt{2}$ 且 $a,b\in\mathbf{Q}\}$

问 S 关于+、• 能否构成整环？能否构成域？为什么？

解：（1）S 不是整环也不是域，因为数的乘法幺元是 1，$1\in S$。

（2）S 不是整环也不是域，因为数的加法幺元是 0，$0\in S$，S 不是环。

（3）S 不是环，因为除 0 外任何正整数 x 的加法逆元是$-x$，而$-x\notin S$。S 当然也不是整环和域。

（4）S 是整环且是域。对任意 $x_1,x_2\in S$ 有 $x_1+a_1+b_1\sqrt{2}$，$x_2+a_2+b_2\sqrt{2}$，$x_1+x_2=(a_1+a_2)+(b_1+b_2)\sqrt{2}\in S$，$x_1\bullet x_2=(a_1a_2+2b_1b_2)+(a_1b_2+a_2b_1)\sqrt{2}\in S$。

S 关于+和 • 是封闭的，又乘法幺元 $1=1+0\times\sqrt{2}\in S$。

易证<S,+, • >是整环，且对任意 $x\in S$ 当 $x\neq 0$ 时，$x=a+b\sqrt{2}$，a、b 不同时为 0，

$$\frac{1}{x}=\frac{1}{a+b\sqrt{2}}=\frac{a-b\sqrt{2}}{a^2-2b^2}=\frac{a}{a^2-2b^2}-\frac{b}{a^2-2b^2}\sqrt{2}\in S$$

所以<S,+, • >是域。

定理 6-8.3 有限整环是域。

证明：设<X,+, • >是一个有限整环，则对 $a,b,c\in X$ 且 $c\neq\theta$ 或 $a\neq b$，有 $a\bullet c\neq b\bullet c$。再由运算 • 的封闭性，有 $X\bullet c=\{x\bullet c|x\in X\}=X$，对 X 的乘法幺元 e，由 $X\bullet c=X$ 知存在 $d\in X$，使 $d\bullet c=e$，故 d 是 c 的乘法逆元。

所以，有限整环<X,+, • >是一个域。

环和域都是具有两个二元运算的代数系统。现在我们来讨论这种代数系统的同态问题。

定理 6-8.4 设<X,+, • >和<Y,⊕,⊙>都是具有两个二元运算的代数系统，如果一个从 X 到 Y 的映射 f 满足如下条件：

对任意 $x,y\in X$，有

（1）$f(x+y)=f(x)\oplus f(y)$

（2）$f(x\bullet y)=f(x)\odot f(y)$

那么称 f 为<X,+, • >到<Y,⊕,⊙>的一个同态映射，并称<$f(X)$,⊕,⊙>是<X,+, • >的同态象。

类似于 6-7 节所讨论的，设<X,+, • >是一个代数系统，并且 E 是一个在 X 上关于运算+和 • 的同余关系，即 E 是 X 上的一个等价关系。若$<x_1,x_2>,<y_1,y_2>\in E$，则$<x_1+y_1,x_2+y_2>\in E$，$<x_1\bullet y_1,x_2\bullet y_2>\in E$，则 X/E 是 X 关于 E 的商集。我们在 X/E 上定义两个运算 ⊕ 和⊙如下，对$[x],[y]\in X/E$，有

$$[x]\oplus[y]=[x+y]$$
$$[x]\odot[y]=[x\bullet y]$$

如果我们定义由 X 到 X/E 的映射 f:对 $x\in X,f(x)=[x]$，那么，对任意 $a,b\in X$，有

$$f(a+b)=[a+b]=[a]\oplus[b]=f(a)\oplus f(b)$$
$$f(a\bullet b)=[a\bullet b]=[a]\odot[b]=f(a)\odot f(b)$$

因此，f 是一个<X,+, • >到<X/E,⊙>的同态映射，显然 f 是 X 到 X/E 的满射，所以<X/E,⊕,⊙>是<X,+, • >的同态象。

例 6-8.10 设<**N**,+, • >是一个代数系统，**N** 是自然数集，+和 • 是普通的加法和乘法，并设代数系统<{偶,奇},⊕,⊙>，其中 ⊕、⊙的运算表如表 6-22 和表 6-23 所示。

表 6-22　　运算 ⊕

⊕	偶　奇
偶	偶　奇
奇	奇　偶

表 6-23　　运算⊙

⊙	偶　奇
偶	偶　偶
奇	偶　奇

定义 **N** 到集合{偶,奇}的映射 f 如下

$$f(n)=\begin{cases}偶 & 若 n=2k,\ k=0,1,2,\cdots \\ 奇 & 若 n=2k+1,\ k=0,1,2,\cdots\end{cases}$$

容易验证 f 是<**N**,+, • >到<{偶,奇},⊕,⊙>的同态映射。因此，由 f 是满射知，<{偶,奇},⊕,⊙>是<**N**,+, • >的一个同态象。

例 6-8.11　设<**Z**,+, • >是整数环，E 是整数集 **Z** 上的模 m 同余关系，即 $xEy \Leftrightarrow x\equiv y(\mathrm{mod}\ m)x,y\in \mathbf{Z}$ 则 E 是 **Z** 上的等价关系，容易证 E 是环<**Z**,+, • >上的同余关系。$\mathbf{Z}/E=\mathbf{Z}_m$，由上面的讨论可知，$<\mathbf{Z}_m,+_m,\times_m>$是<**Z**,+, • >的同态象。

定理 6-8.5　任意环的同态象都是一个环。

证明：设<X,+, •>是环，<Y,⊕,⊙>是代数系统，f 是<X,+, •>到<Y,⊕,⊙>的同态满射。因为<X,+>是群，所以 f 也是<X,+>到<Y,⊕>的同态满射，由定理 6-7.3 知，<Y,⊕>是群且对任意 $y_1,y_2\in Y$，存在 $x_1,x_2\in X$ 使

$$y_1=f(x_1),\ y_2=f(x_2)$$

所以 $y_1\oplus y_2=f(x_1)\oplus f(x_2)=f(x_1+x_2)\,f(x_2+x_1)=f(x_2)\oplus f(x_1)=y_2\oplus y_1$。

所以<Y,⊕>是交换群。

因为<X, • >是半群，f 也是<X, • >到<Y,⊙>的同态满射，由定理 6-7.3 知<Y,⊙>是半群。

下面证⊙对 ⊕ 适合分配律。对任意 $y_1,y_2,y_3\in Y$，因为 f 是 X 到 Y 的满射，所以存在 $x_1,x_2,x_3\in X$ 使得 $f(x_i)=y_i$，i=1,2,3，于是

$$\begin{aligned}y_1\odot(y_2\oplus y_3)&=f(x_1)\odot(f(x_2)\oplus f(x_3))\\&=f(x_1)\odot f(x_2+x_3)=f(x_1\cdot(x_2+x_3))=f((x_1\cdot x_2)+(x_1\cdot x_3))\\&=f(x_1\cdot x_2)\oplus f(x_1\cdot x_3)=(f(x_1)\odot f(x_2))\oplus(f(x_1)\odot f(x_3))\\&=(y_1\odot y_2)\oplus(y_1\odot y_3)\end{aligned}$$

同理可证$(y_2\oplus y_3)\odot y_1=(y_2\odot y_1)\oplus(y_3\odot y_1)$，所以<$Y$,⊕,⊙>是环。

由定理 6-8.5 和例 6-8.10，我们又一次证明了$<\mathbf{Z}_m,+_m,\times_m>$是环。

本章总结

代数系统：代数系统是指由非空集合和该集合上的一个或多个运算组成的系统。非空集合 A 上的 n 元运算是 A^n 到 A 的映射。我们主要研究有某些性质的代数系统。这些性质包括：交换律、结合律、分配律、吸收律、幂等律、左（右）幺元、幺元、左（右）逆元、逆元、左（右）零元、零元等。

半群、含幺半群和群：半群是指具有一个可结合二元运算的非空集合；含幺半群是指具有幺元的半群；子半群是指半群的非空子集关于原来半群的运算所构成的半群；子含幺半群是含幺半群的子半群且包含原含幺半群的幺元。

群和子群：群是指其中每个元素都有逆元的含幺半群，群有可换与不可换、有限与无限之分。一个群的元素个数称为这个群的阶，群中运算适合消去律，群$<G,\circ>$中的方程 $a\circ x=b$ 和 $y\circ a=b$（$a,b\in G$）在 G 中都有唯一解。有限群运算的每一行或每一列都可由 G 中元素经一个置换得到。群$<G,\circ>$的非空子集 H，若 H 对 G 的乘法运算封闭，取逆元封闭，则$<H,\circ>$是$<G,\circ>$的子群。若 H 是 G 的子群，则 H 的幺元就是 G 的幺元，$a\in H$，a 在 H 中的逆元就是 a 在 G 中的逆元。群 G 的有限非空子集 B 构成子群的充要条件是 B 关于 G 的乘法封闭。

交换群、循环群和置换群都是特殊的群。

交换群是指其中的运算可交换的群；循环群是指其中任意元素都可表示为某个固定元素的幂的群；置换群是指一个有限非空集合上的一些双射构成的群。它们在理论上和应用上都有非常重要的意义。

陪集和拉格朗日定理：设$<G,\circ>$是群，$<H,\circ>$是$<G,\circ>$的子群。一般地，由 H 在 G 上可定义两个等价关系 R_l 和 R_r，$a,b\in G$。

$aR_lb\Leftrightarrow b^{-1}\circ a\in G$，$aR_rb\Leftrightarrow a\circ b^{-1}\in G$，$a\in G$。在等价关系 R_l 下，a 所在的等价类$[a]_l$是左陪集 $aH=\{ah\mid h\in H\}$；在等价关系 R_r 下，a 所在的等价类$[a]_r$是右陪集 $Ha=\{ha\mid h\in H\}$，且$|H|=|aH|=|Ha|$。H 在 G 中的左陪集的个数与右陪集的个数相等，这个个数（可能无限）称为 H 在 G 中的指数，用$[G:H]$表示。当$|G|=N$ 为有限时，若记$|H|=n$，则 $N=[G:H]n$。由此可得，有限群子群的阶是原来群的阶的因数，有限群的任何元素的阶也是原来群的阶的因数。

同态与同构：设$<X,\circ>$和$<Y,*>$都是具有一个二元运算的代数系统，从 X 到 Y 的保持运算的映射称为同态映射，同态映射有单同态、满同态和同构之分。半群、含幺半群、群的同态象分别是半群、含幺半群、群。在含有一个二元运算的代数系统$<A,\circ>$上可定义同余关系。若 R 是$<A,\circ>$上的同余关系，则可定义商代数$<A/R,*>$，且它是$<A,\circ>$的同态象。同构关系是含有一个二元运算的代数系统间的一个等价关系。

环与域：具有+、• 两种运算的代数系统，关于+构成交换群，关于 • 构成半群，且 • 对+适合分配律，称为环；含有幺元无零因子的非零交换环称为整环；每个非零元有逆元的整环称为域。类似于含一个二元运算的代数系统，可讨论含两个二元运算的代数系统的同态、同构，以及含两个二元运算的代数系统的同余关系。

习　题

1. 判断下列集合和运算是否构成半群、独异点和群。

（1）a 是正整数，$G=\{a^n|n\in\mathbf{Z}\}$，运算是普通乘法。

（2）$\mathbf{Q}_+$是正有理数集，运算为普通加法。

（3）一元实系数多项式的集合关于多项式的加法。

2. 设 $\mathbf{Z}_{18}$ 为模 18 的整数加群，求所有元素的阶。

3. 设 G 为群，a 是 G 中的 2 阶元，证明 G 中与 a 可交换的元素构成 G 的子群。

4. 设 G 为模 12 的加群，求$<3>$在 G 中所有的左陪集。

5. 设 $X=\{x|x\in\mathbf{R},x\neq0,1\}$，在 X 上定义如下 6 个函数

$$f_1(x)=x,\quad f_2(x)=1/x,\quad f_3(x)=1-x,$$
$$f_4(x)=1/(1-x),\quad f_5(x)=(x-1)/x,\quad f_6(x)=x/(x-1)$$

则 $G=\{f_1,f_2,f_3,f_4,f_5,f_6\}$关于函数合成运算构成群。

求子群 $H=\{f_1, f_2\}$的所有右陪集。

6. 设 H_1、H_2分别是群 G 的 r、s 阶子群，若$(r,s)=1$，证明 $H_1 \cap H_2=\{e\}$。

7. 设群 G 的运算如表 6-24 所示，G 是否为循环群？如果是，求出它所有的生成元和子群。

表 6-24　　群 G 的运算

	a b c d e f
a	a b c d e f
b	b c d e f a
c	c d e f a b
d	d e f a b c
e	e f a b c d
f	f a b c d e

8. 设 G 是群，H、K 是 G 的子群。

证明：$H \cup K$ 是 G 的子群当且仅当 $H \subseteq K$ 或 $K \subseteq H$。

9. 设 $A=\{1,2,3\}$，f_1、f_2、…、f_6是 A 上的双射函数，其中

$$f_1=\{<1,1>,<2,2>,<3,3>\},\ f_2=\{<1,2>,<2,1>,<3,3>\}$$
$$f_3=\{<1,3>,<2,2>,<3,1>\},\ f_4=\{<1,1>,<2,3>,<3,2>\}$$
$$f_5=\{<1,2>,<2,3>,<3,1>\},\ f_6=\{<1,3>,<2,1>,<3,2>\}$$

令 $G=\{f_1,f_2,\cdots,f_6\}$，则 G 关于函数的复合运算构成群。考虑 G 的子群 $H=\{f_1,f_2\}$。写出 H 所有的右陪集。

10. 设 $G=\{e,a,b,c\}$是 Klein 四元群，$H=\langle a\rangle$是 G 的子群。写出 H 所有的右陪集。

11.（注：此题为陪集的基本性质之一）

设 H 是群 G 的子群，证明：

（1）$He=H$；

（2）$\forall a \in G$ 有 $a \in Ha$。

12.（注：此题为陪集的基本性质之一）

设 H 是群 G 的子群，在 G 上定义二元关系 R

$$\forall a,b \in G,\ <a,b> \in R \Leftrightarrow ab^{-1} \in H$$

则 R 是 G 上的等价关系，且$[a]_R=Ha$。

13. 证明 6 阶群中必含有 3 阶元。

14. 证明：如果群 G 只含 1 阶和 2 阶元，那么 G 是阿贝尔群。

15. 证明阶小于 6 的群都是阿贝尔群。

16. 设$<G,*>$是循环群，记作 $G=<a>$。证明：

（1）若 G 是无限循环群，则 G 含有两个生成元，即 a 和 a^{-1}。

（2）若 G 是 n 阶循环群，记作 $G=<a>$，则 G 含有 $\phi(n)$个生成元。对任何小于 n 且与 n 互质的数 $r \in \{0,1,\cdots,n-1\}$，a^r是 G 的生成元。

说明：$\phi(n)$称为欧拉函数，如 $n=12$，小于或等于 12 且与 12 互素的正整数有 4 个，即 1、5、7、11，所以 $\phi(12)=4$。

17. 回答下列问题。

（1）设 $G=\{e,a,\cdots,a^{11}\}$是 12 阶循环群，求 G 的生成元。

（2）设 $G=<\mathbf{Z}_9,\oplus>$是模 9 的整数加群，求 G 的生成元。

（3）设 $G=3\mathbf{Z}=\{3z|z\in\mathbf{Z}\}$，$G$ 上的运算是普通加法，求 G 的生成元。

18. 在整数环中定义*和◇两个运算，$\forall a,b\in\mathbf{Z}$ 有

$$a*b=a+b-1，a\Diamond b=a+b-ab$$

证明：$<\mathbf{Z},*,\Diamond>$构成环。

19. 判断下列集合和给定运算是否构成环、整环和域。如果不构成，说明理由。

（1）$A=\{a+bi|a,b\in\mathbf{Q}\}$，其中 $i^2=-1$，运算为复数加法和乘法。

（2）$A=\{2z+1|z\in\mathbf{Z}\}$，运算为实数加法和乘法。

（3）$A=\{2z|z\in\mathbf{Z}\}$，运算为实数加法和乘法。

（4）$A=\{x|x\geqslant 0\wedge x\in\mathbf{Z}\}$，运算为实数加法和乘法。

20. 设运算∘为 $\mathbf{Q}$ 上的二元运算，$\forall x,y\in\mathbf{Q}$，$xy=x+y+2xy$。

（1）判断运算∘是否满足交换律和结合律，并说明理由。

（2）求出运算∘的单位元、零元和所有可逆元素的逆元。

第 7 章 格与布尔代数

格与布尔代数是一种与群、环、域不同的代数系统。1847 年乔治·布尔在他的《逻辑的数学分析》中建立布尔代数用于分析逻辑中的命题演算，后来布尔代数成为分析和设计开关电路的有力工具之一，并在概率论中也有应用。现在布尔代数已成为计算机技术和自动化理论的基础理论之一，并直接应用到计算机科学中。比布尔代数更一般的概念是格，它是由狄得京（Dedeking）在研究交换环时引入的。本章我们只介绍格的一些基本知识和两个具有特别性质的格——分配格、有补格，在此基础上再介绍布尔代数。

§ 7–1 格

§ 7–1–1 格的概念

在前文中，我们已经介绍了偏序和偏序集的概念，偏序集就是由一个集合 S 和 S 上的一个偏序关系“$\preccurlyeq$”所组成的一个序偶——$<S,\preccurlyeq>$。若 a、b 都是某个偏序集 $<S,\preccurlyeq>$ 中的元素，则我们把集合 $\{a,b\}$ 的最小上界（最大下界），称为元素 a、b 的最小上界（最大下界）。

对给定的偏序集，它的子集不一定有最小上界或最大下界。例如，图 7-1 所示的偏序集中，b、c 的最大下界是 a，但没有最小上界。d、e 的最小上界是 f，但没有最大下界。

然而，图 7-2 所示的偏序集却都有这样一个共同的特性：那就是这些偏序集中，任何两个元素都有最小上界和最大下界。这就是我们将要讨论的被称为格的偏序集。

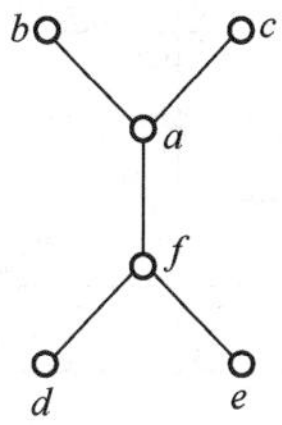

图 7-1　偏序集一

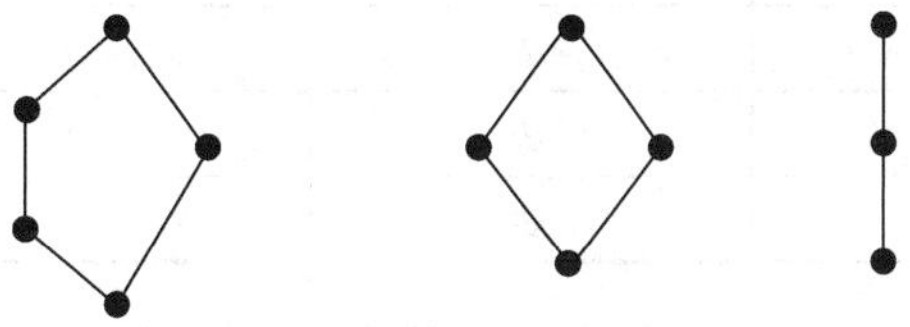

图 7-2　偏序集二

定义 7-1.1　设 $<S,\preccurlyeq>$ 是偏序集，如果 $\forall x,y\in S$，$\{x,y\}$ 都有最小上界和最大下界，那么称 S 关于偏序 $\preccurlyeq$ 构成一个格，或称 $<S,\preccurlyeq>$ 为格（Lattice）。

例 7-1.1　S是一个集合，$\rho(S)$是 S 的幂集，则$<\rho(S),\subseteq>$是一个格。因为$\forall A,B\subseteq S$，A、B 的最小上界为 $A\cup B$，A、B 的最大下界为 $A\cap B$。

例 7-1.2　设 $\mathbf{N}_+$是所有正整数集合，在 $\mathbf{N}_+$上定义一个二元关系|，$x,y\in\mathbf{N}_+$，$x|y$ 当且仅当 x 整除 y。容易验证|是 $\mathbf{N}_+$上的一个偏序关系，所以$<\mathbf{N}_+,|>$是偏序集。又由于该偏序集中任意两个元素的最小公倍数、最大公约数分别是这两个元素的最小上界和最大下界，因此$<\mathbf{N}_+,|>$是格。

例 7-1.3　设集合 $A=\{a,b,c\}$，考虑恒等关系=。=是一种特殊的偏序关系，所以$<A,=>$是一个偏序集，但它不是格，因为 A 中任意两个元素都既无最小上界又无最大下界，$<A,=>$的哈斯图如图 7-3 所示。

定义 7-1.2　设$<S,\preccurlyeq>$是一个格，如果在 S 上定义两个二元运算$\vee$和$\wedge$，使得对任意 $x,y\in S$，$x\vee y$ 等于 x 和 y 的最小上界，$x\wedge y$ 等于 x 和 y 的最大下界，那么称$<S,\vee,\wedge>$为由格$<S,\preccurlyeq>$所诱导的代数系统。二元运算$\vee$和$\wedge$分别称为并运算和交运算。

例 7-1.4　对给定的集合 S，由例 7-1.1 知，$<\rho(S),\subseteq>$是一个格，现设 $S=\{x,y\}$，则$\rho(S)=\{\Phi,\{x\},\{y\},\{x,y\}\}$，格$<\rho(S),\subseteq>$的哈斯图如图 7-4 所示。由格$<\rho(S),\subseteq>$所诱导的代数系统为$<\rho(S),\vee,\wedge>$，其中运算$\vee$是集合的并，运算$\wedge$是集合的交，即$\forall A,B\in\rho(S)$，$A\vee B=A\cup B$，$A\wedge B=A\cap B$。故$\vee$和$\wedge$的运算如表 7-1 和表 7-2 所示。

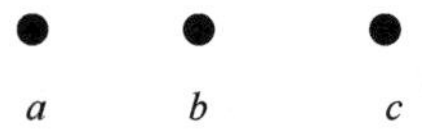

图 7-3　$<A,=>$的哈斯图

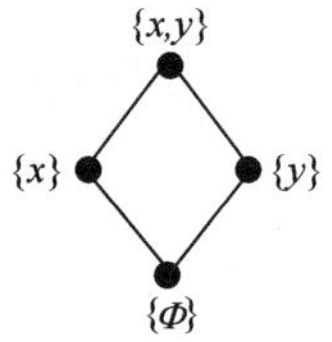

图 7-4　格$<\rho(S),\subseteq>$的哈斯图

表 7-1　运算$\vee$

$\vee$	Φ	$\{x\}$	$\{y\}$	$\{x,y\}$
Φ	Φ	$\{x\}$	$\{y\}$	$\{x,y\}$
$\{x\}$	$\{x\}$	$\{x\}$	$\{x,y\}$	$\{x,y\}$
$\{y\}$	$\{y\}$	$\{x,y\}$	$\{y\}$	$\{x,y\}$
$\{x,y\}$	$\{x,y\}$	$\{x,y\}$	$\{x,y\}$	$\{x,y\}$

表 7-2　运算$\wedge$

$\wedge$	Φ	$\{x\}$	$\{y\}$	$\{x,y\}$
Φ	Φ	Φ	Φ	Φ
$\{x\}$	Φ	$\{x\}$	Φ	$\{x\}$
$\{y\}$	Φ	Φ	$\{y\}$	$\{y\}$
$\{x,y\}$	Φ	$\{x\}$	$\{y\}$	$\{x,y\}$

例 7-1.5　设 D_{36}是 36 的全部正因子的集合，$D_{36}=\{1,2,3,4,6,9,12,18,36\}$，|表示数的整除关系，则$<D_{36},|>$是格，如图 7-5 所示。$\forall m,n\in D_{36}$，$m\vee n$ 是 m、n 的最小公倍数，$m\wedge n$ 是 m、n 的最大公约数。

与该例题的格$<D_{36},|>$有关的格：设 n 是正整数，S_n是 n 的正因子的集合，D 为整除关系，则

偏序集 $<S_n,D>$ 构成格。$\forall x,y\in S_n$，$x\vee y$ 是 $\{x,y\}$ 的最小上界，$lcm(x,y)$ 即 x 与 y 的最小公倍数。$x\wedge y$ 是 $\{x,y\}$ 的最大下界，$gcd(x,y)$ 即 x 与 y 的最大公约数。

定义 7-1.3　设 $<L,\preccurlyeq>$ 是格，由 $<L,\preccurlyeq>$ 诱导的代数系统为 $<L,\vee,\wedge>$。设 S 是 L 的非空子集，若 S 关于 L 中的运算 $\wedge$ 和 $\vee$ 是封闭的，则称 $<S,\preccurlyeq>$ 是 $<L,\preccurlyeq>$ 的子格（Sublattice）。

例 7-1.6　例 7-1.2 给出了一个具体的格 $<\mathbf{N}_+,|>$，由它诱导的代数系统为 $<\mathbf{N}_+,\vee,\wedge>$，其中，对 $x,y\in\mathbf{N}_+$，$x\vee y$ 是 x、y 的最小公倍数，$x\wedge y$ 是 x、y 的最大公约数。例 7-1.5 中的 D_{36} 关于 $\mathbf{N}_+$ 中的运算 $\vee$ 和 $\wedge$ 都是封闭的，所以 $<D_{36},|>$ 是 $<\mathbf{N}_+,|>$ 的子格。另外，若 E^+ 表示全体正偶数集，则任何两个偶数的最大公约数和最小公倍数都是偶数，即 E^+ 关于 $\mathbf{N}_+$ 的运算 $\vee$ 和 $\wedge$ 封闭。因此，$<E^+,|>$ 也是 $<\mathbf{N}_+,|>$ 的子格。

例 7-1.7　设 $<L,\preccurlyeq>$ 是格，其中 $L=\{a,b,c,d,e,f,g,h\}$，其哈斯图如图 7-6 所示。构造 L 的子集：$L_1=\{a,b,d,f\}$，$L_2=\{c,e,g,h\}$。从图 7-6 可以看出，$<L_1,\preccurlyeq>$ 和 $<L_2,\preccurlyeq>$ 都是 $<L,\preccurlyeq>$ 的子格。

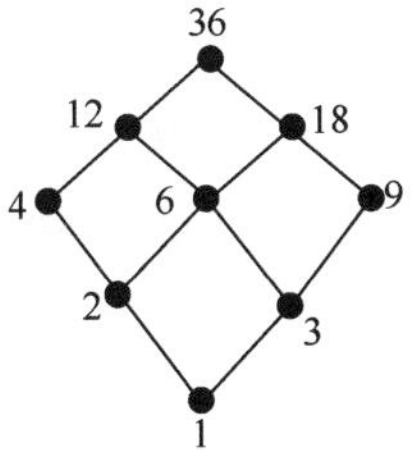

图 7-5　$<D_{36},|>$

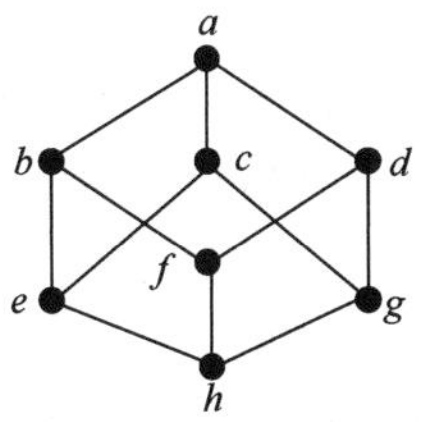

图 7-6　$<L,\preccurlyeq>$ 哈斯图

例 7-1.8　设 $<L,\preccurlyeq>$ 是格，任取 $a,b\in L$ 且 $a\preccurlyeq b$，构造 L 的子集：$L_1=\{x|x\in L$ 且 $x\preccurlyeq a\}$，$L_2=\{x|x\in L$ 且 $a\preccurlyeq x\}$，$L_3=\{x|x\in L$ 且 $a\preccurlyeq x\preccurlyeq b\}$。

则 $<L_1,\preccurlyeq>$、$<L_2,\preccurlyeq>$ 和 $<L_3,\preccurlyeq>$ 都是 $<L,\preccurlyeq>$ 的子格，请说明理由。

解： 对任意 $x,y\in L_1$，必有 $x\preccurlyeq a$，$y\preccurlyeq a$，所以

$$x\vee y\preccurlyeq a，x\wedge y\preccurlyeq a$$

所以 $x\vee y\in L_1$，$x\wedge y\in L_1$。

因此，$<L_1,\preccurlyeq>$ 是 $<L,\preccurlyeq>$ 的子格。

同理可得 $<L_2,\preccurlyeq>$ 和 $<L_3,\preccurlyeq>$ 都是 $<L,\preccurlyeq>$ 的子格。

定义 7-1.4　设 $<L_1,\preccurlyeq_1>$ 和 $<L_2,\preccurlyeq_2>$ 都是格，由它们分别诱导的代数系统为 $<L_1,\vee_1,\wedge_1>$ 和 $<L_2,\vee_2,\wedge_2>$，如果有一个从 L_1 到 L_2 的映射 f，使得对任意 $x,y\in L_1$，有

$$f(x\vee_1 y)=f(x)\vee_2 f(y)$$

$$f(x\wedge_1 y)=f(x)\wedge_2 f(y)$$

那么称 f 为从 $<L_1,\vee_1,\wedge_1>$ 到 $<L_2,\vee_2,\wedge_2>$ 的格同态，亦称 $<f(L_1),\preccurlyeq_2>$ 是 $<L_1,\preccurlyeq_1>$ 的格同态象。另外，若 f 还是双射，则称 f 是从 $<L_1,\vee_1,\wedge_1>$ 到 $<L_2,\vee_2,\wedge_2>$ 的格同构，亦称 $<L_1,\preccurlyeq_1>$ 和 $<L_2,\preccurlyeq_2>$ 这两个格是同构的。

§7–1–2　格的性质

在讨论格和格诱导的代数系统的一些性质之前，先介绍对偶的概念和对偶原理。

设 $<S,\preccurlyeq>$ 是一个偏序集，在 S 上定义一个二元关系 $\succcurlyeq$，使得对 S 中的两个元素 x、y 有关系 $x\succcurlyeq y$ 当且仅当 $y\preccurlyeq x$，可以证明这样定义的 S 上的关系 $\succcurlyeq$ 是一种偏序关系，从而 $<S,\succcurlyeq>$ 也是一个偏序集。我们把偏序集 $<S,\preccurlyeq>$ 和 $<S,\succcurlyeq>$ 称为是彼此对偶的（互为对偶的），它们所对应的哈斯图是互为颠倒

的。如例 7-1.7 中偏序集$<L,\preccurlyeq>$的哈斯图如图 7-6 所示，$<L,\preccurlyeq>$的对偶$<L,\succcurlyeq>$的哈斯图如图 7-7 所示，它恰是图 7-6 的颠倒。

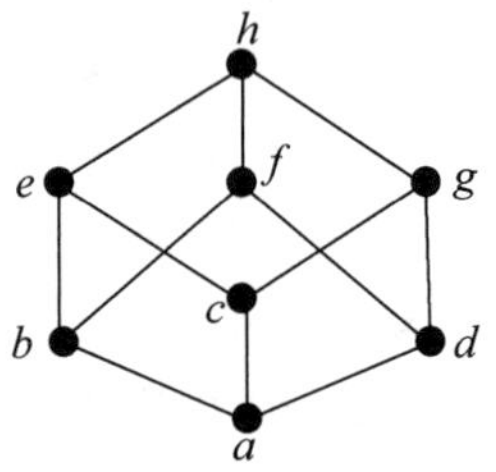

图 7-7　$<L,\succcurlyeq>$哈斯图

可以证明，若$<S,\preccurlyeq>$是一个格，则$<S,\succcurlyeq>$也是一个格。我们把二元关系$\succcurlyeq$称为二元关系$\preccurlyeq$的逆关系。考虑格$<S,\preccurlyeq>$，由$<S,\preccurlyeq>$的定义知，格$<S,\preccurlyeq>$所诱导的代数系统的并（交）运算正好是格$<S,\succcurlyeq>$所诱导的代数系统的交（并）运算，从而有如下表述的格的对偶原理。

定义 7-1.5　格的对偶原理：设 P 是对任意格都为真的命题，如果在命题 P 中把$\preccurlyeq$换成$\succcurlyeq$，$\vee$换成$\wedge$，$\wedge$换成$\vee$，就得到另一个命题 P'，把 P'称为 P 的对偶命题，那么 P'对任意格也是真的命题。

下面讨论格的一些基本定理。

定理 7-1.1　在一个格$<L,\preccurlyeq>$中，对 L 中任意元素 a、b、c、d 都有

（1）$a\preccurlyeq a\vee b$，$b\preccurlyeq a\vee b$，$a\wedge b\preccurlyeq a$，$a\wedge b\preccurlyeq b$。

（2）若 $a\preccurlyeq b$ 且 $c\preccurlyeq d$，则 $a\vee c\preccurlyeq b\vee d$，$a\wedge c\preccurlyeq b\wedge d$。

证明：（1）因为 $a\vee b$ 是 a 和 b 的一个上界，所以 $a\preccurlyeq a\vee b$，$b\preccurlyeq a\vee b$。

由对偶原理，即得 $a\wedge b\preccurlyeq a$，$a\wedge b\preccurlyeq b$。

（2）因为 $b\preccurlyeq b\vee d$，$d\preccurlyeq b\vee d$，由传递性可得 $a\preccurlyeq b\vee d$，$c\preccurlyeq b\vee d$，这就表明 $b\vee d$ 是 a 和 c 的一个上界，而 $a\vee c$ 是 a 和 c 的最小上界。所以，必有 $a\vee c\preccurlyeq b\vee d$。

类似地可以证明 $a\wedge c\preccurlyeq b\wedge d$。

推论 7-1.1　在一个格$<L,\preccurlyeq>$中，对 $a,b,c\in L$，若 $a\preccurlyeq b$，则

$$a\vee c\preccurlyeq b\vee c，a\wedge c\preccurlyeq b\wedge c$$

证明：将定理 7-1.1 的（2）中取 $d=c$ 即得。

定理 7-1.2　设$<L,\preccurlyeq>$是一个格，由格$<L,\preccurlyeq>$所诱导的代数系统为$<L,\vee,\wedge>$，则对 L 中的任意元素 a、b、c 有如下等式成立。

（1）幂等律 $a\vee a=a$，$a\wedge a=a$。

（2）交换律 $a\vee b=b\vee a$，$a\wedge b=b\wedge a$。

（3）结合律 $a\vee(b\vee c)=(a\vee b)\vee c$，$a\wedge(b\wedge c)=(a\wedge b)\wedge c$。

（4）吸收律 $a\vee(a\wedge b)=a$，$a\wedge(a\vee b)=a$。

证明：（1）由定理 7-1.1 可得 $a\preccurlyeq a\vee a$，由自反性可得 $a\preccurlyeq a$，由此可得 $a\vee a\preccurlyeq a$，因此 $a\vee a=a$。利用对偶原理，即得 $a\wedge a=a$。

（2）格中任意两个元素 a、b 的最小上界（最大下界）当然等于 b、a 的最小上界（最大下界），所以 $a\vee b=b\vee a$（$a\wedge b=b\wedge a$）。

（3）由定理 7-1.1 中的（1）知 $a\preccurlyeq a\vee(b\vee c)$，$b\preccurlyeq b\vee c\preccurlyeq a\vee(b\vee c)$。

由定理 7-1.1 中的（2）知 $a\vee b\preccurlyeq a\vee(b\vee c)$。

又因 $c \leqslant b \vee c \leqslant a \vee (b \vee c)$，所以 $(a \vee b) \vee c \leqslant a \vee (b \vee c)$。

类似地可以证明 $a \vee (b \vee c) \leqslant (a \vee b) \vee c$。

因此 $a \vee (b \vee c) = (a \vee b) \vee c$。

利用对偶原理，即得 $a \wedge (b \wedge c) = (a \wedge b) \wedge c$。

（4）由定理 7-1.1 知 $a \leqslant a \vee (a \wedge b)$。

又因为 $a \leqslant a$ 且 $a \wedge b \leqslant a$，所以 $a \vee (a \wedge b) \leqslant a$。

因此 $a \vee (a \wedge b) = a$。

利用对偶原理，即得 $a \wedge (a \vee b) = a$。

例 7-1.9　在例 7-1.2 给出的格 $<\mathbf{N}_+, |>$ 中，若 $<\mathbf{N}_+, \vee, \wedge |>$ 是格 $<\mathbf{N}_+, |>$ 所诱导的代数系统，则对 $a,b \in \mathbf{N}_+$，有 $a \vee b$ 是 a、b 的最小公倍数，记作 $1cm(a,b)$，$a \wedge b$ 是 a、b 的最大公约数，记作 $gcd(a,b)$。

在代数系统 $<\mathbf{N}_+, \vee, \wedge>$ 中，对 $\mathbf{N}_+$ 中任意数 a、b、c，由于 $1cm(a,a) = gcd(a,a) = a$，因此幂等性成立；因为两个数 a 和 b 的最小公倍数（最大公约数）与 b 和 a 的最小公倍数（最大公约数）是相等的，所以并运算和交运算都是可交换的；又因为 $1cm(a,1cm(b,c))$ 和 $1cm(1cm(a,b),c)$ 都是 3 个数 a、b、c 的最小公倍数，所以在 $<\mathbf{N}, \vee, \wedge>$ 中并运算是可结合的，同理，有 $gcd(a,(gcd(b,c)) = gcd(gcd(a,b),c)$，从而交运算也是可结合的；又由于 $1cm(a,gcd(a,b)) = a$ 和 $gcd(a,1cm(a,b)) = a$，因此吸收律也成立。

定理 7-1.3　若 $<L, \leqslant>$ 是一个格，则对 L 中的任意 a、b、c 都有

$$a \vee (b \wedge c) \leqslant (a \vee b) \wedge (a \vee c)$$

$$(a \wedge b) \vee (a \wedge c) \leqslant a \wedge (b \vee c)$$

证明：由定理 7-1.1 知 $a \leqslant (a \vee b)$ 且 $a \leqslant (a \vee c)$，由定理 7-1.2 和幂等性可得

$$a = a \wedge a \leqslant (a \vee b) \wedge (a \vee c)$$

又因为 $(b \wedge c) \leqslant b \leqslant (a \vee b)$ 且 $(b \wedge c) \leqslant c \leqslant (a \vee c)$，所以

$$b \wedge c = (b \wedge c) \wedge (b \wedge c) \leqslant (a \vee b) \wedge (a \vee c)$$

因此，得

$$a \vee (b \wedge c) \leqslant (a \vee b) \wedge (a \vee c)$$

利用对偶原理，即得

$$(a \wedge b) \vee (a \wedge c) \leqslant a \wedge (b \vee c)$$

定理 7-1.3 中的 $a \vee (b \wedge c) \leqslant (a \vee b) \wedge (a \vee c)$、$(a \wedge b) \vee (a \wedge c) \leqslant a \wedge (b \vee c)$ 两式称为分配不等式。

定理 7-1.4　设 $<L, \leqslant>$ 是一个格，那么，对 L 中任意元素 a、b 有

$$a \leqslant b \Leftrightarrow a \wedge b = a \Leftrightarrow a \vee b = b$$

证明：先证 $a \leqslant b \Leftrightarrow a \wedge b = a$。

若 $a \leqslant b$，且因 $a \leqslant a$，则 $a \leqslant a \wedge b$。又根据 $a \wedge b$ 的定义应有 $a \wedge b \leqslant a$，由反对称性得 $a \wedge b = a$。这就证明了 $a \leqslant b \Rightarrow a \wedge b = a$。

反之，若 $a \wedge b = a$，则 $a = a \wedge b \leqslant b$。这就证明了 $a \wedge b = a \Rightarrow a \leqslant b$。

因此 $a \leqslant b \Leftrightarrow a \wedge b = a$。

用同样的方法，可以证明 $a \leqslant b \Leftrightarrow a \vee b = b$。

因而 $a \leqslant b \Leftrightarrow a \wedge b = a \Leftrightarrow a \vee b = b$。

定理 7-1.5　设 $<L, \leqslant>$ 是格，则对 L 中的任意元素 a、b、c 有

$$a \leqslant c \Leftrightarrow a \vee (b \wedge c) \leqslant (a \vee b) \wedge c$$

证明：由定理 7-1.4 知 $a \leqslant c \Leftrightarrow a \vee c = c$。

由定理 7-1.3 知 $a\vee(b\wedge c)\preccurlyeq(a\vee b)\wedge(a\vee c)$。

用 c 替代上式中的 $a\vee c$，即得 $a\vee(b\wedge c)\preccurlyeq(a\vee b)\wedge c$。

所以 $a\preccurlyeq c\Rightarrow a\vee(b\wedge c)\preccurlyeq(a\vee b)\wedge c$。

另外，若 $a\vee(b\wedge c)\preccurlyeq(a\vee b)\wedge c$，则由运算 $\vee$、$\wedge$ 的定义知

$$a\preccurlyeq a\vee(b\wedge c)\preccurlyeq(a\vee b)\wedge c\preccurlyeq c$$

即有 $a\preccurlyeq c$，所以 $a\vee(b\wedge c)\preccurlyeq(a\vee b)\wedge c\Rightarrow a\preccurlyeq c$。

所以 $a\preccurlyeq c\Leftrightarrow a\vee(b\wedge c)\preccurlyeq(a\vee b)\wedge c$。

推论 7-1.2 在一个格 $<L,\preccurlyeq>$ 中，对 L 中任意 a、b、c，必有

（1）$(a\wedge b)\vee(a\wedge c)\preccurlyeq a\wedge(b\vee(a\wedge c))$

（2）$a\vee(b\wedge(a\vee c))\preccurlyeq(a\vee b)\wedge(a\vee c)$

证明：利用定理 7-1.5 和 $a\wedge c\preccurlyeq a$ 及 $a\preccurlyeq a\vee c$，便可分别获证。

由定理 7-1.2 知，若 $<L,\vee,\wedge>$ 是格 $<L,\preccurlyeq>$ 诱导的代数系统，则 L 上的 $\vee$ 和 $\wedge$ 两种运算都满足交换律、结合律和吸收律。下面说明，若代数系统 $<L,\vee,\wedge>$ 的两种运算都满足交换律、结合律和吸收律，那么可以在 L 上定义一个偏序，使得 L 中任何两个元素关于这个偏序都有最小上界和最大下界。也就是说，偏序集 $<L,\preccurlyeq>$ 是格，而且 $<L,\preccurlyeq>$ 诱导的代数系统正是 $<L,\wedge,\vee>$。

引理 7-1.1 设 $<L,\wedge,\vee>$ 是一个代数系统，若 $\vee$、$\wedge$ 都是二元运算且满足吸收律，则 $\vee$ 和 $\wedge$ 都满足幂等律。

证明：运算 $\vee$ 和 $\wedge$ 满足吸收律，即对 L 中任意元素 a、b 有

$$a\vee(a\wedge b)=a \tag{1}$$

$$a\wedge(a\vee b)=a \tag{2}$$

将式（1）中的 b 取为 $a\vee b$，便得

$$a\vee(a\wedge(a\vee b))=a$$

再由式（2），即得 $a\vee a=a$，同理可证 $a\wedge a=a$。

定理 7-1.6 设 $<L,\vee,\wedge>$ 是一个代数系统，其中 $\vee$ 和 $\wedge$ 都是二元运算且满足交换律、结合律和吸收律，则存在偏序关系 $\preccurlyeq$，使 $<L,\preccurlyeq>$ 是格，且 $<L,\preccurlyeq>$ 所诱导的代数系统就是 $<L,\vee,\wedge>$。

证明：设在 L 上定义二元关系 $\preccurlyeq$ 为：对任意 $a,b\in L$，$a\preccurlyeq b$ 当且仅当 $a\wedge b=a$。

下面分 3 步证明定理成立。

先证 L 上的二元关系 $\preccurlyeq$ 是一个偏序关系。

由引理 7-1.1 可知 $\wedge$ 满足幂等律，即对任意 $a\in L$ 有 $a\wedge a=a$，所以 $a\preccurlyeq a$，故 $\preccurlyeq$ 是自反的。

对任意 $a,b\in L$，若 $a\preccurlyeq b$ 且 $b\preccurlyeq a$，由 $\preccurlyeq$ 的定义知 $a=a\wedge b$ 且 $b=b\wedge a$。因为 $\wedge$ 满足交换律，所以 $a=b$，故 $\preccurlyeq$ 是反对称的。

对任意 $a,b,c\in L$，若 $a\preccurlyeq b$ 且 $b\preccurlyeq c$，则 $a=a\wedge b$ 且 $b=b\wedge c$，因为 $a\wedge c=(a\wedge b)\wedge c=a\wedge(b\wedge c)=a\wedge b=a$，所以 $a\preccurlyeq c$，故 $\preccurlyeq$ 是传递的。

综上所述，$\preccurlyeq$ 是自反的、反对称的、传递的，因此 $\preccurlyeq$ 是偏序关系。

再证对任意 $a,b\in L$，$a\wedge b$ 是 a 和 b 的最大下界。

由于 $(a\wedge b)\wedge a=(a\wedge a)\wedge b=a\wedge b$，$(a\wedge b)\wedge b=a\wedge(b\wedge b)=a\wedge b$，因此 $a\wedge b\preccurlyeq a$，$a\wedge b\preccurlyeq b$，即 $a\wedge b$ 是 a 和 b 的下界。

设 c 是 a 和 b 的任意下界，即 $c\preccurlyeq a$，$c\preccurlyeq b$，则有 $c\wedge a=c$，$c\wedge b=c$。

而 $c\wedge(a\wedge b)=(c\wedge a)\wedge b=c\wedge b=c$，所以 $c\preccurlyeq a\wedge b$。故 $a\wedge b$ 是 a 和 b 的最大下界。

最后，根据交换律和吸收律，对 L 中的任意 a、b，若 $a\wedge b=a$，则 $(a\wedge b)\vee b=a\vee b$，即 $b=$

$a\vee b$。

反之，若 $a\vee b=b$，则 $a\wedge(a\vee b)=a\wedge b$，即 $a=a\wedge b$。因此 $a\wedge b=a\Leftrightarrow a\vee b=b$。

由此可知，L 上的偏序关系即为：对任意 $a,b\in L$，$a\preccurlyeq b$ 当且仅当 $a\vee b=b$。从而可用与上面类似的方法证明 $a\vee b$ 是 a 和 b 的最小上界。

因此，$<L,\preccurlyeq>$是一个格，且这个格所诱导的代数系统就是$<L,\vee,\wedge>$。

§7-2　分配格

由 7-1 节知，在格中分配不等式成立，即若$<L,\preccurlyeq>$是格，则对任意元素 $a,b,c\in L$ 必有 $a\vee(b\wedge c)\preccurlyeq(a\vee b)\wedge(a\vee c)$、$(a\wedge b)\vee(a\wedge c)\preccurlyeq a\wedge(b\vee c)$成立。但上述两式中的符号$\preccurlyeq$一般不能改为等号，即格$<L,\preccurlyeq>$所诱导的代数系统$<L,\vee,\wedge>$中，运算$\vee$对$\wedge$和$\wedge$对$\vee$都不一定适合分配律。图 7-8 所给出的两个格就是如此。称图 7-8（a）为钻石格，称图 7-8（b）为五角格。

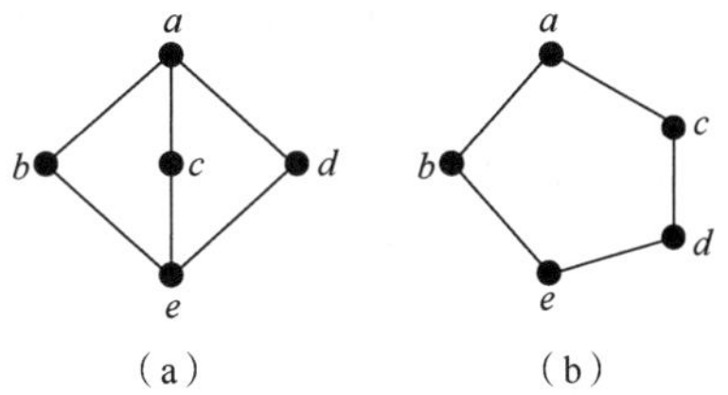

图 7-8　不适合分配律的格

定义 7-2.1　$<L,\vee,\wedge>$是由格$<L,\preccurlyeq>$所诱导的代数系统，若对任意 $a,b,c\in L$，都有 $a\wedge(b\vee c)=(a\wedge b)\vee(a\wedge c)$，$a\vee(b\wedge c)=(a\vee b)\wedge(a\vee c)$，则称$<L,\preccurlyeq>$为分配格。

例 7-2.1　设 S 是一个集合，则$<\rho(S),\cup,\cap>$是由格$<\rho(S),\subseteq>$所诱导的代数系统。由集合的并对交和交对并都适合分配律知，格$<\rho(S),\subseteq>$是分配格（Distribute Lattice）。

例 7-2.2　图 7-8 所示的两个格都不是分配格。

这是因为在图 7-8（a）中，$b\vee(c\wedge d)=b\vee e=b$，而$(b\vee c)\wedge(b\vee d)=a\wedge a=a$。

所以 $b\vee(c\wedge d)\neq(b\vee c)\wedge(b\vee d)$。

在图 7-8（b）中，$c\wedge(b\vee d)=c\wedge a=c$，而$(c\wedge b)\vee(c\wedge d)=e\vee d=d$。

所以 $c\wedge(b\vee d)\neq(c\wedge b)\vee(c\wedge d)$。

应该注意的是，在分配格的定义中，必须是对任意 $a,b,c\in L$ 都要满足分配律。因此，决不能因验证格中的某些元素满足分配等式就断定这个格是分配格。图 7-8（b）所示的格虽不是分配格，但也有

$$d\wedge(b\vee c)=d\wedge a=d=e\vee d=(d\wedge b)\vee(d\wedge c)$$

$$b\wedge(c\vee d)=b\wedge c=e=e\wedge e=(b\wedge c)\vee(b\wedge d)$$

图 7-8 给出的两个具有 5 个元素的不是分配格的格是很重要的，因为我们可以证明如下的结论：一个格是分配格的充要条件是：该格中没有任何子格与图 7-8 给出的两个 5 元素格中的任何一个同构。

定理 7-2.1　设$<L,\preccurlyeq>$是格，则$<L,\preccurlyeq>$是分配格当且仅当 L 不含有与钻石格或五角格同构的子格。

证明略。

推论 7-2.1 小于 5 个元素的格都是分配格。

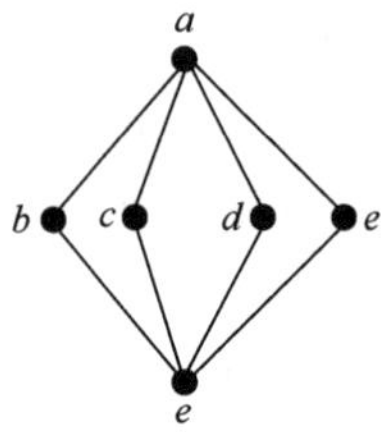

图 7-9 例 7-2.3 的格

例 7-2.3 在图 7-9 所示的格中，记 $L=\{a,b,c,d,e,f\}$，$L_1=\{a,b,c,d,f\}$，则 $<L_1,\preccurlyeq>$是$<L,\preccurlyeq>$的子格，且子格$<L_1,\preccurlyeq>$与图 7-8（a）所示的格同构，所以格$<L,\preccurlyeq>$不是分配格。

定理 7-2.2 每个链都是分配格。

证明：$<L,\preccurlyeq>$是一个链，则$<L,\preccurlyeq>$是格。

对任意 $a,b,c\in L$，只要讨论以下两种可能的情形。

（1）$a\preccurlyeq b$ 或 $a\preccurlyeq c$。（2）$b\preccurlyeq a$ 且 $c\preccurlyeq a$。

对情形（1）：当 $a\preccurlyeq b$ 或 $a\preccurlyeq c$ 时，有 $a\wedge(b\vee c)=a$ 和$(a\vee b)\wedge(a\wedge c)=a$。

对情形（2）：$b\preccurlyeq a$ 且 $c\preccurlyeq a$，所以有 $b\vee c\preccurlyeq a$，因而 $a\wedge(b\vee c)=b\vee c$，又由 $b\preccurlyeq a$ 且 $c\preccurlyeq a$，可得$(a\wedge b)\vee(a\wedge c)=b\vee c$。

故 $a\wedge(b\vee c)=(a\wedge b)\vee(a\wedge c)$总成立。

因此，$<L,\preccurlyeq>$是一个分配格。

定理 7-2.3 设$<L,\preccurlyeq>$是一个分配格，那么对任意 $a,b,c\in L$，如果有 $a\wedge b=a\wedge c$ 且 $a\vee b=a\vee c$ 成立，那么必有 $b=c$。

证明：因为$(a\wedge b)\vee c=(a\wedge c)\vee c=c$，又因为

$$(a\wedge b)\vee c=(a\vee c)\wedge(b\vee c)=(a\vee b)\wedge(b\vee c)=b\vee(a\wedge c)=b\vee(a\wedge b)=b$$

所以 $b=c$。

应该指出，在分配格的定义中，两个分配等式是等价的。

§7–3 有补格

设 S 为集合，我们知道$<\rho(S),\preccurlyeq>$是一个分配格，S 和空集$\varnothing$分别是它的最大元素和最小元素。当 $A\in\rho(S)$时，A 和它的补集 $\overline{A}$（$\overline{A}=S-A$）满足下面两个等式

$$A\cup\overline{A}=S,\ A\cap\overline{A}=\varnothing$$

$<\rho(S),\preccurlyeq>$是本节所要讨论的有补格的特例，它在研究有补格的分配格的结构时起着重要的作用。

在介绍有补格之前，先介绍有界格。

定义 7-3.1 设$<L,\preccurlyeq>$是一个格，如果$\exists a\in L$、$\forall x\in L$ 都有 $x\preccurlyeq a$，那么称 a 为格$<L,\preccurlyeq>$的全上界（Totally Upper Bound）。记格的全上界为 1。

定理 7-3.1 一个格$<L,\preccurlyeq>$若有全上界，则全上界是唯一的。

证明：若 a、b 都是格$<L,\preccurlyeq>$的全上界，因为 a 是全上界，$b\in L$，所以 $b\preccurlyeq a$。同样，因为 b 是全上界，$a\in L$，所以 $a\preccurlyeq b$。由反对称性得 $a=b$，故格$<L,\preccurlyeq>$若有全上界，则全上界是唯一的。

定义 7-3.2 设$<L,\preccurlyeq>$是一个格，如果$\exists b\in L$、$\forall x\in L$，都有 $b\preccurlyeq x$，那么称 b 为格$<L,\preccurlyeq>$的全下界（Totally Lower Bound）。记格的全下界为 0。

定理 7-3.2 一个格$<L,\preccurlyeq>$若有全下界，则全下界是唯一的。

证明：与定理 7-3.1 类似可证。

定义 7-3.3 若格$<L,\preccurlyeq>$有全上界和全下界，则称格$<L,\preccurlyeq>$为有界格（Bounded Lattice）。

例 7-3.1 图 7-10 所示的格是有界格，全上界是 a，全下界是 h。

例 7-3.2 设 S 是一个非空集合，则格 $<\rho(S),\subseteq>$ 是一个有界格，全上界是 S，全下界是空集 $\varnothing$。

例 7-3.3 设 $\mathbf{R}$ 是实数集，$\leqslant$ 是小于或等于关系，则 $<\mathbf{R},\leqslant>$ 是格，但不是有界格；若集合 $A=\{x|x\in\mathbf{R}$ 且 $0<x<1\}$，则 $<A,\leqslant>$ 也是格，但不是有界格。

定理 7-3.3 设 $<L,\preccurlyeq>$ 是一个有界格，则对任意 $a\in A$，必有

$$a\vee 1=1,\ a\wedge 1=a,\ a\vee 0=a,\ a\wedge 0=0$$

证明：

因为 $a\vee 1\in L$ 且 1 是全上界，所以 $a\vee 1\preccurlyeq 1$；又因为 $1\preccurlyeq a\vee 1$，所以 $a\vee 1=1$。

因为 $a\preccurlyeq a$、$a\preccurlyeq 1$，所以 $a\preccurlyeq a\wedge 1$；又因为 $a\wedge 1\preccurlyeq a$，所以 $a\wedge 1=a$。

$a\wedge 0=a$ 和 $a\wedge 0=0$ 可以类似地证明。

设 $<L,\vee,\wedge>$ 是有界格 $<L,\preccurlyeq>$ 诱导的代数系统，则对任意 $a\in L$，有 $a\vee 0=0\vee a=a$ 且 $a\wedge 1=1\wedge a=a$，所以 0 和 1 分别是关于运算 $\vee$ 和 $\wedge$ 的幺元。另外，类似可得 0 和 1 分别是关于运算 $\wedge$ 和 $\vee$ 的零元。

定义 7-3.4 设 $<L,\preccurlyeq>$ 是有界格，a、b 是 L 中的两个元素，若 $a\vee b=1$，$a\wedge b=0$，则称 a 是 b 的补元或 b 是 a 的补元，或称 a 和 b 互为补元。

一般地，有界格中的元素不一定有补元，一个元素有补元也不必是唯一的。

图 7-11 所示的格中，a 没有补元，b 有两个补元，它们是 d 和 c。

图 7-12 所示的格中，每个元素有且仅有一个补元，其中 a 和 a'、b 和 b'、c 和 c'、0 和 1 是 4 对互补的元素。

显然，在有界格中，0 是 1 的唯一补元，1 是 0 的唯一补元。

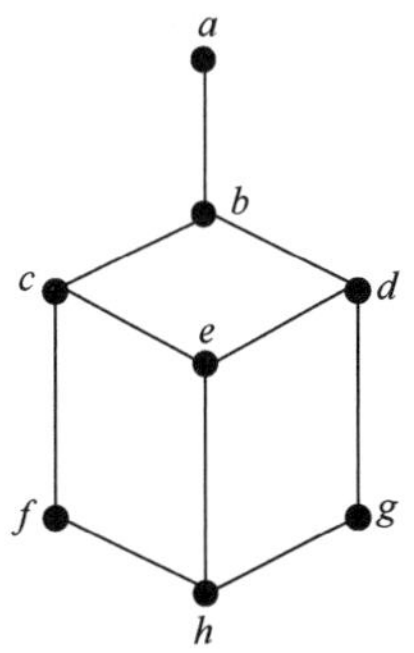

图 7-10 有界格

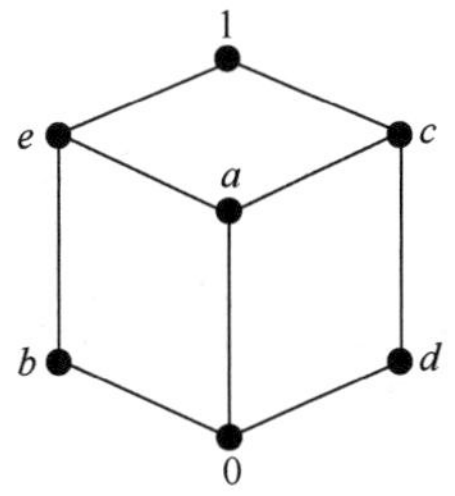

图 7-11 有界格一

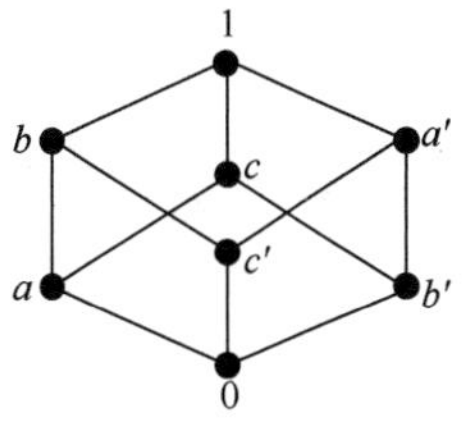

图 7-12 有界格二

定义 7-3.5 在一个有界格中，如果每个元素都至少有一个补元，那么称此格为有补格（Complemented Lattice）。

例 7-3.4 图 7-13 所示的格是有补格，其中 a 和 b、a 和 d、c 和 b、c 和 d 是 4 对互补的元素，图 7-14 所示的格也是有补格，其中 a、b、c、d 这 4 个元素中任意两个都是互补元。

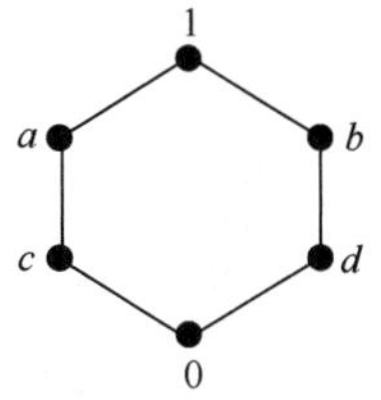

图 7-13 有补格一

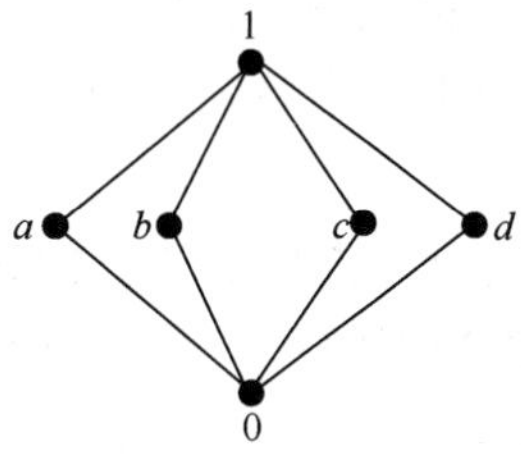

图 7-14 有补格二

定理 7-3.4 设$<L,\preccurlyeq>$是有界格且是分配格，$a\in L$，若 a 在 L 中有补元，则必是唯一的。

证明： 若 b 和 c 都是 a 在 L 中的补元，则有 $a\vee b=1$，$a\wedge b=0$，$a\vee c=1$，$a\wedge c=0$。从而得到 $a\vee c=a\vee b$，$a\wedge c=a\wedge b$，由定理 7-2.3 知 $b=c$，所以 a 的补元唯一。

因此，有补分配格中每一个元素有且仅有一个补元。于是，若$<L,\preccurlyeq>$是有补分配格，$<L,\vee,\wedge>$是它诱导的代数系统，则可在 L 中定义一种“补”的一元运算$^-$，对 L 中的任意一个元素 a，$\overline{a}$ 表示 a 的补元。这样由有补分配格$<L,\preccurlyeq>$诱导的代数系统也记作$<L,\vee,\wedge>$或$<L,\vee,\wedge,^-,0,1>$，其中 0、1 分别是最小元和最大元。

定理 7-3.5 设$<L,\vee,\wedge,^-,0,1>$是有补分配格$<L,\preccurlyeq>$诱导的代数系统，则对 $a,b\in L$ 有$(\overline{\overline{a}})=a$，$\overline{a\vee b}=\overline{a}\wedge\overline{b}$，$\overline{a\wedge b}=\overline{a}\vee\overline{b}$。

证明： 由补元的定义可知，a 和 $\overline{a}$ 是互补的，就是说 $\overline{a}$ 的补元是 a，所以$(\overline{\overline{a}})=a$，由

$$(a\vee b)\vee(\overline{a}\wedge\overline{b})=((a\vee b)\vee\overline{a})\wedge((a\vee b)\vee\overline{b})$$
$$=(b\vee(a\vee\overline{a}))\wedge(a\vee(b\vee\overline{b}))=(b\vee 1)\wedge(a\vee 1)=1\wedge 1=1$$

和

$$(a\vee b)\wedge(\overline{a}\wedge\overline{b})=(a\wedge(\overline{a}\wedge\overline{b}))\vee(b\wedge(\overline{a}\wedge\overline{b}))=((a\wedge\overline{a})\wedge\overline{b})\vee((b\wedge\overline{b})\wedge\overline{a})$$
$$=(0\wedge\overline{b})\vee(0\wedge\overline{a})=0\vee 0=0$$

可知 $a\vee b$ 的补元为 $\overline{a}\wedge\overline{b}$，因为有补分配格中任意元素的补元是唯一的，所以$\overline{a\vee b}=\overline{a}\wedge\overline{b}$。

同理可证$\overline{a\wedge b}=\overline{a}\vee\overline{b}$。

定义 7-3.6 有补分配格称为布尔格。

例 7-3.5 设 $S=\{x,y\}$，$<\rho(S),\subseteq>$和$<D_{30},|>$都是布尔格，它们对应的哈斯图分别如图 7-4 和图 7-15 所示。

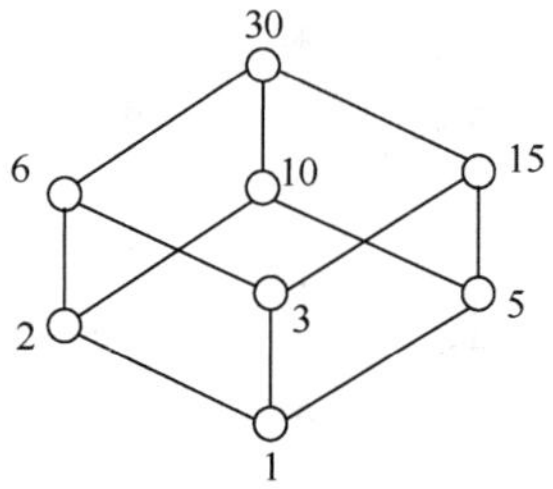

图 7-15 布尔格$<D_{30},|>$的哈斯图

§7–4 布尔代数

定义 7-4.1 布尔格$<B,\preccurlyeq>$可以诱导一个布尔代数系统$<B,\wedge,\vee,^-,0,1>$，$^-$为求补运算。

定义 7-4.2 设布尔代数系统$<B,\wedge,\vee,^-,0,1>$的 B 具有有限个元素，则称$<B,\wedge,\vee,^-,0,1>$为有限布尔代数。

例 7-4.1 设 $S_{110}=\{1,2,5,10,11,22,55,110\}$是 110 的正因子集合，$gcd$ 表示求最大公约数的运算，$1cm$ 表示求最小公倍数的运算，$<S_{110},gcd,1cm>$是否构成布尔代数？为什么？

解：（1）不难验证 S_{110} 关于 gcd 和 $1cm$ 运算构成布尔代数，亦即$<S_{110},|>$是布尔格。

（2）验证分配律。

$\forall x,y,z \in S_{110}$，有 $gcd(x,1cm(y,z)) = 1cm(gcd(x,y),gcd(x,z))$。

（3）验证它是有补格。

1 为 S_{110} 中的全下界，110 为全上界，1 和 110 互为补元，2 和 55 互为补元，5 和 22 互为补元，10 和 11 互为补元。

根据补元的定义，取 110 为全上界，$\forall x \in S_{110}$，可以求取 x 的补元 x'，110 除以 x 的商是 x 的补元。

从而证明了$<S_{110},gcd,lcm>$为布尔代数，亦即$<S_{110},gcd,lcm,',1,110>$为布尔代数。

例 7-4.2　设 B 为任意集合，证明：$<\rho(B),\cap,\cup,\sim,\varnothing,B>$构成布尔代数（亦称为集合代数）。

证明：（1）$<\rho(B),\subseteq>$是布尔格，$\rho(B)$关于$\cap$和$\cup$构成代数系统，因为$\cap$和$\cup$满足交换律、结合律和吸收律，所以称之为 B 的幂集格。

（2）由于$\cap$和$\cup$互相可分配，因此$<\rho(S),\subseteq>$是分配格。

（3）全下界是 $\varnothing$，全上界是 B。

（4）根据绝对补的定义，取全集为 B，$\forall x \in \rho(B)$，$\sim x$ 是 x 的补元。

从而证明$<\rho(S),\subseteq>$是有补分配格，$<\rho(B),\cap,\cup,\sim,\varnothing,B>$是$<\rho(S),\subseteq>$诱导的布尔代数。

定义 7-4.3　设$<B,*,\circ>$是代数系统，*和$\circ$是二元运算，若*和$\circ$运算满足如下规律。

（1）交换律，即$\forall a,b \in B$，有 $a*b = b*a$，$a\circ b = b\circ a$。

（2）分配律，即$\forall a,b,c \in B$，有 $a*(b\circ c) = (a*b)\circ(a*c)$，$a\circ(b*c) = (a\circ b)*(a\circ c)$。

（3）同一律，即存在 $0,1 \in B$，使得$\forall a \in B$，有 $a*1 = a$，$a\circ 0 =0$。

（4）补元律，即$\forall a \in B$，存在 $a' \in B$，有 $a*a' = 0$，$a\circ a' = 1$。

则称$<B,*,\circ>$是一个布尔代数。

注意：可以证明，布尔代数的以上两种定义是等价的。证明略。

例 7-4.3　对给定的集合 S_4 和运算$\circ$与*，判断它们是不是格，是不是布尔代数，并说明理由。其中，$S_4=\{1,2,3,6\}$，$\forall x,y \in S_4$，$x\circ y$ 与 $x*y$ 分别表示 x 与 y 的最小公倍数和最大公约数。

解：是格，也是布尔代数。

这两个运算满足交换律且相互可分配。

求最小公倍数运算的单位元是 1，求最大公约数运算的单位元是 6，满足同一律。

两个运算满足补元律。

从而证明 S_4 是布尔代数。

定义 7-4.4　设两个布尔代数系统为$<L_1,\vee_1,\wedge_1,^->$和$<L_2,\vee_2,\wedge_2,^->$，$^-$为求补运算。如果有一个从 L_1 到 L_2 的双射 f，使得对任意 $x,y \in L_1$，有

$$f(x\vee_1 y) = f(x)\vee_2 f(y)$$

$$f(x\wedge_1 y) = f(x)\wedge_2 f(y)$$

$$f(\overline{a}) = \overline{f(a)}$$

那么称两个布尔代数$<L_1,\vee_1,\wedge_1,^->$与$<L_2,\vee_2,\wedge_2,^->$同构。

定义 7-4.5　设$<B,\vee,\wedge,0,1>$是布尔代数，若 $a \in B$，a 盖住 B 的最小元 0，则称 a 是 B 的原子（Atom）。也就是说，原子是 B 的非零元，且对任意 $x \in B$，若 $0 \leqslant x \leqslant a$，则 $x=0$ 或 $x=a$。

例 7-4.4　图 7-15 所示的格是布尔格，它的全下界和全上界分别是 1 和 30，在它诱导的布尔代数中，2、3、5 都是原子。

定理 7-4.1　（有限布尔代数的表示定理）设 B 是有限布尔代数，A 是 B 的全体原子构成的集合，则 B 同构于 A 的幂集 $\rho(A)$。

证明略。

例 7-4.5 S_{110}关于 gcd、lcm 运算构成布尔代数，它的原子是 2、5 和 11，因此原子的集合 $A=\{2,5,11\}$，幂集 $\rho(A)=\{\varnothing,\{2\},\{5\},\{11\},\{2,5\},\{2,11\},\{5,11\},\{2,5,11\}\}$。

幂集代数是$<\rho(A),\cap,\cup,\sim,\varnothing,A>$。只要令 $f:S_{110}\to\rho(A)$

$$f(1)=\varnothing,\quad f(2)=\{2\},\quad f(5)=\{5\},\quad f(11)=\{11\},$$

$$f(10)=\{2,5\},\quad f(22)=\{2,11\},\quad f(55)=\{5,11\},\quad f(110)=A$$

那么 f 就是从 S_{110} 到幂集 $\rho(A)$的同构映射。

定理 7-4.2 布尔代数$<B,\vee,\wedge,^{-},0,1>$与集合代数$<\rho(S),\cup,\cap,\sim,\varnothing,S>$同构。其中，$S$ 是 B 的原子集，$\rho(S)$是 S 的幂集。

证明略。

推论 7-4.1 有限布尔代数的元素个数必定等于 2^n，其中 n 是该布尔代数中所有原子的个数。

推论 7-4.2 任意两个具有 2^n 个元素的布尔代数都是同构的。

由此可得，对任意自然数 n，仅存在一个有 2^n 个元素的布尔代数。

本章总结

格：一个偏序集$<L,\preccurlyeq>$，如果 L 中任意两个元素都有最小上界和最大下界，那么$<L,\preccurlyeq>$称为一个格。由格的定义知，可在格$<L,\preccurlyeq>$中定义两个二元运算$\wedge$、$\vee$。对 $x,y\in L$，$x\vee y$ 是 x、y 的最小上界，$x\wedge y$ 是 x、y 的最大下界，它使 L 成为代数系统$<L,\vee,\wedge>$，且$\wedge$、$\vee$满足交换律、结合律、幂等律、吸收律。反之，若代数系统$<L,\vee,\wedge>$满足上述 4 个性质，则我们可以在 L 上定义二元关系$\preccurlyeq$

$$x\preccurlyeq y\Leftrightarrow x\wedge y=x\text{（或 }x\wedge y=y\text{）}$$

分配格：格$<L,\vee,\wedge>$中，$\vee$对$\wedge$适合分配律与$\wedge$对$\vee$适合分配律等价，若这两个分配律成立，则称$<L,\vee,\wedge>$是分配格。

有补格：有全上界和全下界的格称为有界格。若$<L,\preccurlyeq>$是有界格，且 L 中每个元素都至少有一个补元，则称此格为有补格，有补分配格称为布尔格，布尔格中每个元素有且仅有一个补元。

若集合 B 至少包含两个元素（分别记作 0 和 1），代数系统$<B,\vee,\wedge,^{-},0,1>$中的 3 种运算（其中$\wedge$、$\vee$是二元运算，$^{-}$是一元运算）$\wedge$、$\vee$、$^{-}$适合交换律、分配律、恒等律、补元律，则称$<B,\vee,\wedge,^{-},0,1>$为布尔代数。

习　题

1. 设 n 是正整数，S_n是 n 的正因子的集合，D 为整除关系，则：

（1）偏序集$<S_n,D>$构成格，请说明理由；

（2）画出$<S_6,D>$、$<S_8,D>$、$<S_{30},D>$的哈斯图。

2. 判断图 7-16 所示的哈斯图对应的偏序集是否构成格，并说明理由。

3.（1）证明格中的命题，即$(a\wedge b)\vee b=b$。

（2）证明$(a\wedge b)\vee(c\wedge d)\preccurlyeq(a\vee c)\wedge(b\vee d)$。

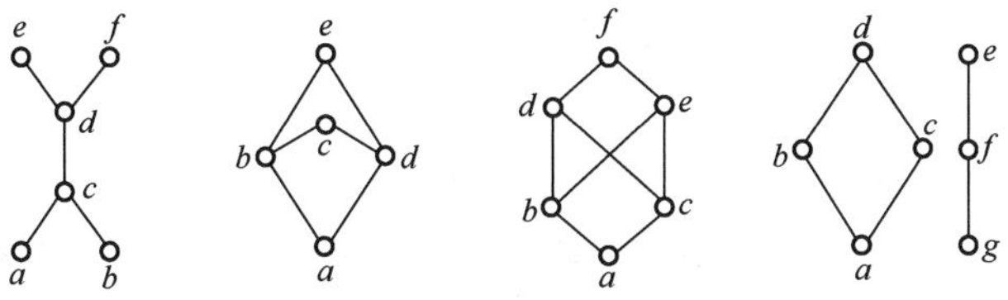

图 7-16　偏序集的哈斯图

4. 求图 7-17 中格的所有子格。

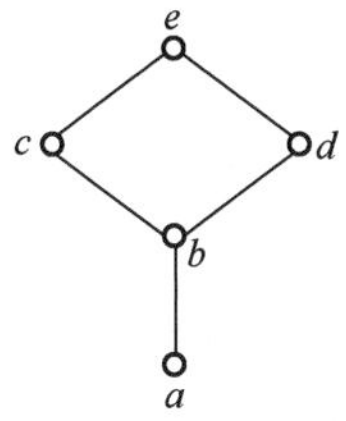

图 7-17　习题 4 用图

5. 考虑图 7-18 中的格，针对不同的元素，求出所有的补元。

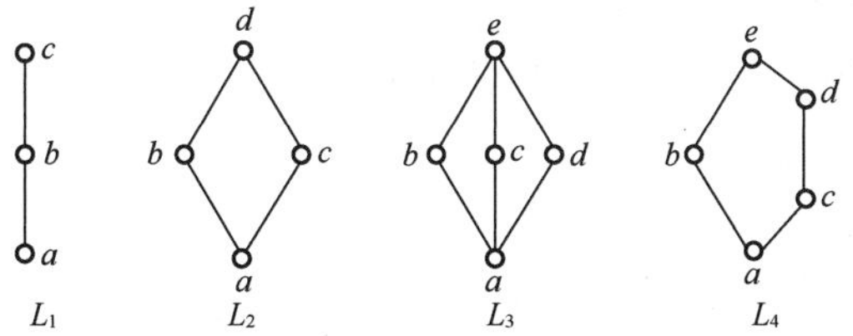

图 7-18　习题 5 用图

6. 图 7-19 中的格哪些是有补格，哪些不是有补格？

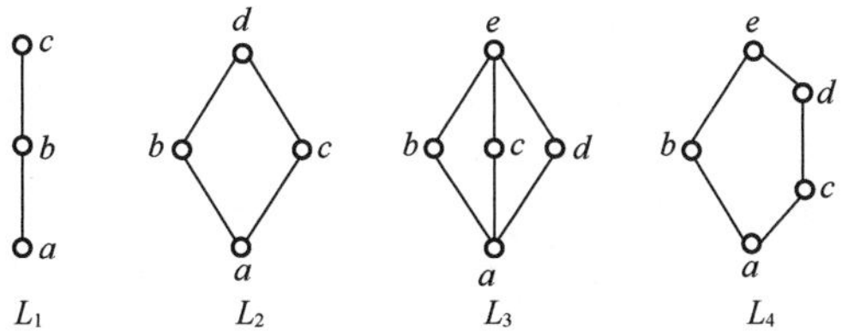

图 7-19　习题 6 用图

7. 针对图 7-20，求出每个格的补元并说明它们是否为有补格。

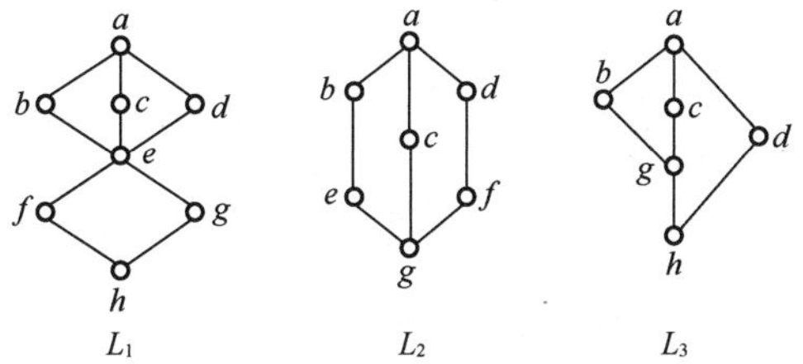

图 7-20　习题 7 用图

8. 判断下述代数系统是否为格，是不是布尔代数。

（1）$S=\{1,3,4,12\}$，任给 $x,y\in S$，$x\circ y=lcm(x,y)$，$x*y=gcd(x,y)$。

其中 lcm 是求最小公倍数，gcd 是求最大公约数。

（2）$S=\{0,\cdots,n\}$，其中 $n\geqslant 2$，任给 $x,y\in S$，$x\circ y=\max(x,y)$，$x*y=\min(x,y)$。

9. 设 $<L,\vee,\wedge>$ 是格 $<L,\preccurlyeq>$ 所诱导的代数系统，证明下面两个命题等价。

（1）当 $a,b,c\in L$ 时，$a\wedge(b\vee c)=(a\wedge b)\vee(a\wedge c)$。

（2）对任意 $a,b,c\in L$ 有 $a\vee(b\wedge c)=(a\vee b)\wedge(a\vee c)$。

10. 下列集合 L 构成偏序集 $<L,\preccurlyeq>$，其中 $\preccurlyeq$ 定义为：对 $m,n\in L$，$m\preccurlyeq n$ 当且仅当 m 是 n 的因子。哪几个偏序集是格？

（1）$L_1=\{1,2,3,4,6,12\}$。

（2）$L_2=\{1,2,3,4,6,8,12,14\}$。

（3）$L_3=\{1,2,3,4,5,6,7,8,9,10,11,12\}$。

11. 在一个格中，若 $a\preccurlyeq b\preccurlyeq c$，证明：

（1）$a\vee b=b\wedge c$

（2）$(a\wedge b)\vee(b\wedge c)=b=(a\vee b)\wedge(a\vee c)$

12. 在一个格中证明：

（1）$(a\wedge b)\vee(c\wedge d)\preccurlyeq(a\vee c)\wedge(b\vee d)$

（2）$(a\wedge b)\vee(b\wedge c)\vee(c\wedge a)\preccurlyeq(a\vee b)\wedge(b\vee c)\wedge(c\vee a)$

第 8 章 图论及其应用

图论是数学的一个分支，最早起源于一些数学游戏和难题研究。如哥尼斯堡七桥问题、四色猜想问题及哈密顿环球旅行问题等。

1736 年，莱昂哈德 • 欧拉（Leonhard Eular）发表了第一篇关于图论的论文，解决了哥尼斯堡七桥问题，并因此被誉为图论之父。

1847 年，古斯塔夫 • 罗伯特 • 基尔霍夫（Gustav Robert Kirchhoff）利用图论分析电路网络中的电流问题，首次将图论应用于工程技术问题。

1857 年，阿瑟 • 凯莱（Arthur Cayley）在电化学中应用树的有关概念，解决了异构体的计数问题，开创了图论面向实际应用的先例。

经过数学家 200 多年的努力，1936 年丹尼斯 • 科尼格（Denes Koning）出版了第一本有关图论的著作，从此图论在理论和应用上得到蓬勃发展。图论在互联网络问题、交通网络问题、运输优化问题以及社会学研究等许多方面都有非常广泛的应用。

在计算机科学的许多领域中，如逻辑电路设计、形式语言、人工智能、计算机图形学、操作系统以及信息检索等方面，图和图的理论都是非常重要的工具之一，因此有必要对图论的基本概念和基础知识进行介绍。

§ 8–1　图的基本概念

§ 8–1–1　图

现实世界中许多问题都能用某种图形表示，这些图形由一些点和一些连接两点的线组成，其中点可以用于描述离散的事物，线用于描述事物间的某种联系方式。对这种图形，我们感兴趣的是有多少个点和哪些点之间有线连接，而点的位置和连线的长、短、曲、直并不重要，由此可以抽象出数学上图的概念。

定义 8-1.1　一个图 G 定义为一个三元组 $<V,E,\varphi>$，记作 $G=<V,E,\varphi>$。其中：

V 是一个非空有限集合，其中元素 v 称为图 G 的顶点或结点；

E 是和 V 没有公共元素的有限集合，E 可以是空集，其元素 e 称为图 G 的边；

φ 称为关联函数，是从 E 到 V 中的有序对或无序对的映射。

如果 $\varphi(e) = (u,v)$，那么称 e 是连接顶点 u 和 v 的无向边，也称 u 和 v 是无向边 e 的端点。如果 $\varphi(e)=<u,v>$，那么称 e 是以 u 为起点、v 为终点的有向边（或弧），统称 u、v 是有向边 e 的两个端点。这时，称 e 是关联顶点 u 和 v 的，端点 u 和 v 是邻接的。

在图 G 中，如果每条边都是有向边，那么称该图为有向图；如果每条边都是无向边，那么称该图为无向图；如果一些边是有向边，一些边是无向边，那么图 G 被称为混合图。

一个有向图中，如果将每条有向边都改为无向边，那么便得到该有向图的底图或基础图。

一个图可以用几何图形表示，方法与二元关系的表示法相同。顶点用小圆圈表示，边用连接两个顶点的一条有向或无向线段表示。如前述的一般的关系图是有向图，偏序关系的哈斯图是无向图。图论中的图大多以顶点集 V 作为论域。用图形描述图，具有直观、清晰、简明的特点。所以，往往将一个图的几何图形称为图，很多情况下图都是以图形的方式给出的。

例 8-1.1 给出两个图形，如图 8-1 所示。

图 8-1（a）表示无向图 $G=<V,E,\varphi>$，其中

$$V=\{v_1,v_2,v_3,v_4\}$$
$$E=\{e_1,e_2,e_3,e_4\}$$
$$\varphi:\quad \begin{array}{l} e_1\to(v_1,v_2)\\ e_2\to(v_1,v_3)\\ e_3\to(v_1,v_3)\\ e_4\to(v_3,v_3)\end{array}$$

图 8-1（b）表示有向图 $G=<V,E,\varphi>$，其中

$$V=\{v_1,v_2,v_3,v_4\}$$
$$E=\{e_1,e_2,e_3,e_4\}$$
$$\varphi:\quad \begin{array}{l} e_1\to<v_1,v_2>\\ e_2\to<v_1,v_3>\\ e_3\to<v_1,v_3>\\ e_4\to<v_3,v_3>\end{array}$$

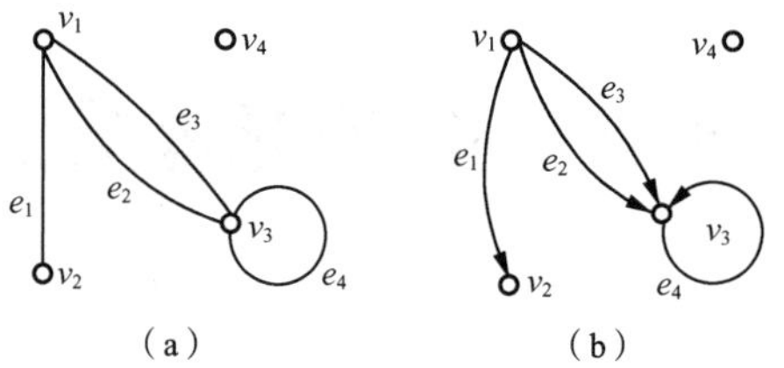

图 8-1　无向图和有向图

显然，若将图中的边理解为有两个顶点与之对应，则图 $G=<V,E,\varphi>$可简单表示成 $G=<V,E>$，即认为 $e=<u,v>$表示一条有向边，$e=(u,v)$ 表示一条无向边。

在图中，关联同一个结点的一条边（或弧）称为自回路（或环），自回路的方向是无意义的，而不关联任何边的结点称为孤立结点。如图 8-1 所示，边 e_4 是自回路，顶点 v_4 是孤立结点。

在有向图中，若两结点间（包括结点自身）有多于一条同向的边，则这几条边称为平行边。在无向图中，若两结点间（包括结点自身）有多于一条边，则这几条边称为平行边。两结点间相互平行的边的条数称为该平行边的重数。如图 8-1 所示，边 e_2 和 e_3 是平行的，合称二重边。

定义 8-1.2 仅有孤立结点的图称为零图。若一个图中只含一个孤立结点，则该图称为平凡

图。显然，在零图中边集为空集。

定义 8-1.3　含有平行边的图称为多重图。不含环的图称为线图。一个既无平行边也无环的图称为简单图。

§8–1–2　结点的度

定义 8-1.4　在有向图 $G=<V, E>$中，对任意结点 $v\in V$，以 v 为起点的边的条数，称为结点 v 的出度，记作 $d^+(v)$；以 v 为终点的边的条数，称为 v 的入度，记作 $d^-(v)$；结点 v 的出度与入度之和，称为结点的度数（或次数），记作 $d(v)$，显然 $d(v)=d^+(v)+d^-(v)$。在无向图 $G=<V,E>$中，结点 $v\in V$ 的度数等于关联它的边数，也记作 $d(v)$。

显然，若结点 v 有环，则该结点度数因环而增加 2，而孤立点的度数为零。通常，把度数为奇数的结点称为奇结点，把度数为偶数的结点称为偶结点。

例 8-1.2　在图 8-1 中，有

（a）
$$\begin{cases} d(v_1)=1+1+1=3 \\ d(v_2)=1 \\ d(v_3)=1+1+2=4 \\ d(v_4)=0 \end{cases}$$
（b）
$$\begin{cases} d(v_1)=d^+(v_1)+d^-(v_1)=3+0=3 \\ d(v_2)=d^+(v_2)+d^-(v_2)=0+1=1 \\ d(v_3)=d^+(v_3)+d^-(v_3)=3+1=4 \\ d(v_4)=0 \end{cases}$$

定理 8-1.1　在任何图 $G=<V,E>$中，有

$$\sum_{v\in V} d(v)=2|E|$$

证明：由于图 G 中每一条边都关联两个结点，因此每条边对结点的度数之和都贡献 2，所以上式成立。

定理 8-1.2　在任何有向图 $G=<V,E>$中，有

$$\sum_{v\in V} d^+(v)=\sum_{v\in V} d^-(v)$$

证明：因为任何一条有向边恰使起点出度增加 1，终点入度增加 1，所以上式成立。

定理 8-1.3　在任何图中，奇结点的数目必为偶数个。

该定理的证明留给读者完成。

定义 8-1.5　在无向图 $G=<V,E>$中，如果每个结点的度是 k，那么图 G 称为 k 度正则图。

例 8-1.3　图 8-2 所示为一个 3 度正则图。

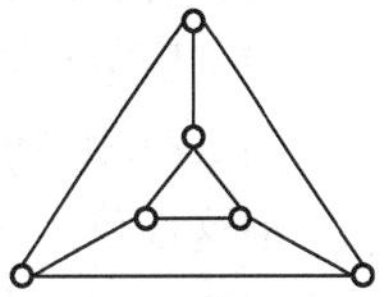

图 8-2　3 度正则图

定义 8-1.6　在无向简单图 $G=<V,E>$中，如果 V 中的任何结点都与其余的所有结点邻接，那么该图称为无向完全图，记作 $K_{|V|}$。若$|V|=n$，则该图记作 K_n。显然，K_n 有 $C_n^2=n(n-1)/2$ 条边。

与定义 8-1.6 类似地可定义有向完全图。只需注意，这时每对结点间都有两条方向相反的边。

§8–1–3　图的同构

定义 8-1.7　设 $G_1=<V_1,E_1>$和 $G_2=<V_2,E_2>$同为无向图或有向图，若存在 V_1 到 V_2 的双射 $f:V_1\to V_2$，使得

$$(u,v)\in E_1 \Leftrightarrow (f(u),f(v))\in E_2 \text{（对无向图）}$$

或者

$$<u,v>\in E_1 \Leftrightarrow <f(u),f(v)>\in E_2 \text{（对有向图）}$$

且对应边重数相同，则称 G_1 和 G_2 是同构的，记作 $G_1 \cong G_2$。

由上述同构的定义可知，两个图如果结点之间具有一一对应关系，而且这种对应关系保持了结点间的邻接关系和边的重数，对有向图还要求保持边的方向，那么这两个图是同构的。

在图的定义中，强调的是结点集和结点间的关联关系，没有涉及关联两个结点的边的长度、形状和位置，也没有规定结点的位置。因此，同构的图除了结点和边的名称不同以外，实际上代表的是相同的结点结构，从图的抽象观点看是完全相同的。

例 8-1.4 （1）图 8-3 所示的两个有向图是同构的。

事实上，可作映射 $g(a)=1$，$g(b)=2$，$g(c)=3$，$g(d)=4$，且在该映射下，有向边 $<a,b>$、$<a,d>$、$<c,b>$、$<c,d>$ 分别被映射为 $<1,2>$、$<1,4>$、$<2,3>$、$<3,4>$。

显然，映射 g 是双射。

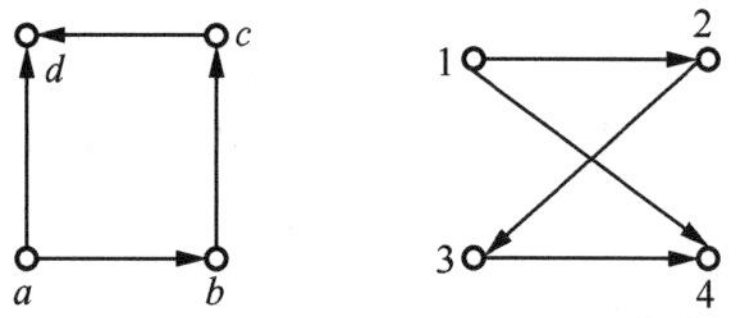

图 8-3　例 8-1.4 图一

（2）易证图 8-4 所示的两个无向图是同构的，它们都是 K_4。

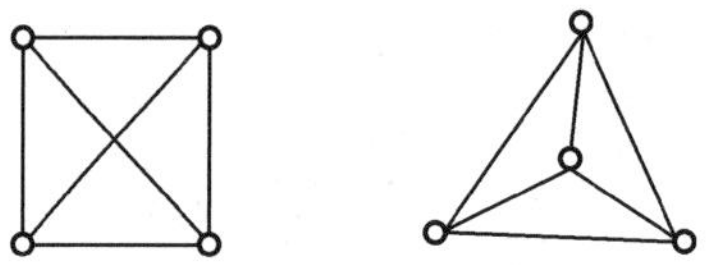

图 8-4　例 8-1.4 图二

显然，若两图同构，则两图必然满足如下条件。

（1）有相同结点数目。

（2）有相同边数。

（3）度数相同的结点数目相同。

（4）有相同重数的边数相同。

但这仅仅是必要条件而不是充分条件。如图 8-5（a）与图 8-5（b）满足上述 4 个条件，然而并不同构。因为在图 8-5（a）中的结点 x 应和图 8-5（b）中结点 y 对应，它们的度数均为 3，而图 8-5（a）中的结点 x 与两个度数为 1 的结点邻接，图 8-5（b）中结点 y 仅与一个度数为 1 的结点邻接。

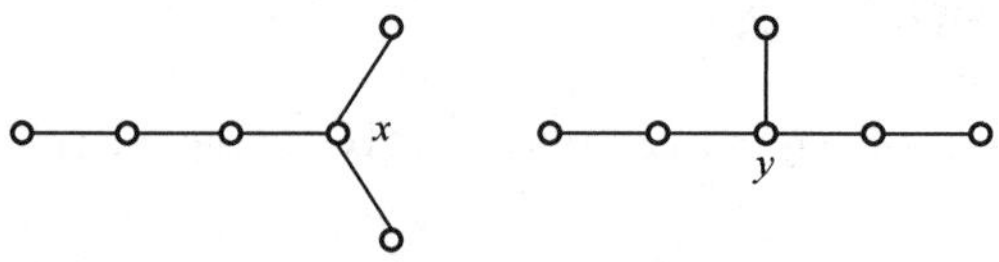

（a）　　（b）

图 8-5　不同构图

§ 8-1-4　子图和补图

定义 8-1.8　给定图 $G_1=<V_1,E_1>$和 $G_2=<V_2,E_2>$，它们同为无向图或有向图。

（1）如果 $V_2 \subseteq V_1$ 和 $E_2 \subseteq E_1$，且 E_2 中边的重数不大于 E_1 中同边的重数，那么称 G_2 为 G_1 的子图，记作 $G_2 \subseteq G_1$。

（2）如果 $V_2 \subset V_1$，或 $E_2 \subset E_1$，或 E_2 中某边的重数小于 E_1 中同边的重数，那么称子图 G_2 为 G_1 的真子图，记作 $G_2 \subset G_1$。

（3）如果 $V_2=V_1$，$E_2 \subseteq E_1$，那么称 G_2 为 G_1 的生成子图，记作 $G_2 \underset{V_2=V_1}{\subseteq} G_1$。

（4）如果 $V_2 \subseteq V_1$，$V_2 \neq \varnothing$，E_2 是以 V_2 中结点为端点的 E_1 中的边组成的，那么称 G_2 为 G_1 的由 V_2 导出的导出子图，记作 $G_1[V_2]$。

（5）如果 $E_2 \subseteq E_1$，V_2 是 E_2 的结点集，那么称 G_2 为 G_1 的由 E_2 导出的导出子图，记作 $G_1[E_2]$。

例 8-1.5　图 8-6 所示的各图中，G_1、G_2、G 均为 G 的子图。

G_1、G_2 均为 G 的真子图。

G_1 是生成子图。

G_2 是结点集$\{v_1,v_2,v_3,v_4\}$的导出子图，又是边集$\{(v_1,v_2),(v_2,v_3),(v_2,v_4),(v_3,v_4)\}$的导出子图。

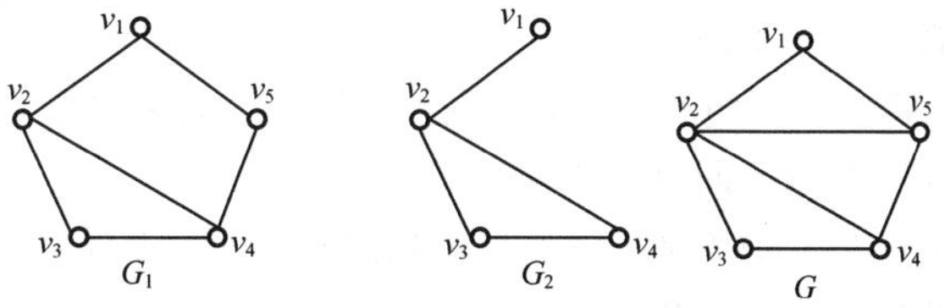

图 8-6　例 8-1.5 用图

定义 8-1.9　设 $G=<V,E>$是 n 阶简单无向图，若存在图 $G_1=<V,E_1>$也有同样的结点，并且 $E_1 \cap E=\varnothing$和 E_1 是由 n 阶完全图的边删去 E 所得，则称 G_1 为相对完全图的 G 的补图，简称 G_1 是 G 的补图，并记作 $G_1=\overline{G}$。显然，G 与 $\overline{G}$ 互为补图。

当 $G \cong \overline{G}$ 时，称 G 为自补图。

例 8-1.6　图 8-7 所示为一个 5 阶图及其补图。图 8-8 所示为 4 阶自补图。

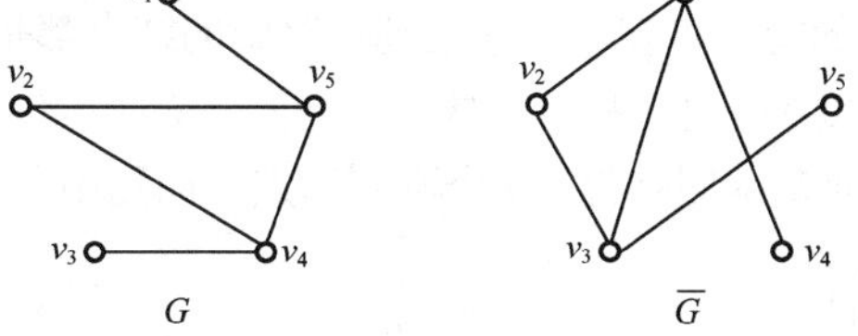

图 8-7　5 阶图及其补图

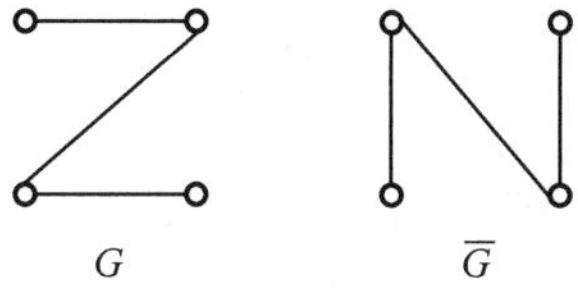

图 8-8　4 阶自补图

§8–2 图的连通性

§8–2–1 路径与回路

为了给出图的连通性概念，首先需要介绍路径与回路的概念。

定义 8-2.1 设 $G=\langle V,E\rangle$ 是无向图。

（1）称一个顶点与边的交替序列 $\mu=v_0e_1v_1e_2v_2\cdots e_lv_l$ 是 G 中一条从起点 v_0 到终点 v_l 的路径（或通路），简称路。其中对所有 $1\leqslant i\leqslant l$，$v_0,v_1,\cdots,v_l\in V$，$e_1,e_2,\cdots,e_l\in E$，且 v_{i-1} 和 v_i 是 e_i 的端点。

v_0 和 v_l 分别称为路的起点和终点，边的数目称为路的长度，记作 $|\mu|$。

当 $v_0=v_l$ 时，称 μ 为回路（或闭路、圈），否则称 μ 为开路。

μ 的子序列若为路，则称为 μ 的子路。

显然，图中的路可以仅由顶点序列表示。

（2）若路的边互不相同，则称该路为简单路（或链、迹）；若出现的结点都是不相同的，则称该路为基本路（或基本链）。特别规定，任何结点到自身都有长度为 0 的基本路。

显然，每条基本路必定是简单路。

（3）在一个回路中，若出现的边互不相同，则称该回路为简单回路（或简单圈）；若每个结点恰好出现一次，则称该回路为基本回路（或基本圈）。

对有向图，只需在上述定义中增加条件：任何顶点与边的交替序列 μ 中，v_{i-1} 是 e_i 的起点，v_i 是 e_i 的终点，即可得各相应的有向名称。

例 8-2.1 如图 8-9 所示，图中：

$\mu=v_2v_4v_3v_5v_1$ 是开路，也是简单路，也是基本路，$|\mu|=4$；

$\mu_1=v_1v_2v_3v_4v_5v_1$ 是闭路，也是简单回路，也是基本回路，$|\mu|=5$；

$\mu_2=v_1v_2v_4v_3v_2v_1$ 是路，但不是简单路，更不是基本路。

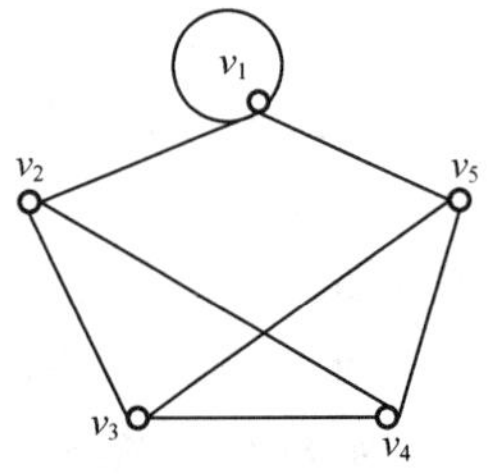

图 8-9 例 8-2.1 用图

定理 8-2.1 设 $G=\langle V,E\rangle$ 是 n 阶无向图，则

（1）任何基本路的长度均不大于 $n-1$；

（2）任何基本回路的长度均不大于 n。

证明：（1）根据基本路的定义可知，出现在基本路中的结点都是不相同的。显然，G 中最长的基本路含有 n 个结点，长度为 $n-1$，故结论成立。

（2）因为长度为 l 的任何基本回路都有 l 个不同结点，而图中共有 n 个结点，所以 $l\leqslant n$。

§8–2–2 连通图

定义 8-2.2 设 G 是无向图，若结点 u 与结点 v 之间存在任何一条通路，则称结点 u 与结点 v 是连通的。若 G 中任意不同的两个结点之间都是连通的，则称 G 是连通图，否则称 G 是分离图或非连通图。

定理 8-2.2 无向图 G 中，结点间的连通关系是结点集上的等价关系。

此定理不难证明。鉴于该定理，可将无向图的结点集按连通关系给出一个划分。划分中的每个顶点集形成的导出子图称为图 G 的连通分支（连通分图），图 G 的连通分支的个数，记作 $\omega(G)$。

显然，图 G 是连通图当且仅当 $\omega(G)=1$。

定义 8-2.3　设 u、v 是无向图 G 中的任意两个结点，若 u 与 v 是连通的，则 u 与 v 之间长度最短的一条通路称为 u 与 v 之间的短程线。短程线的长度称为 u 与 v 之间的距离，记作 $d(u,v)$。若 u 与 v 不连通，则 $d(u,v)=\infty$。

例 8-2.2　如图 8-10 所示，图 8-10（a）所示为连通图。v_1 与 v_4 之间的短程线只有一条，即 $v_1v_2v_4$，$d(v_1,v_4)=2$；图 8-10（b）所示为有 3 个连通分图的分离图。结点 v_1 与 v_3 之间的短程线只有一条，即 v_1v_3，$d(v_1,v_3)=1$，结点 v_1 与 v_5 不连通，$d(v_1,v_5)=\infty$。

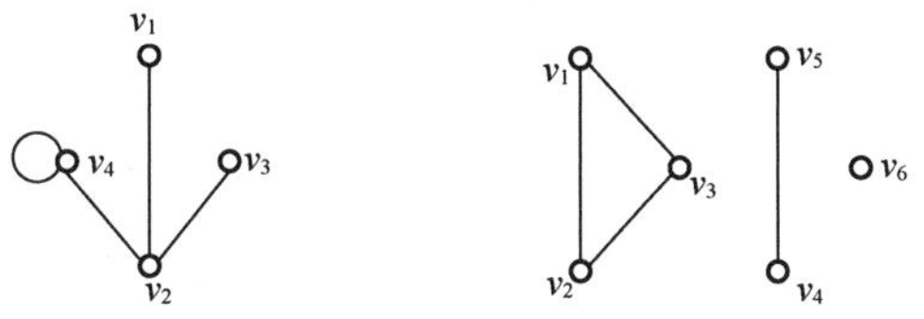

图 8-10　例 8-2.2 用图

定义 8-2.4　设 $G=<V,E>$ 为连通无向图，$S\subset V$。

（1）若导出子图 $G-S$ 不连通，但 $\forall T\subset S$ 时，导出子图 $G-T$ 都连通，则称 S 是 G 的一个点割集。

（2）若点割集 $S=\{v\}$，则称 v 是 G 的割点。

注意：完全图 K_n 无点割集，因为从 K_n 中删除 k（$k\leqslant n-1$）个顶点后，所得图仍然连通。

定义 8-2.5　设 $G=<V,E>$ 为连通无向图，$S\subset E$。

（1）若生成子图 $G-S$ 不连通，但 $\forall T\subset S$ 时，生成子图 $G-T$ 都连通，则称 S 是 G 的一个边割集。

（2）若边割集 $S=\{e\}$，则称 e 是 G 的割边或桥。

例 8-2.3　如图 8-11 所示。

G 的点割集有：$\{v_3\}$、$\{v_6\}$、$\{v_7\}$、$\{v_8,v_{10}\}$，其中 v_3、v_6、v_7 均为割点。

G 的边割集有：$\{v_1v_3,v_2v_3\}$、$\{v_3v_4,v_3v_5\}$、$\{v_3v_6\}$、$\{v_6v_7\}$等，其中 v_3v_6 和 v_6v_7 是割边。

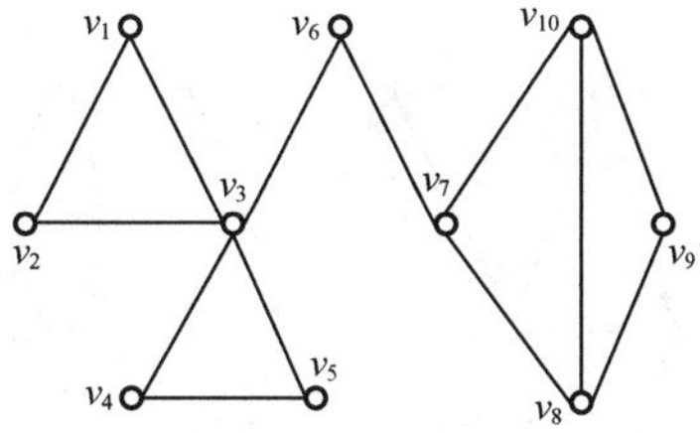

图 8-11　例 8-2.3 用图

无向图的连通性，不能直接推广到有向图。

定义 8-2.6　设 G 是有向图，若结点 u 到结点 v 之间存在任何一条有向路，则称结点 u 到结点 v 是可达的。

可达性是有向图结点集上的二元关系，具有自反性、传递性，一般不是对称的。但显然易知有以下定理和定义。

定理 8-2.3　有向图 G 中，结点间的双向可达关系是结点集上的等价关系。

定义 8-2.7　在有向图 G 中，若 G 中任何两个结点间都是相互可达的，则称 G 是强连通的；

若任何两个结点间，从某一个结点可达另一个结点，则称 G 是单向连通的；若有向图 G 不是单向连通的，但其基础图是连通的，则称 G 是弱连通的；若有向图 G 的基础图不连通，才称 G 是分离的或非连通的。

由定义可知，强连通图一定是单向连通的，而单向连通图一定是弱连通的。

例 8-2.4 图 8-12（a）、图 8-12（b）、图 8-12（c）分别对应强连通、单向连通、弱连通。

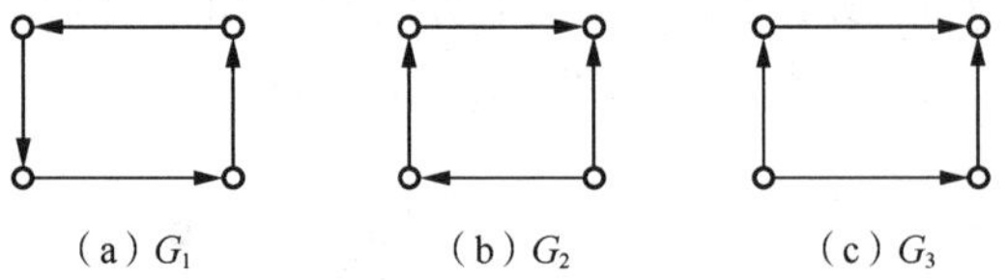

图 8-12 例 8-2.4 用图

定义 8-2.8 设 G_1 是有向图 G 的子图。若 G_1 是强连通的（单向连通的、弱连通的），但在 G_1 中任意增加原图的一些边或一些结点，所得子图便不再是强连通的（单向连通的、弱连通的），则称 G_1 是有向图 G 的一个强分图（单向分图、弱分图）。

例 8-2.5 如图 8-13 所示。

强分图有：$G[\{v_1,v_2,v_3\}]$、$G[\{v_4\}]$、$G[\{v_5\}]$、$G[\{v_6\}]$、$G[\{v_7,v_8\}]$。

单向分图有：$G[\{v_1,v_2,v_3,v_4\}]$、$G[\{v_4,v_5,v_6\}]$、$G[\{v_7,v_8\}]$。

弱分图有：$G[\{v_1,v_2,v_3,v_4,v_5,v_6\}]$、$G[\{v_7,v_8\}]$。

定理 8.2.4 有向图 G 中：

（1）任意结点恰位于一个强分图中；

（2）任意结点恰位于一个弱分图中；

（3）任意结点至少位于一个单向分图中。

证明： 由定理 8-2.2 和定理 8-2.3 即可证明（1）和（2）。

（3）容易证明"结点 u 和结点 v 同属一个单向分图"是结点集上的相容关系。由此相容关系可导出关于结点集的覆盖，故任意结点至少位于一个单向分图中。

由例 8-2.5 也可验证定理 8.2.4 的正确性。

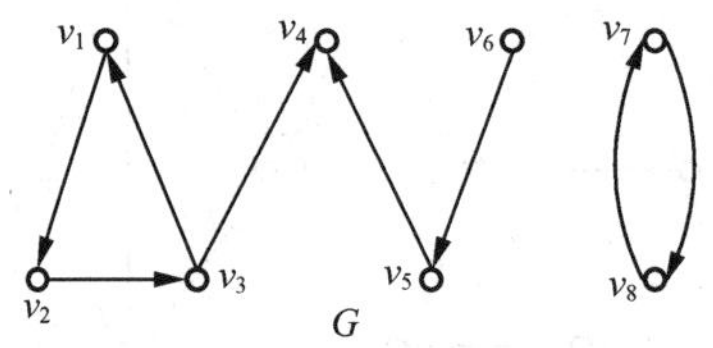

图 8-13 例 8-2.5 用图

§8–3 图的矩阵表示

§8–3–1 图的邻接矩阵

图可以使用图形表示法很容易地把结构展现出来，而且这种表示直观明了。除此之外图还可以用矩阵表示，图的矩阵表示不但可以深入地研究图的代数性质，而且便于图的计算机存储和处理。

在二元关系的讨论中，曾引入关系矩阵的概念，关系矩阵是本节邻接矩阵的一种特例。

定义 8-3.1 给定图 $G=\langle V,E\rangle$，$V=\{v_1,v_2,\cdots,v_n\}$，V 中的结点按下标由小到大排序，则 n 阶方阵 $\boldsymbol{A}(G)=(a_{ij})_{n\times n}$ 称为图 G 的邻接矩阵。其中：

（1）若 G 为有向图，则 $a_{ij}=k \Leftrightarrow \langle v_i, v_j\rangle$ 在 E 中出现 k 次，i、$j=1,2,\cdots,n$；

（2）若 G 为无向图，则 $a_{ij}=k \Leftrightarrow (v_i, v_j)$ 在 E 中出现 k 次，i、$j=1,2,\cdots,n$。

例 8-3.1 图 $G=\langle V,E\rangle$ 如图 8-14 所示，则它的邻接矩阵 $\boldsymbol{A}(G)$ 为

$$\boldsymbol{A}(G)=\begin{pmatrix}1&1&0&0&1\\1&0&1&1&0\\0&1&0&1&1\\0&1&1&0&1\\1&0&1&1&0\end{pmatrix}$$

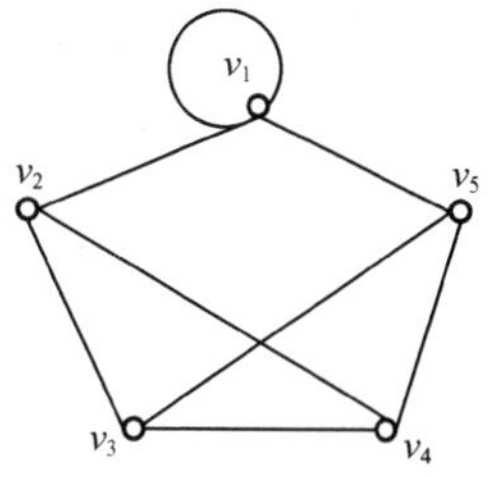

图 8-14 例 8-3.1 用图

显然，图的邻接矩阵是与图中结点的排序有关的。但在同构的意义下，邻接矩阵和图是相互唯一决定的。

邻接矩阵可直接显示出相应图的一些性质，如：

（1）若邻接矩阵的元素全为 0，则其对应的图是零图；

（2）若邻接矩阵的元素除主对角线元素为 0 以外全为 1，则其对应的图是连通的且为简单完全图；

（3）若给定的图是简单图，其邻接矩阵是布尔矩阵；

（4）若给定的图是无向图，其邻接矩阵是对称矩阵；

（5）若给定的图无自回路，其邻接矩阵的主对角元素全为 0。

不仅如此，通过对邻接矩阵元素的一些计算还可以得到对应图的某些数量的特征。

对有向图，有

$$d^{+}(v_i)=\sum_j a_{ij} \qquad d^{-}(v_j)=\sum_i a_{ij}$$

对无向图，有

$$d(v_i)=\sum_i a_{ij}+a_{ii}=\sum_j a_{ij}+a_{ii}$$

下面考察邻接矩阵 $\boldsymbol{A}(G)$ 幂乘的情况。

不难看出，$a_{ij}=1$ 当且仅当结点 v_i 到结点 v_j 有一条边，所以 $a_{ik}\times a_{kj}$ 是由结点 v_i 出发经过 v_k 到达结点 v_j 的长度为 2 的路的数目，从而 $\sum a_{ik}\times a_{kj}$ 表示由结点 v_i 出发经过各个结点到达结点 v_j 的长度为 2 的路的数目。

一般地，可归纳证明以下定理。

定理 8-3.1 设 $\boldsymbol{A}^l=(a_{ij}^l)_{n\times n}$ 表示图 G 的邻接矩阵的 l 次幂，则其中的 i 行 j 列元素 a_{ij}^l 表示 G 中由 v_i 到 v_j 的长度为 l 的路的数目。

证明： 由前述知，当 $l=2$ 时定理成立。

假设当 $l=k$ 时定理成立，考察 $l=k+1$ 的情形。由于

$$\mathbf{A}^{k+1}=\mathbf{A}^{k}\cdot\mathbf{A}$$

故有

$$a_{ij}^{k+1}=\sum_{r=1}^{n}a_{ir}^{k}a_{rj}$$

根据归纳假设和邻接矩阵的定义可知，这里 a_{ir}^{k} 是由 v_i 到 v_r 的长度为 k 的路的数目，其中每条路均可以再经过任何一条 v_rv_j 边一步到达 v_j，所以 a_{ij}^{k+1} 是所有从 v_i 到 v_j 长度为 k+1 的路的数目。故定理得证。

例 8-3.2 已知简单有向图 G=<V,E>如图 8-15 所示。

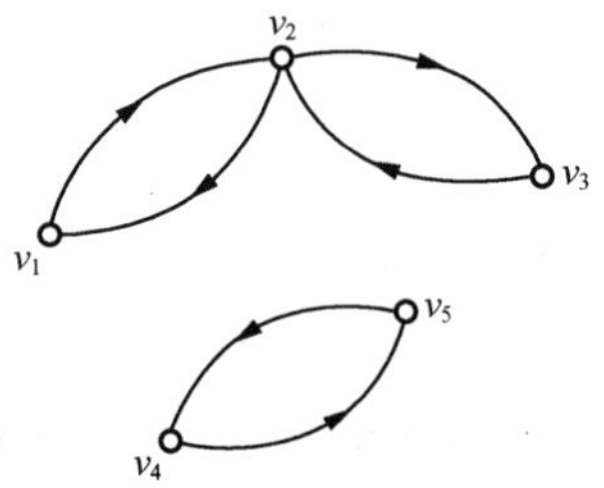

图 8-15 例 8-3.2 用图

则图 G 的邻接矩阵为：$\boldsymbol{A}=\begin{bmatrix}0&1&0&0&0\\1&0&1&0&0\\0&1&0&0&0\\0&0&0&0&1\\0&0&0&1&0\end{bmatrix}$

可计算出：$\boldsymbol{A}^2=\begin{bmatrix}0&1&0&0&0\\1&0&1&0&0\\0&1&0&0&0\\0&0&0&0&1\\0&0&0&1&0\end{bmatrix}\cdot\begin{bmatrix}0&1&0&0&0\\1&0&1&0&0\\0&1&0&0&0\\0&0&0&0&1\\0&0&0&1&0\end{bmatrix}=\begin{bmatrix}1&0&1&0&0\\0&2&0&0&0\\1&0&1&0&0\\0&0&0&1&0\\0&0&0&0&1\end{bmatrix}$

由此可知，v_1 到 v_3 有一条长度为 2 的路，反向也有一条长度为 2 的路。经过 v_2 有两条长度为 2 的回路，经过其余各顶点均有一条长度为 2 的回路。

进而可计算出：$\boldsymbol{A}^3=\boldsymbol{A}^2\cdot\boldsymbol{A}=\begin{bmatrix}1&0&1&0&0\\0&2&0&0&0\\1&0&1&0&0\\0&0&0&1&0\\0&0&0&0&1\end{bmatrix}\cdot\begin{bmatrix}0&1&0&0&0\\1&0&1&0&0\\0&1&0&0&0\\0&0&0&0&1\\0&0&0&1&0\end{bmatrix}=\begin{bmatrix}0&2&0&0&0\\2&0&2&0&0\\0&2&0&0&0\\0&0&0&0&1\\0&0&0&1&0\end{bmatrix}$

据此可知图 G 中长度为 3 的路的情况，v_1 和 v_2 相互间、v_3 和 v_2 相互间各有两条长度为 3 的路，v_4 和 v_5 相互间各有一条长度为 3 的路，没有长度为 3 的回路。由图 G 不难直接验证这一结论。

§8–3–2 图的可达矩阵

在许多问题中，我们感兴趣的不是路的数目，而是由某一结点到另一结点是否有路可达，因此引入以下定义。

定义 8-3.2 给定图 G=<V,E>，将其结点按下标排序得 $V=\{v_1,v_2,\cdots,v_n\}$。定义

$$\boldsymbol{P}(G)=(p_{ij})_{n\times n}$$

为图 G 的可达矩阵。其中

$$p_{ij}=\begin{cases}1 & v_i\text{ 到 }v_j\text{ 可达}\\ 0 & v_i\text{到}v_j\text{不可达}\end{cases}$$

从图 G 的邻接矩阵 $\boldsymbol{A}$ 可以得到可达矩阵 $\boldsymbol{P}$，即令 $\boldsymbol{B}_n=\boldsymbol{A}+\boldsymbol{A}^2+\boldsymbol{A}^3+\cdots+\boldsymbol{A}^n$，再将 $\boldsymbol{B}_n$ 中的非零元素改为 1 而 0 不变，这种变换后的矩阵即是可达矩阵 $\boldsymbol{P}$。但这种计算可达矩阵的方法的计算量太大，下面引入较简单的方法。

令 $\boldsymbol{A}(G)=(a_{ij})_{n\times n}$ 为图 G 的邻接矩阵，定义 $\boldsymbol{A}^{(1)}(G)=(e_{ij})_{n\times n}$，其中

$$e_{ij}=\begin{cases}1 & a_{ij}\neq 0\\ 0 & a_{ij}=0\end{cases}$$

再定义 $\boldsymbol{A}^{(2)}(G)=(e^{(2)}{}_{ij})_{n\times n}$，其中

$$e_{ij}^{(2)}=\bigvee_{r=1}^{n}(e_{ir}\wedge e_{rj})$$

符号∨、∧表示取大运算和取小运算，运算规则与命题真值的析取、合取运算完全相同。

一般地，令 $\boldsymbol{A}^{(k)}(G)=(e^{(k)}{}_{ij})_{n\times n}$，其中

$$e_{ij}^{(k)}=\bigvee_{r=1}^{n}(e_{ir}^{(k-1)}\wedge e_{rj})$$

不难理解，若由结点 v_i 到达结点 v_j 至少有一条长度为 k 的路，则有 $e_{ij}^{(k)}=1$，否则 $e_{ij}^{(k)}=0$。

若视任何结点到自身是零步可达的，则结合上述可得

$$\boldsymbol{P}(G)=\boldsymbol{I}_v\vee\boldsymbol{A}\vee\boldsymbol{A}^{(2)}\vee\boldsymbol{A}^{(3)}\vee\cdots\vee\boldsymbol{A}^{(n)}$$

其中，V 是图 G 的结点集，$\boldsymbol{I}_v$ 是 V 上的单位矩阵。由定理 8-2.1 可知，若由结点 v_i 到达结点 v_j 有路可达，则有长度小于（等于）n 的基本路（基本回路），故只需计算到 n 即可。

设 $\boldsymbol{P}=(p_{ij})$是图 G 的可达矩阵，$\boldsymbol{P}^{\mathrm{T}}=(p_{ji})$是 $\boldsymbol{P}$ 的转置矩阵，则可通过矩阵 $\boldsymbol{P}\wedge\boldsymbol{P}^{\mathrm{T}}$ 求出图 G 的强分图。因为由结点 v_i 到结点 v_j 可达，所以 $p_{ij}=1$；反过来从结点 v_j 到结点 v_i 可达时有 $p_{ji}=1$，即 $p_{ij}^{\mathrm{T}}=1$，所以结点 v_i 和结点 v_j 间相互可达当且仅当矩阵 $\boldsymbol{P}\wedge\boldsymbol{P}^{\mathrm{T}}$ 的 i 行 j 列元素为 1，这时 v_i、v_j 属同一强分图。

例 8-3.3 试求例 8-3.2 中图 G 的强分图。

解： 按前述进行如下计算。

$$\boldsymbol{A}=\begin{bmatrix}0&1&0&0&0\\1&0&1&0&0\\0&1&0&0&0\\0&0&0&0&1\\0&0&0&1&0\end{bmatrix}\quad \boldsymbol{A}^2=\begin{bmatrix}1&0&1&0&0\\0&1&0&0&0\\1&0&1&0&0\\0&0&0&1&0\\0&0&0&0&1\end{bmatrix}$$

$$\boldsymbol{A}^3=\begin{bmatrix}0&1&0&0&0\\1&0&1&0&0\\0&1&0&0&0\\0&0&0&0&1\\0&0&0&1&0\end{bmatrix}=\boldsymbol{AP}=\boldsymbol{I}_v\vee\boldsymbol{A}\vee\boldsymbol{A}^2\vee\boldsymbol{A}^3=\begin{bmatrix}1&1&1&0&0\\1&1&1&0&0\\1&1&1&0&0\\0&0&0&1&1\\0&0&0&1&1\end{bmatrix}=\boldsymbol{P}\wedge\boldsymbol{P}^{\mathrm{T}}$$

在 $\boldsymbol{P}\wedge\boldsymbol{P}^{\mathrm{T}}$ 中，$p_{12}=p_{13}=p_{23}=1$，所以 v_1、v_2、v_3 间相互可达，它们属同一强分图；$p_{45}=1$，所以 v_4、v_5 间相互可达，它们属同一强分图。所以图 G 的强分图有 $G[\{v_1,v_2,v_3\}]$和 $G[\{v_4,v_5\}]$。

在图的矩阵表示中，除邻接矩阵和可达矩阵外，还有关联矩阵、回路矩阵、权矩阵等。由图的邻接矩阵表示应该可以知道图的一切信息，这在理论上是正确的，但实际上要做到这一点有时比从其他途径研究图更加困难。

§8–4　特殊图

本节将介绍几类特殊类型的图，包括欧拉图、哈密顿图、二部图和平面图。

§8–4–1　欧拉图

欧拉图的起源是为了解决哥尼斯堡七桥问题（具体请看 8-5 节例 8-5.6）。

定义 8-4.1　设 $G=<V,E>$ 是连通图（无向的或有向的）。G 中经过每条边一次且仅一次的通路（回路）称为欧拉通路（回路）；具有欧拉回路的图称为欧拉图。

注意： 只有欧拉通路，而无欧拉回路的图不是欧拉图。

例 8-4.1　判断图 8-16 所示的多个图中，哪些图是欧拉图。

解： 图 8-16（a）、（d）均既无欧拉回路，也无欧拉通路，所以这两个都不是欧拉图。

图 8-16（b）、（e）均只有欧拉通路，无欧拉回路，所以这两个也不是欧拉图。

图 8-16（c）、（f）均有欧拉回路，所以它们都是欧拉图。

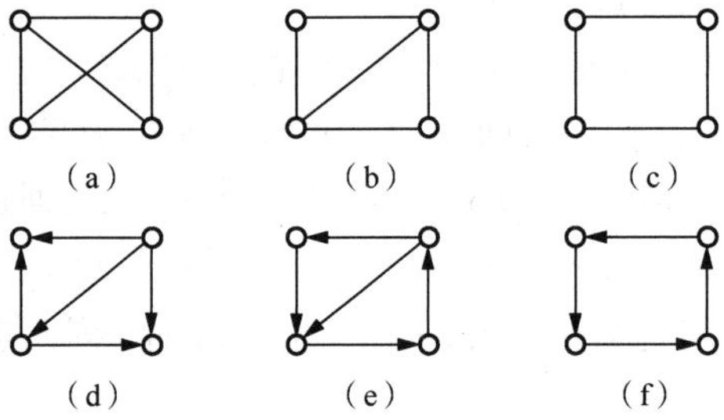

图 8-16　例 8-4.1 用图

定理 8-4.1　连通的非平凡的无向图 G 具有欧拉通路，当且仅当 G 具有 0 个或 2 个奇数度数的顶点。

证明：（充分性）由于 G 是连通的非平凡的无向图，因此其边数不小于 1。施归纳法于边数 m。

对 $m=1$，显然存在一条欧拉通路。若顶点有两个，则通路是以奇数度数顶点为起点和终点的；若顶点只有一个，则是一个环，欧拉通路是以同一偶数度数顶点为起点和终点的。

假设 $m=k$ 时定理成立，要证明 $m=k+1$ 时定理也成立。

若 G 有两个奇数度数的顶点 v_i、v_k，将其中一个作为起点（假设为 v_i），去掉一条与 v_i 相关的边(v_i,v_j)，余下的图是由 k 条边组成的连通图 G'。若 v_j 原来是偶数度数，则去掉边(v_i,v_j)后变成奇数度数。因此，依归纳假设，从 v_j 出发刚好有一条 G'的欧拉通路，通路在另一奇数度数的顶点 v_k 处结束。加上边(v_i,v_j)后，就得到一条自 v_i 开始至 v_k 结束的有 $k+1$ 条边的欧拉通路。若 v_j 原是奇数度数，证法类似。

若 G 的顶点度数都是偶数，则以任意 v_i 为起点构造欧拉通路。去掉一条与 v_i 相关联的边 (v_i,v_j)，若 $v_i\neq v_j$，则去掉边 (v_i,v_j) 后形成的连通图 G' 有两个奇数度数的顶点 v_i、v_j。根据归纳假设，以 v_j 为起点、以 v_i 为终点有一条有 k 条边的欧拉通路，再加上 (v_i,v_j)，就形成了一条由 v_i 到 v_i 的有 $k+1$ 条边的欧拉通路。若 $v_j=v_i$，则去掉 (v_i,v_i) 后形成的连通图 G' 是一个有 k 条边无奇数度数顶点的图。根据归纳假设，存在一条 v_i 到 v_j 的欧拉通路再加上边 (v_i,v_j),，则仍是一条从 v_i 到 v_i 的欧拉通路，但边数为 $k+1$。

（必要性）令 T 是 G 的一条欧拉通路，从通路的起点出发，每碰到一个顶点（若通路不终止），则必须通过关联于这个顶点的两条边，并且这两条边以前没有经过。所以到这条通路的终点为止，除去起点和终点外，其他各顶点的度数都是偶数。若起点和终点重合，则这个顶点的度数也是偶数；若起点异于终点，则这两个顶点是奇数度数，所以图 G 的奇数度数的顶点是 0 个或 2 个。

推论 8-4.1　连通的非平凡的无向图 G 具有欧拉回路，当且仅当 G 无奇数度数的顶点。

例 8-4.2　判断图 8-17 所示的多个图中，哪些图是欧拉图。

解：图 8-17（c）、（f）中的奇数度数顶点个数分别为 4 和 8，所以它们无欧拉通路和欧拉回路。

图 8-17（a）、（e）中的奇数度数顶点个数均为 2，所以它们有欧拉通路，但无欧拉回路。

图 8-17（b）、（d）均无奇数度数顶点，所以它们都有欧拉回路，即它们都是欧拉图。

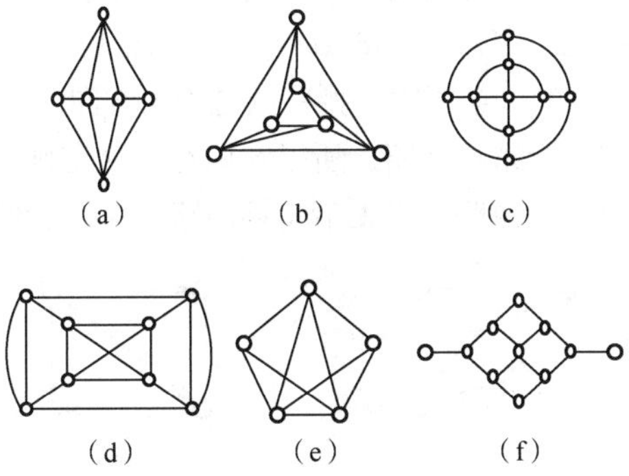

图 8-17　例 8-4.2 用图

有向图中是否存在欧拉通路或欧拉回路根据下面的定理判断。

定理 8-4.2　连通的非平凡的有向图 G 具有欧拉通路，当且仅当 G 中除两个例外顶点外每个顶点的入度都等于出度。对于这两个例外顶点，它们可能全部入度等于出度；可能一个顶点的入度比出度大 1，另一个顶点的入度比出度小 1。

推论 8-4.2　连通的非平凡的有向图 G 有欧拉回路，当且仅当 G 中的所有顶点的入度等于出度。

例 8-4.3　判断图 8-18 所示的多个图中，哪些图是欧拉图。

解：图 8-18（a）所有顶点的入度等于出度，所以有欧拉回路，它是欧拉图。

图 8-18（d）、（f）均有一个顶点的入度比出度大 1，还有一个顶点的出度比入度大 1，其余顶点的入度等于出度，所以它们有欧拉通路，但无欧拉回路。

图 8-18（b）、（c）均存在入度比出度大 2 和出度比入度大 2 的顶点，所以它们无欧拉通路和

欧拉回路。

图 8-18（e）为非连通图，因而不可能有欧拉通路，更无欧拉回路。

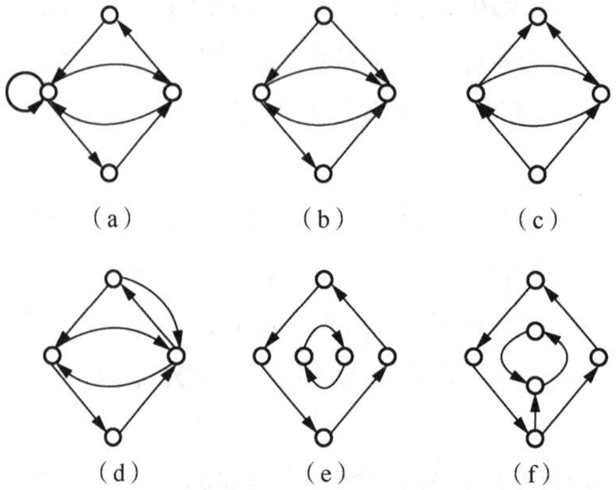

图 8-18　例 8-4.3 用图

§ 8–4–2　哈密顿图

哈密顿图的起源是为了解决哈密顿环球旅行问题（具体请看 8-5 节例 8-5.8）。

定义 8-4.2　设 $G=<V,E>$ 为图（无向的或有向的）。G 中经过每个顶点一次且仅一次的通路（回路）称为哈密顿通路（回路）；具有哈密顿回路的图称为哈密顿图。

注意： 只有哈密顿通路而无哈密顿回路的图不是哈密顿图。

例 8-4.4　判断图 8-19 所示的多个图中，哪些图是哈密顿图。

解： 图 8-19（a）、（d）均有哈密顿回路，所以它们都是哈密顿图。

图 8-19（b）、（c）均无哈密顿通路，更无哈密顿回路，所以它们不是哈密顿图。

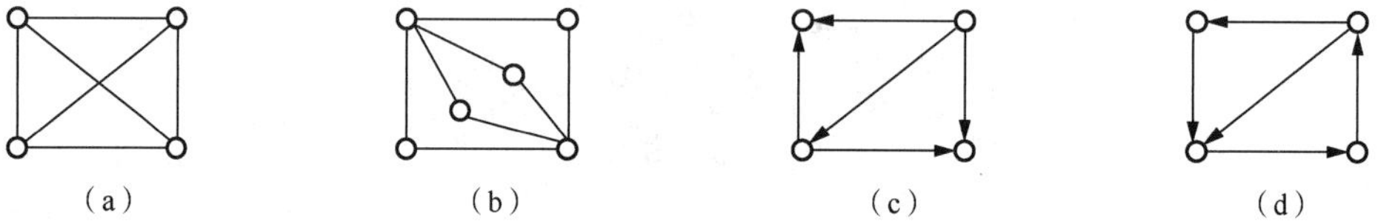

图 8-19　例 8-4.4 用图

与欧拉图的情况不同，目前人们还没有找到哈密顿图的充要条件，只找到一些哈密顿图的必要条件和充分条件。寻找哈密顿图的充要条件是图论中尚未解决的问题之一。

下面介绍一个哈密顿图的必要条件。

定理 8-4.3　设无向图 $G=<V,E>$ 为哈密顿图，V_1 是 V 的任意真子集，则

$$p(G-V_1) \leqslant |V_1|$$

其中，$p(G-V_1)$ 为从 G 中删除 V_1 后所得图的连通分支数。

证明： 设 C 是图 G 中的一条哈密顿回路。先来考虑两种特殊的情况。

（1）V_1 中包含的顶点均邻接，这时 $C-V_1$ 显然是一条通路，因此有 $p(C-V_1)=1 \leqslant |V_1|$。

（2）V_1 中包含的顶点均不邻接，设 V_1 中顶点数目为 r（$r \geqslant 2$），这时图 $C-V_1$ 有 r 个分支，于是 $p(C-V_1)=r=|V_1|$。

一般来说，若 V_1 既含有邻接的顶点又含有不邻接的顶点，那么就有

$$p(C-V_1) \leqslant |V_1|$$

同时 $C-V_1$ 是 $G-V_1$ 的一个生成子图，因而

$$p(G-V_1) \leqslant p(C-V_1) \leqslant |V_1|$$

定理得证。

推论 8-4.3　有割点的图一定不是哈密顿图。

证明： 设 v 为图 G 的割点，则 $p(G-v) \geqslant 2$，由定理 8-4.3 可知，G 不是哈密顿图。

例 8-4.5　证明图 8-20 所示的图都不是哈密顿图。

证明： 图 8-20（a）存在割点 a，所以图 8-20（a）不是哈密顿图。

图 8-20（b）中令 $V_1=\{a,b,c,d,e\}$，从图中删除 V_1 得到 6 个连通分支，而 $|V_1|=5$，由定理 8-4.3 知图 8-20（b）不是哈密顿图。

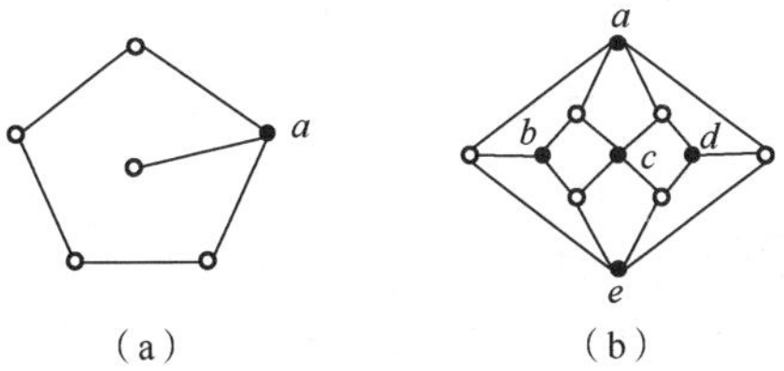

图 8-20　例 8-4.5 用图

下面介绍一些哈密顿图的充分条件。

定理 8-4.4　设 G 是 n（$n \geqslant 3$）阶无向简单图，若对 G 中每一对不邻接的顶点 u、v，均有

$$d(u)+d(v) \geqslant n-1$$

则 G 中存在哈密顿通路。又若

$$\mathrm{d(u)+d(v)} \geqslant \mathrm{n}$$

则 G 中存在哈密顿回路，即 G 为哈密顿图。

推论 8-4.4　设 G 是 n（$n \geqslant 3$）阶无向简单图，G 中顶点的最小度数大于等于 $n/2$，则 G 是哈密顿图。

例 8-4.6　判断无向完全图 K_n（$n \geqslant 3$）是不是哈密顿图。

解： 对无向完全图 K_n（$n \geqslant 3$），每个顶点的度数都为 $n-1$，所以 G 中顶点的最小度数为 $n-1$。当 $n \geqslant 3$ 时，$n-1 > n/2$，所以由推论得无向完全图 K_n（$n \geqslant 3$）是哈密顿图。

定义 8-4.3　G 有 n 个顶点，在 G 中，逐一连接其度数之和至少是 n 的非邻接顶点对，直到不再有这样的顶点对时为止，这样得到的图称为 G 的闭包，记作 $C(G)$。

例 8-4.7　图 8-21 所示为从 G 构造 $C(G)$ 的过程。

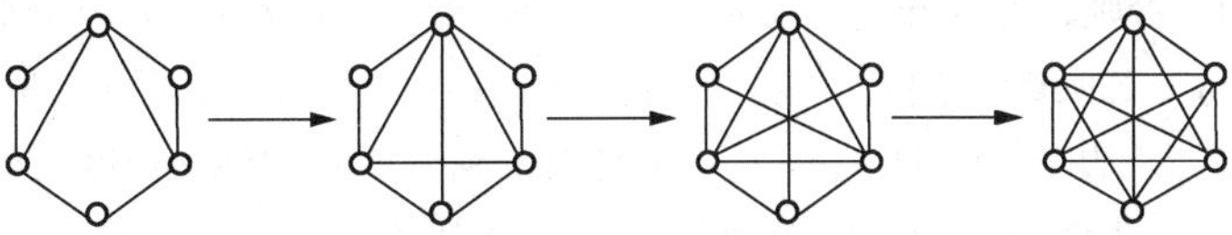

图 8-21　例 8-4.7 用图

定理 8-4.5　无向图 G 是哈密顿图，当且仅当 G 的闭包 $C(G)$ 是哈密顿图。

推论 8-4.5　设 G 是 n 阶（$n \geqslant 3$）无向简单图，若 $C(G)$ 是完全图，则 G 是哈密顿图。

例 8-4.8 图 8-21 所示的图 G 的闭包 $C(G)$是一个无向完全图 K_6，所以图 G 是哈密顿图。

注意： 以上给出的定理和推论是哈密顿图的必要条件或充分条件，都不是充要条件。证明一个图是哈密顿图最直接的方式是找到一条哈密顿回路，也可以通过证明它满足某个充分条件，如满足定理 8-4.4 等。证明一个图不是哈密顿图只能通过证明它不满足某个必要条件，如定理 8-4.3。

§8–4–3 二部图

本节只讨论无向图。

定义 8-4.4 若能将无向图 $G=\langle V,E\rangle$的顶点集 V 分成两个不相交的子集 V_1 和 V_2（即 $V_1\cap V_2=\varnothing$ 且 $V_1\cup V_2=V$），使得 G 中任何一条边的两个端点一个属于 V_1，另一个属于 V_2，则称 G 为二部图，记作 $G=\langle V_1,V_2,E\rangle$。其中 V_1、V_2 称为互补顶点子集。

例 8-4.9 如图 8-22 所示，图 8-22（a）、（b）两图都是二部图。

图 8-22（a）的互补顶点子集是 $V_1=\{v_1,v_3\}$，$V_2=\{v_2,v_4\}$。

图 8-22（b）的互补顶点子集是 $V_1=\{v_1,v_2\}$，$V_2=\{v_3,v_4,v_5\}$。

定义 8-4.5 若 G 是二部图，V_1 中任意顶点与 V_2 中任意顶点均有且仅有一条边相关联，则称二部图 G 为完全二部图。若$|V_1|=r$，$|V_2|=s$，则记完全二部图为 $K_{r,s}$。

在完全二部图 $K_{r,s}$ 中，它的顶点数 $n=r+s$，边数 $m=rs$。

例 8-4.10 如图 8-23 所示，图 8-23（a）为 $K_{1,6}$，图 8-23（b）为 $K_{2,3}$，图 8-23（c）为 $K_{3,3}$。

下面我们给出二部图的判定定理。

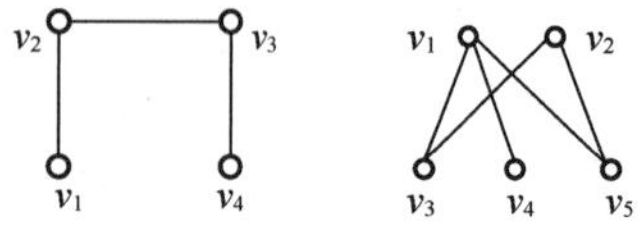

（a）（b）

图 8-22 例 8-4.9 用图

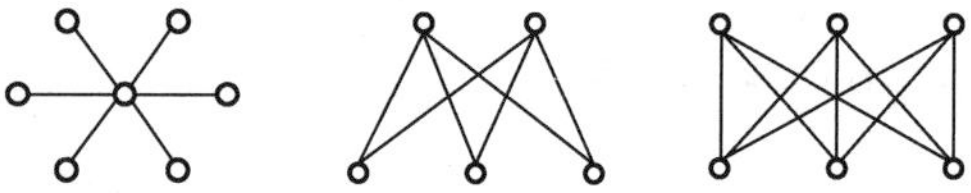
（a）（b）（c）

图 8-23 例 8-4.10 用图

定理 8-4.6 无向图 G 是二部图当且仅当 G 中无奇数长度的回路。

证明：（必要性）已知 $G=\langle V_1,V_2,E\rangle$为二部图，要证明 G 中无奇数长度的回路。

若 G 中无回路，则结论显然成立。

若 G 中有回路，设 C 为一条长度为 k 的回路，$C=v_1v_2v_3\cdots v_kv_1$，不妨设 $v_1\in V_1$，则 $v_{2m+1}\in V_1$ 和 $v_{2m}\in V_2$（$m\geqslant 0$），显然 k 为偶数，而 C 的长度为 k，所以 C 为偶圈。

（充分性）已知 G 中无奇数长度的回路，要证明 G 是二部图。

若 G 是零图，结论显然成立。

设 G 是连通的。否则，可以分别考虑它的每一个分支，并且 G 中每条回路长度为偶数。任取 $v\in V$，令 $V_1=\{v_i|v_i$ 与 v 之间的距离是偶数$\}\cup\{v\}$，$V_2=\{v_i|v_i$ 与 v 之间的距离是奇数$\}$。

假设 G 中存在一条边(v_i,v_j)，且 $v_i,v_j\in V_1$，于是由 v 到 v_i 的短程线（长度为偶数）、边(v_i,v_j)以及 v_j 到 v 的短程线（长度为偶数）所组成的回路，其长度为奇数，这与 G 中所有回路的长度为偶数矛盾，因此 G 中不含有边(v_i,v_j)，且 $v_i,v_j\in V_1$。用同样的方法可以证明：两个顶点都在 V_2 中的边也是不存在的。因此，根据二部图的定义，G 为二部图。

例 8-4.11　判断图 8-24 所示的多个图中，哪些图是二部图。

解： 图 8-24（a）、（c）含奇数长度的回路，所以它们不是二部图。

图 8-24（b）无奇数长度的回路，所以它是二部图，它可以画成图 8-24（b′）所示的形式。

图 8-24（d）无回路，更无奇数长度的回路，所以它是二部图，它可以画成图 8-24（d′）所示的形式。

图 8-24（b′）、（d′）称为标准形式。

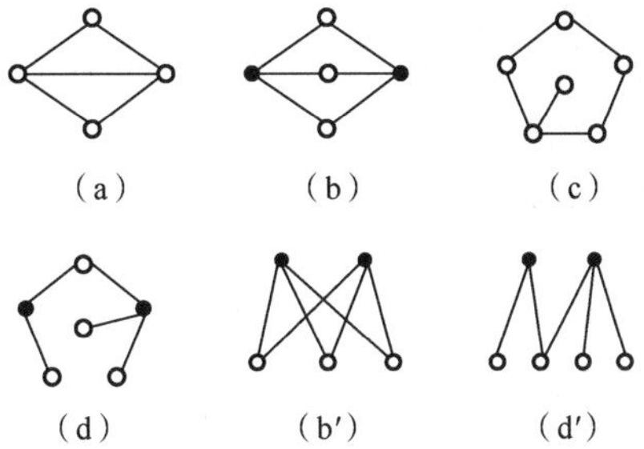

图 8-24　例 8-4.11 用图

定义 8-4.6　设二部图 $G=<V_1,V_2,E>$，$E'\subseteq E$。

（1）若 E'中的边互不邻接，则称 E'是 G 的匹配。

（2）设$|V_1|\leqslant|V_2|$，E'是 G 的匹配，若$|E'|=|V_1|$，则称 E'是 V_1 到 V_2 的完备匹配。

例 8-4.12　判断图 8-25 所示的多个图中的匹配情况。

图 8-25（a）、（b）中的实线边是完备匹配。

图 8-25（c）、（d）中的实线边是匹配，但不是完备匹配。

图 8-25（e）中的实线边不是匹配。

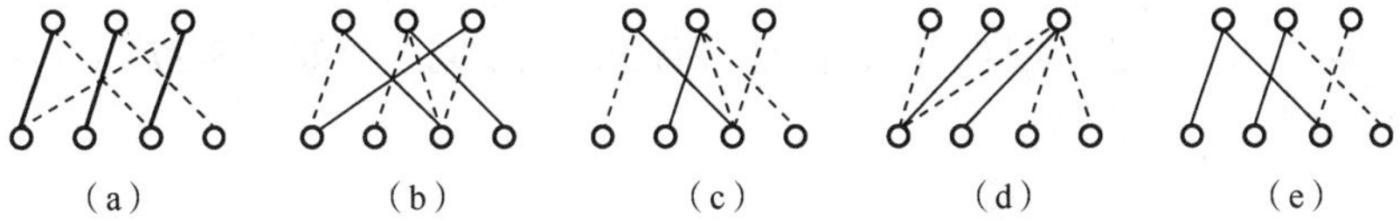

图 8-25　例 8-4.12 用图

下面给出二部图有完备匹配的判断条件。

定理 8-4.7　设二部图 $G=<V_1,V_2,E>$，其中$|V_1|\leqslant|V_2|$，则 G 中存在 V_1 到 V_2 的完备匹配当且仅当 V_1 中任意 k(k=1,2,⋯,$|V_1|$)个顶点至少与 V_2 中的 k 个顶点邻接。这个条件常称为“相异性条件”，是二部图存在完备匹配的充要条件。

定理 8-4.8　设二部图 $G=<V_1,V_2,E>$，其中$|V_1|\leqslant|V_2|$，若存在正整数 t，使得 V_1 中每个顶点至少关联 t 条边，且 V_2 中每个顶点至多关联 t 条边，则 G 中存在 V_1 到 V_2 的完备匹配。这个条件常称为“t 条件”，是二部图存在完备匹配的充分条件。

例 8-4.13　对图 8-25 的判断过程如下。

图 8-25（a）上面每个顶点至少关联两条边，下面每个顶点至多关联两条边，满足 t 条件，所以它存在完备匹配。

图 8-25（b）、（c）、（e）都不满足 t 条件，但满足相异性条件，所以它们都存在完备匹配。

图 8-25（d）上面有两个顶点只与下面一个顶点邻接，不满足相异性条件，所以它不存在完备匹配。

§8-4-4 平面图

许多实际问题往往涉及对图的平面性的研究，如单面印刷电路板和集成电路的布线。近年来，大规模集成电路的发展促进了对图的平面性的研究。本节只讨论无向图问题。

定义 8-4.7 图 G 能以这样的方式画在平面上：除顶点处外没有边交叉出现。则称 G 为平面图。画出的没有边交叉出现的图称为 G 的平面嵌入或平面表示。无平面嵌入的图称为非平面图。

例 8-4.14 对图 8-26 中各图分析如下。

图 8-26（a）、（b）是非平面图，无论怎么改变画法，边的交叉是不能全去掉的。图 8-26（a）是 $K_{3,3}$，图 8-26（b）是 $K_{3,3}$ 边交叉最少的画法。

图 8-26（c）、（d）、（e）都是平面图。图 8-26（d）、（e）都是图 8-26（c）的平面嵌入。

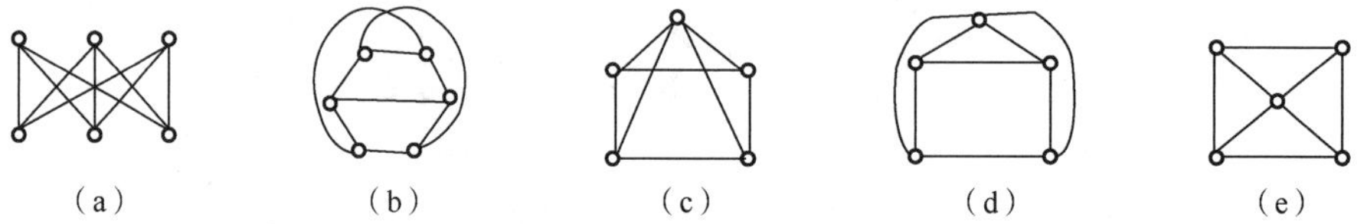

图 8-26 例 8-4.14 用图

定义 8-4.8 设 G 是一个平面图，G 的边将所在平面划分成若干区域，每个区域称为 G 的一个面。其中面积无限的区域称为无限面或外部面，面积有限的区域称为有限面或内部面。

例 8-4.15 对图 8-27 中各图分析如下。

图 8-27（a）有 7 个面，R_0 是外部面，R_1、R_2、R_3、R_4、R_5、R_6 和 R_7 是内部面。

图 8-27（b）是非连通平面图，有 4 个面，R_0 是外部面，R_1、R_2、R_3 是内部面。

图 8-27（c）有 5 个面，R_0 是外部面，R_1、R_2、R_3、R_4 是内部面。

图 8-27（d）有 5 个面，R_0 是外部面，R_1、R_2、R_3、R_4 是内部面。

注意：图 8-27（c）、（d）是同构的，但是它们的面是不同的，如图 8-27（c）的外部面 R_0 在图 8-27（d）中变成了内部面 R_1。

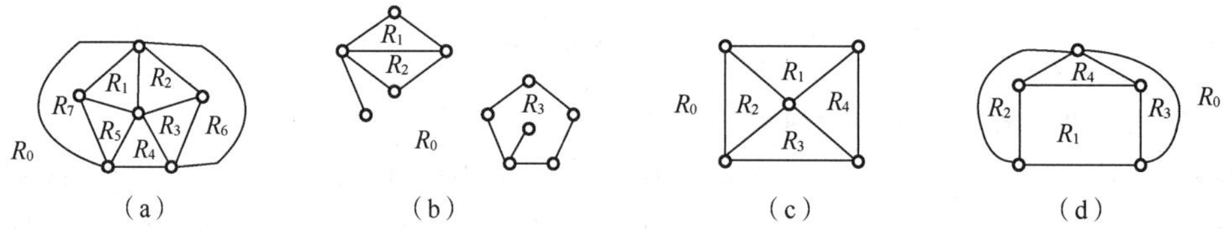

图 8-27 例 8-4.15 用图

定义 8-4.9 设 G 是一个简单平面图，如果在 G 的任意不邻接的顶点之间再加一条边，所得图为非平面图，那么称 G 为极大平面图。

极大平面图有以下性质。

（1）极大平面图是连通的。

（2）n（$n \geqslant 3$）阶平面图是极大平面图的充要条件是它的每个面都由 3 条边围成。

例 8-4.16 对图 8-27 中各图分析如下。

图 8-27（a）每个面都是由 3 条边围成，它是极大平面图。图 8-27（b）、（c）、（d）都存在多于 3 条边围成的面，所以它们都不是极大平面图。

下面讨论连通平面图 G 中顶点数（n）、边数（m）、面数（r）之间的关系。

定理 8-4.9 （欧拉公式）设 G 为任意连通的平面图，则

$$n-m+r=2$$

证明：对边数 m 作归纳法。

当 $m=0$ 时，由 G 的连通性可知，G 必为孤立点，因而 $n=1$、$r=1$（即只有一个外部面），定理自然成立。

设 $m-1$（$m\geqslant 1$）时定理成立，要证明 m 时定理也成立。

（1）若 G 中有一个悬挂点 v，删除 v，得 $G'=G-v$，则 G'是连通的，当然还是平面图。G'中顶点数 $n'=n-1$，边数 $m'=m-1$，面数没变，即 $r'=r$。由归纳假设应有

$$n'-m'+r'=2$$

将 $n'=n-1$、$m'=m-1$、$r'=r$ 代入上式，得

$$(n-1)-(m-1)+r=2$$

经过整理得

$$n-m+r=2$$

（2）若 G 中没有悬挂点，则必存在圈。设 C 为一个圈，边 e 在 C 上。令 $G'=G-e$，所得图 G'仍连通，$n'=n$、$m'=m-1$、$r'=r-1$。由归纳假设得

$$n'-m'+r'=2$$

即

$$n-(m-1)+(r-1)=2$$

经过整理得

$$n-m+r=2$$

得证 m 时定理也成立。

推论 8-4.6 若 G 是 n（$n\geqslant 3$）阶 m 条边的简单连通平面图，则 $m\leqslant 3n-6$。

证明：设 G 是 $n\geqslant 3$ 的简单连通平面图，因为每个面至少需要 3 条边来限定，而每条边最多只能用来限定两个面，故有 $3r\leqslant 2m$，即 $r\leqslant \frac{2}{3}m$，把它代入欧拉公式有

$$n-m+\frac{2}{3}m\geqslant 2$$

即

$$m\leqslant 3n-6$$

例 8-4.17 证明 K_5、$K_{3,3}$不是平面图。

证明：$n(K_5)=5$，$m(K_5)=10$，若 K_5是平面图，则 $10\leqslant 15-6=9$，矛盾，所以 K_5不是平面图。

$n(K_{3,3})=6$，$m(K_{3,3})=9$，若 $K_{3,3}$是平面图且设 G 是 $K_{3,3}$的平面嵌入，因为 $K_{3,3}$的每个回路的长度都不小于 4，故有 $4r\leqslant 2m=18$，即 $r\leqslant 4$，由欧拉公式有

$$2=n-m+r\leqslant 6-9+4=1$$

矛盾，所以 $K_{3,3}$不是平面图。

下面给出判断平面图的充要条件。

定义 8-4.10 若两图 G_1、G_2同构，或经过反复插入或删除度数为 2 的顶点（如图 8-28 所示）后同构，则称 G_1和 G_2同胚。

例 8-4.18 如图 8-29 所示，图 8-29（b）是经过图 8-29（a）删除度数为 2 的顶点 a，插入度数为 2 的顶点 b 得到的，图 8-29（a）和图 8-29（b）是同胚的。

（a）（b）

图 8-28

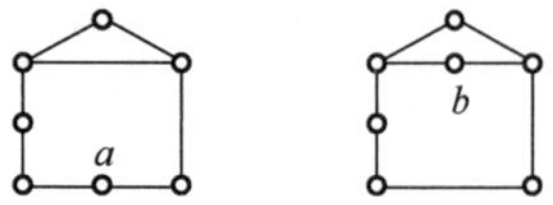

（a）（b）

图 8-29 例 8-4.18 用图

定义 8-4.11 图 G 的一个初等收缩由如下方法得到：删除 G 中两个邻接的顶点 v_i、v_j 及边 (v_i,v_j)，用一个新的符号 w 替代，使它邻接所有邻接于 v_i、v_j 的顶点。一个图 G 可以收缩到图 H，即指 H 可以从 G 经过一系列初等收缩得到。

例 8-4.19 如图 8-30 所示，图 8-30（b）由图 8-30（a）收缩边 (v_2,v_4) 得到。

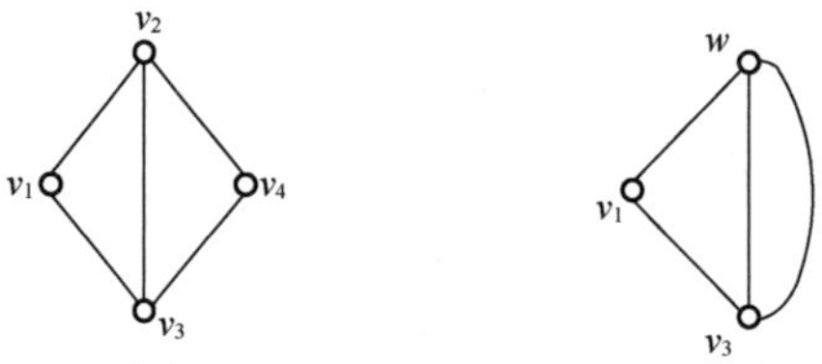

（a）（b）

图 8-30 例 8-4.19 用图

定理 8-4.10 一个图是平面图当且仅当它不含与 K_5 或 $K_{3,3}$ 同胚的子图。

定理 8-4.11 一个图是平面图当且仅当它没有可以收缩到 K_5 或 $K_{3,3}$ 的子图。

例 8-4.20 判断图 8-31 所示各图是否是平面图。

图 8-31（a）删除虚线边得到的子图是 $K_{3,3}$，所以它不是平面图。

图 8-31（b）删除虚线边得到的子图与 K_5 同胚，所以它不是平面图。

图 8-31（c）不含与 K_5 或 $K_{3,3}$ 同胚的子图，也没有可以收缩到 K_5 或 $K_{3,3}$ 的子图，所以它是平面图，图 8-31（d）是它的一个平面嵌入。

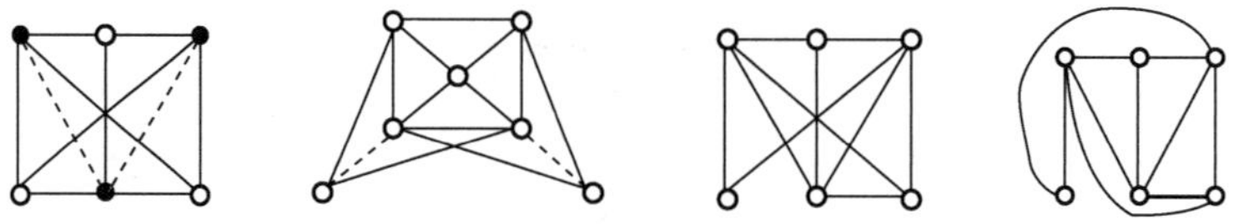

（a）（b）（c）（d）

图 8-31 例 8-4.20 用图

§8–5 图的应用

在了解了图的基本知识和几种特殊的图之后，下面举例展示如何应用图来解决实际问题。

§8–5–1 图的应用示例

例 8-5.1 证明：在 n（$n\geqslant 2$）个人的团体中，总有两个人在团体内恰好有相同个数的朋友。

证明： 以顶点代表人，两人如果是朋友，就在他们的对应顶点间连一条边，这样可得 n（$n\geqslant 2$）阶无向简单图 G。每个人的朋友数即图 G 中代表他的顶点的度数，于是问题转化为：n（$n\geqslant 2$）阶无向简单图 G 中必有两个顶点的度数相同。

用反证法，设 G 中各顶点的度数均不相同，则度数序列为 $0,1,2,\cdots,n-1$，说明图中有孤立顶点，这与有 $n-1$ 度顶点相矛盾（因为是简单图），所以必有两个顶点的度数相同，即总有两个人恰好有相同个数的朋友。

例 8-5.2 证明：在 6 个人的团体中，至少有 3 个人彼此认识或彼此不认识。

证明： 将 6 个人抽象成 6 个顶点，若两个人彼此认识，则在他们的对应顶点间连一条边，这样可得 6 阶无向简单图 G，$\overline{G}$ 中的边则表示两个顶点代表的人彼此不认识，本题等价于证明 G 或它的补图 $\overline{G}$ 中存在 3 个顶点彼此邻接。

因为 K_6 是 5 度正则图，所以 $v\in V(G)$（$v\in V(\overline{G})$），$d(v)$ 在 G 中或在 $\overline{G}$ 中大于等于 3。不妨设在 G 中 $d(v_0)\geqslant 3$，则 v_0 在 G 中至少关联 3 个顶点并设为 v_1、v_2、v_3，如图 8-32 所示，若此 3 个顶点在 G 中彼此不邻接，则必有 3 条边 e_1、e_2、e_3 均在 $\overline{G}$ 中（图中虚线），亦即 v_1、v_2、v_3 这 3 个顶点在 $\overline{G}$ 中彼此邻接，否则 3 个顶点中至少有 2 个在 G 中邻接，不妨设 $e_1\in E(G)$，则 v_0、v_1、v_2 为在 G 中彼此邻接的 3 个顶点，故在 G 或 $\overline{G}$ 中存在 3 个顶点彼此邻接，即有 3 个人彼此认识或彼此不认识。

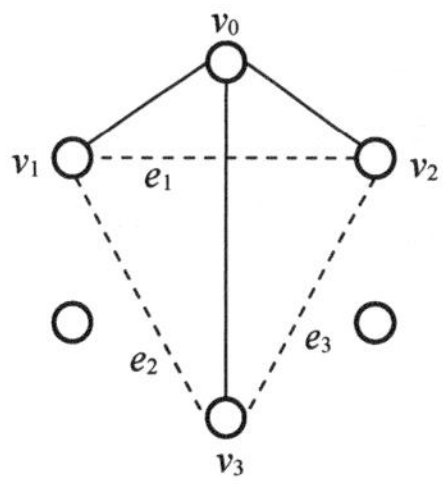

图 8-32 例 8-5.2 用图

例 8-5.3 一个摆渡人，要把一匹狼、一只羊和一捆干草运过河，河上有一条木船，每次除了人以外，只能带一样东西。如果人不在旁，狼就要吃羊，羊就要吃干草。请问摆渡人怎样才能把它们全部运过河？

解： 用 F 表示摆渡人，W 表示狼，S 表示羊，H 表示干草。

若用 $FWSH$ 表示人和其他 3 样东西在河的左岸的状态，则在左岸全部可能出现的状态为以下 16 种。

$FWSH$ FWS FWH FSH WSH FW FS FH WS WH SH F W S H $\varnothing$

这里 $\varnothing$ 表示左岸是空集，即人、狼、羊、干草都已运到右岸。

根据题意，有 6 种状态是不允许发生的，它们是：WSH、FW、FH、WS、SH、F。如 FH 表示人和干草在左岸，而狼和羊在右岸，狼会吃羊，所以这种状态是不允许的。对剩下 10 种状态，将每种状态视为一个顶点，若一种状态可以转移到另一种状态，就在表示它们的两顶点间连一条边，这样可得图 G，如图 8-33 所示。本题就转化为在图 G 中找顶点 $FWSH$ 到顶点 $\varnothing$ 的通路，从图 G 中可以得到两条这样的通路，所以有两种渡河方案。

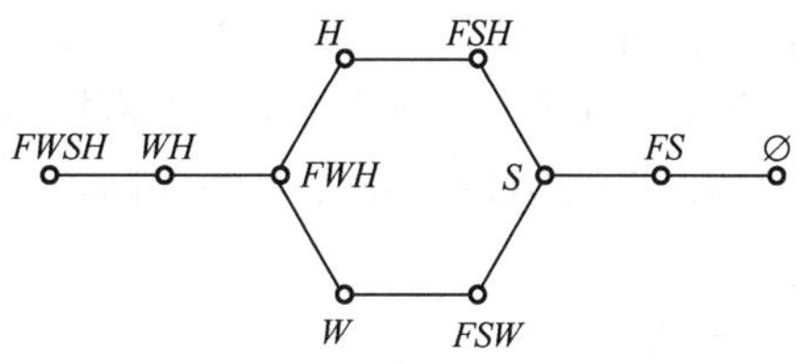

图 8-33 例 8-5.3 用图

例 8-5.4 在一次国际会议中，由 7 人组成的小组 $\{a,b,c,d,e,f,g\}$ 中，a 懂英语、阿拉伯语，b 懂英语、西班牙语，c 懂汉语、俄语，d 懂日语、西班牙语，e 懂德语、汉语和法语，f 懂日语、俄语，g 懂英语、法语和德语。请问他们中间任何两人是否均可对话（必要时可通过别人翻译）？

解：用顶点代表人，如果两人懂同一种语言，那么在代表两人的顶点间连边，这样得到图 8-34。问题转化为：在这个图中，任何两个顶点间是否存在通路？由于图 8-34 是一个连通图，因此他们中间任何两人均可对话（必要时通过别人翻译）。

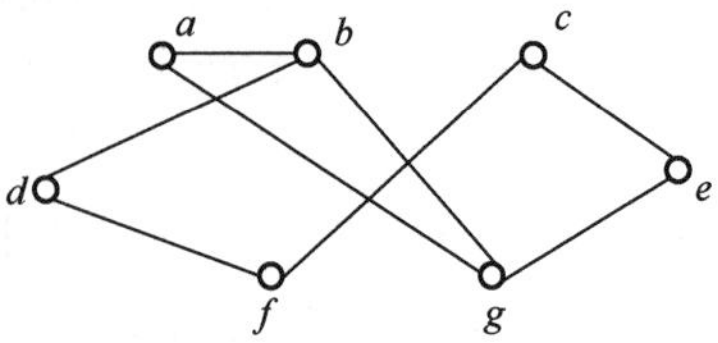

图 8-34　例 8-5.4 用图

例 8-5.5　图 8-35 所示为在多道程序的计算机系统中某时刻的资源分配图。其中 $p_1,\cdots,p_4$ 表示计算机系统在时刻 t 运行中的程序，$r_1,\cdots,r_4$ 是计算机系统在时刻 t 的资源（CPU、内部存储器、外部存储器、编译程序、外部设备等）。有向边 $p_k=<r_i,r_j>$ 表示程序 p_k 已分配到资源 r_i 且等待资源 r_j。请问该计算机系统当前是否处于死锁状态？

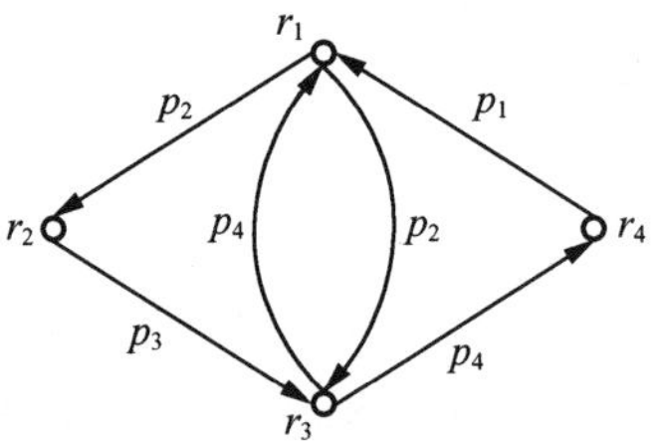

图 8-35　例 8-5.5 用图

解：计算机系统处于死锁状态等价于资源分配图中存在多于一个结点的强分图，所以该问题转化为求图 8-35 中是否存在多于一个结点的强分图。由图 8-35 可知存在强分图 $G[\{r_1,r_2,r_3,r_4\}]$，所以该计算机系统当前处于死锁状态。

§8–5–2　特殊图的应用

例 8-5.6（哥尼斯堡七桥问题）18 世纪，普鲁士的哥尼斯堡城有一条横贯全城的普雷格尔河，河中有两个岛，两岸和两个岛之间架设了 7 座桥，如图 8-36 所示。每逢假日，城中居民进行环城游玩，人们对此提出了一个"遍游"问题，即能否有这样一种走法，使得从某地出发通过且只通过每座桥一次后又回到原地呢？

解：（该解决方案由欧拉提出）将哥尼斯堡七桥表示成图 8-37 所示，用各顶点表示各块陆地，用图的边表示桥。该问题等价于在图 8-37 所示的图中，能否从某一顶点出发，找到一条通路，经过每条边一次且仅一次，并且回到原顶点，即该图中是否有欧拉回路。根据定理 8-4.1，图 8-37 所示的 4 个顶点都是奇数度数的，它没有欧拉回路，所以该问题无解。

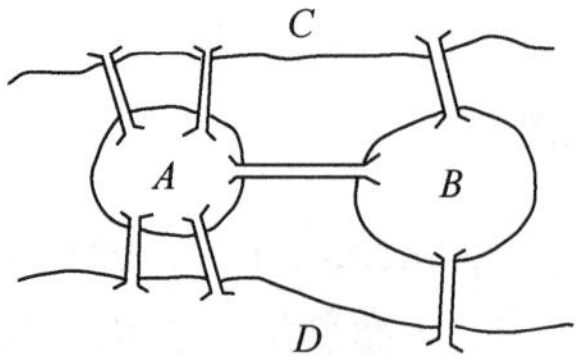

图 8-36　例 8-5.6 用图

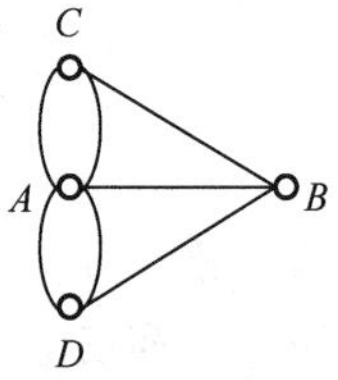

图 8-37　解题

例 8-5.7　图 8-38（a）是一幢房子的平面图，前门进入 1 个客厅，由客厅通向 4 个房间。如果要求每扇门只能进出一次，现在由前门进去，能否通过所有的门走遍所有的房间和客厅，然后从后门走出？

解：将 4 个房间和 1 个客厅及前门外和后门外作为结点，两结点有边表示两结点所表示的位置有一扇门相通。由此得图 8-38（b），本问题为欧拉通路问题。由于图中有 4 个结点是奇数度数结点，因此由定理 8-4.1 知本题无解。

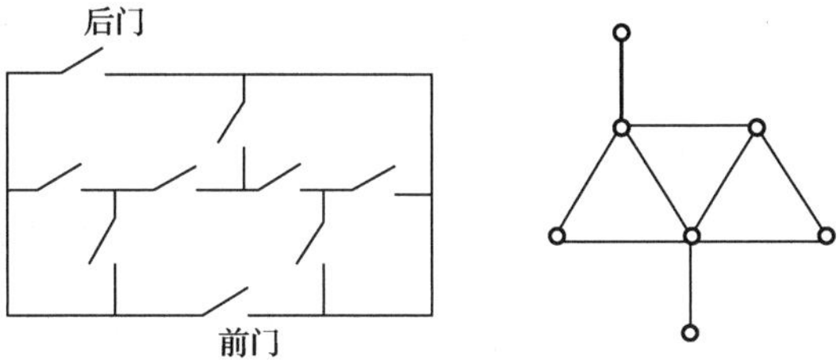

（a）　（b）

图 8-38　例 8-5.7 用图

例 8-5.8（哈密顿环球旅行问题）1859 年爱尔兰数学家威廉 · 哈密顿爵士（Sir Willian Hamilton）提出一个“环球旅行”的问题。这个问题把一个正十二面体的 20 个顶点看成地球上的 20 个城市，棱线看成连接城市的道路，要求沿着棱线走，寻找一条经过所有顶点（即城市）一次且仅一次的回路，如图 8-39（a）所示。

解：将正十二面体投影到平面上得图 8-39（b），该问题等价于在图 8-39（b）中找一条包含所有顶点的基本回路，即哈密顿回路，图 8-39（b）中的实线所构成的回路就是这个问题的答案。

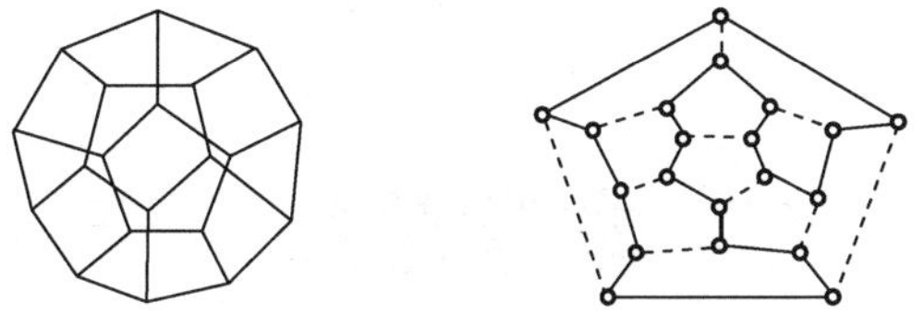

（a）　（b）

图 8-39　例 8-5.8 用图

例 8-5.9　设 $n\geqslant 2$，有 $2n$ 个人参加宴会，每个人至少认识其中的 n 个人，怎样安排座位，使大家围坐在一起时，每个人的两旁坐着的均是与他/她相识的人？

解：每个人用一个顶点表示，若两人相识，则在其所表示的顶点间连边。这样得到一个 $2n$ 阶的无向图 G，因为 G 的最小度数大于等于 n，所以对 $u,v\in V(G)$，$d(u)+d(v)\geqslant 2n$，由定理 8-4.4 知图 G 中存在一条哈密顿回路，这条哈密顿回路恰好对应一个座位安排方案。

例 8-5.10　现有 x_1、x_2、x_3、x_4、x_5 共 5 个人，y_1、y_2、y_3、y_4、y_5 代表 5 项工作。已知 x_1 能胜任 y_1 和 y_2，x_2 能胜任 y_2 和 y_3，x_3 能胜任 y_2 和 y_5，x_4 能胜任 y_1 和 y_3，x_5 能胜任 y_3、y_4 和 y_5。如何安排才能使每个人都有工作做，且每项工作都有人做？

解：以 x_i 和 y_j（i、j=1,2,3,4,5）为顶点，在 x_i 与其胜任的工作 y_j 之间连边，得二部图 G，如图 8-40 所示，该问题等价于在图 G 中找一个完备匹配，使得每个顶点只与一条边关联。图 G 中的实线便是一个解决方案。

例 8-5.11　6 名间谍 a、b、c、d、e、f 被擒，已知 a 懂汉语、法语和日语，b 懂德语、俄语

和日语，c 懂英语和法语，d 懂西班牙语，e 懂英语和德语，f 懂俄语和西班牙语，问：至少用几个房间监禁他们，能使在一个房间里的人不能直接对话？

解： 以 6 人 a、b、c、d、e、f 为顶点，在懂共同语言的人的顶点间连边得图 G，如图 8-41（a）所示，因为 G 中没有奇圈，所以 G 是二部图，如图 8-41（b）所示，故至少应有两个房间。

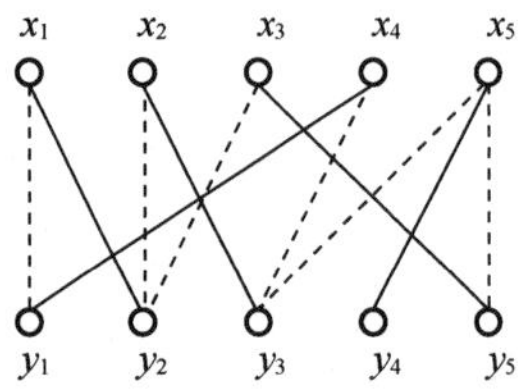

图 8-40　例 8-5.10 用图

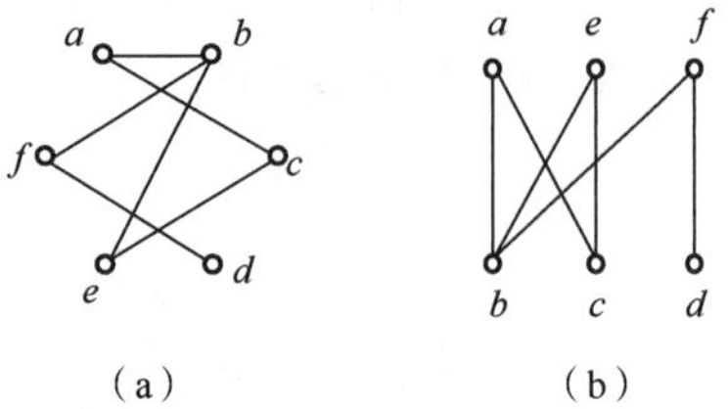

图 8-41　例 8-5.11 用图

例 8-5.12　一工厂有 3 个车间和 3 个仓库，因为工作需要，车间与仓库间将设专用车道。为了避免车祸，车道间最好没有交点，这可能吗？

解： 用顶点 A、B、C 表示车间，用顶点 L、M、N 表示仓库，边表示车间与仓库间的车道，所得图为 $K_{3,3}$，如图 8-42 所示。车道间没有交点等价于求图 8-42 的平面嵌入，因为图 8-42 是 $K_{3,3}$，由例 8-4.17 知 $K_{3,3}$ 不是平面图，更无平面嵌入，所以车道间没有交点是不可能的。

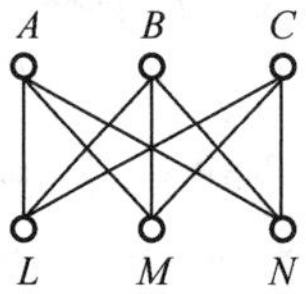

图 8-42　例 8-5.12 用图

本章总结

本章围绕图中元素间的邻接和关联关系介绍了图的连通性、矩阵表示等最基本的图论问题，涉及许多图论概念、专用术语和符号，以及一些重要的图和特殊的图，如完全图、欧拉图等。图论中的术语、符号、概念及定理的条件都应仔细区分和记忆。重要的概念和各种子图、图的度、连通性、割点、割边、邻接矩阵等应牢记其定义的内容和范围，以及有关的基本结果。一些基本定理应该熟悉并掌握。此外，对图的应用，本章仅简单列举了一些基本的问题，在很多更复杂的问题当中，图论将起到更大的作用，所以掌握用图论知识解决实际问题的能力是非常重要的。最后，某些内容以习题形式出现，旨在进一步培养学生解题技巧，做好习题是学习图论非常重要的一环。

习　题

1. 设无向图中有 6 条边，3 度与 5 度顶点各一个，其余顶点都是 2 度顶点，问：该图有多少顶点？

2. 已知图 G 中有 11 条边，一个 4 度顶点，4 个 3 度顶点，其余顶点的度数均不大于 2，问：

图 G 中至少有多少个顶点？

3. 在图 G 中，$\Delta(G)=\max\{d(v)|v\in V(G)\}$称为 G 的最大度，简记作 Δ；$\delta(G)=\min\{d(v)|v\in V(G)\}$为 G 的最小度，简记作 δ。对有向图，Δ^+（δ^+）为最大（最小）出度，Δ^-（δ^-）为最大（最小）入度。求图 8-43 中的 $d^+(a)$、$d^-(a)$、$d(a)$、Δ^+、δ^+、Δ^-、δ^-、Δ、δ。

4. 图 8-44（a）和图 8-44（b）是否同构？若同构，写出它们的对应关系。

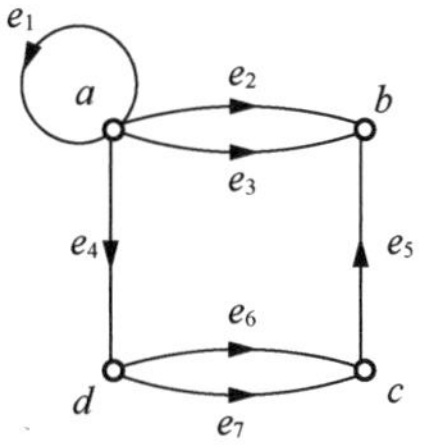

图 8-43　习题 3 用图

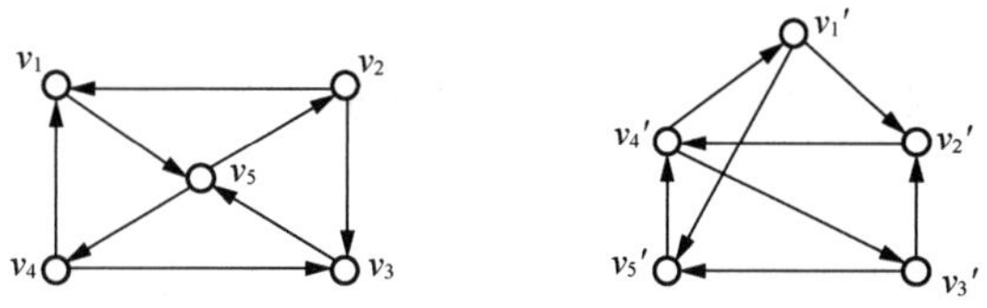

（a）　（b）

图 8-44　习题 4 用图

5. 画出 K_4 的所有非同构的生成子图。

6. 回答下列问题。

（1）画出一个有 4 个顶点的自补图。

（2）画出一个有 5 个顶点的自补图。

（3）是否有 3 个顶点或 6 个顶点的自补图？

7. 给定有向图如图 8-45 所示，试求：图中 v_1 到 v_3 所有的简单路和基本路。

8. 分别求图 8-46（a）、（b）两图的强分图、单向分图和弱分图。

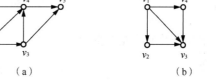

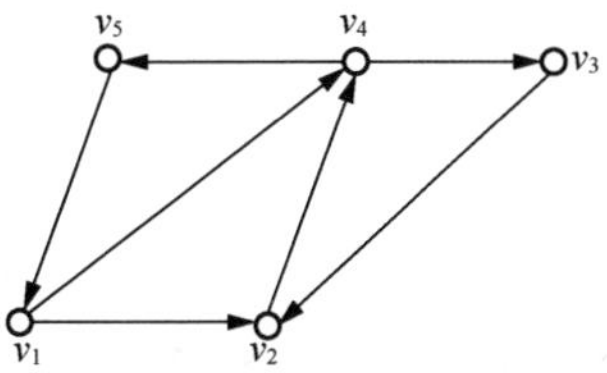

图 8-45　习题 7 用图

（a）　（b）

图 8-46　习题 8 用图

9. 给定有向图 G 如图 8-47 所示。

（1）求 G 的邻接矩阵 $\boldsymbol{A}$。

（2）求出 $\boldsymbol{A}^2$、$\boldsymbol{A}^3$，指出 v_1 到 v_4、v_4 到 v_1 长度为 3 的通路有几条。

（3）G 中长度等于 4 的通路共有多少条？其中回路多少条？

（4）G 中长度小于 4 的回路共有多少条？

（5）求 G 的可达矩阵 $\boldsymbol{P}$。

（6）求 G 的强分图。

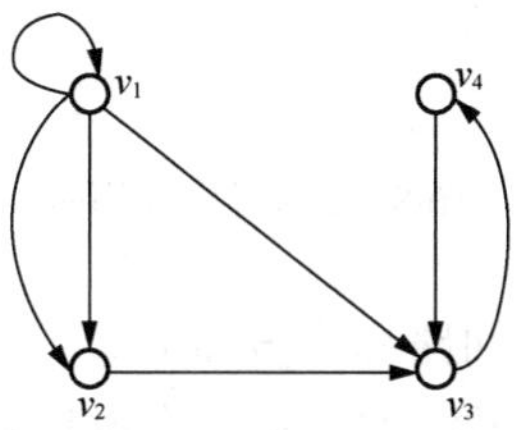

图 8-47　习题 9 用图

10. 图 8-48 所示哪个是欧拉图？

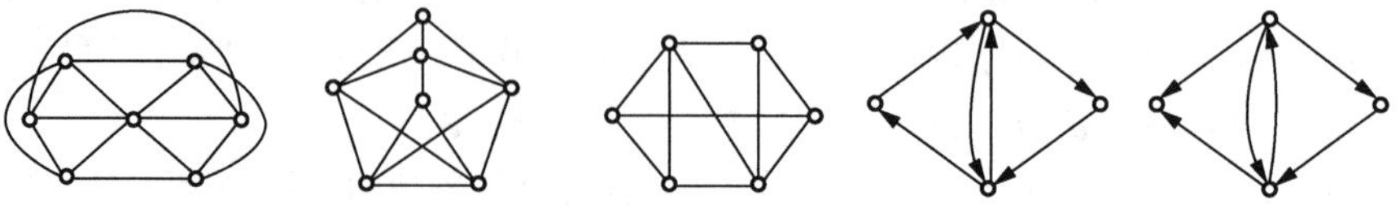

（a）（b）（c）（d）（e）

图 8-48 习题 10 用图

11. 判断图 8-49（a）、（b）两图是否能一笔画出？

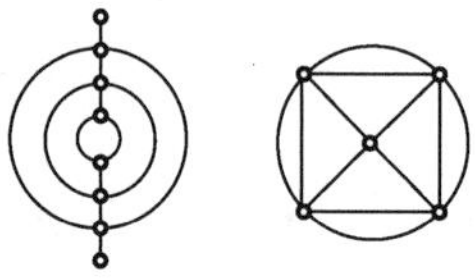

（a）（b）

图 8-49 习题 11 用图

12. 图 8-50 中哪个是哈密顿图？

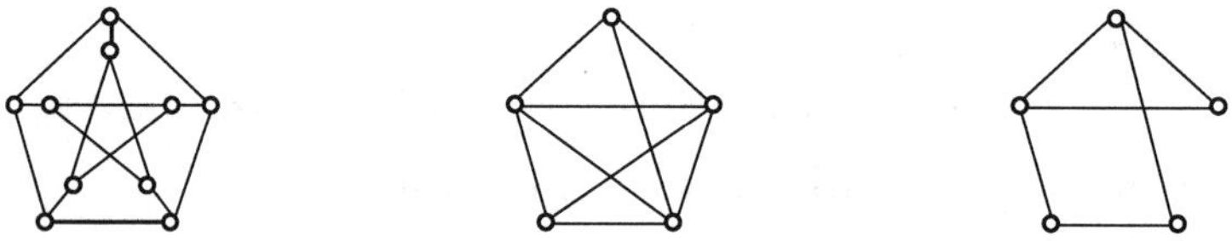

（a）（b）（c）

图 8-50 习题 12 用图

13. 图 8-51 中哪个是二部图？

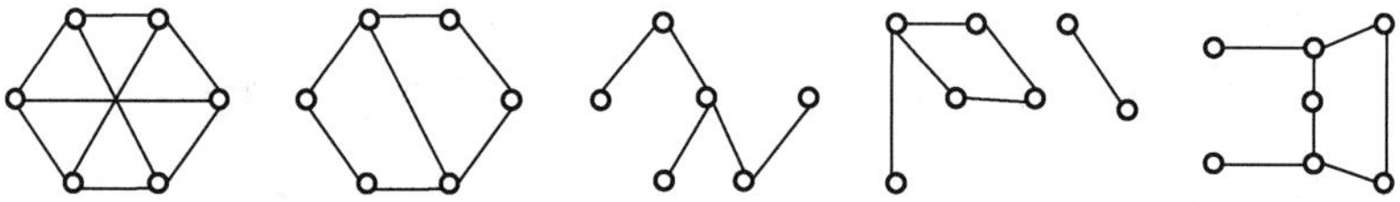

（a）（b）（c）（d）（e）

图 8-51 习题 13 用图

14. 图 8-52 中哪个是平面图？

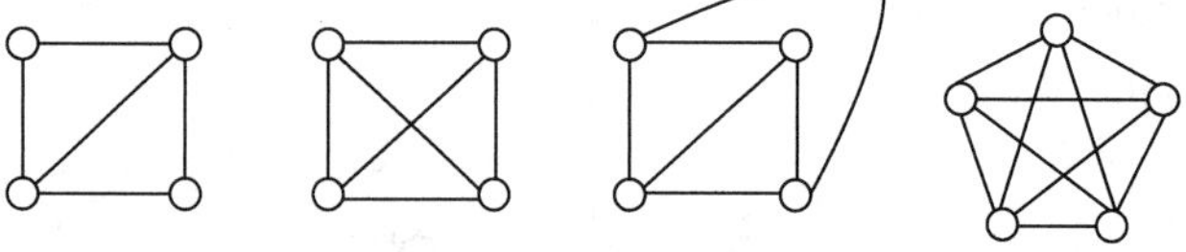

（a）（b）（c）（d）

图 8-52 习题 14 用图

15. 包围某个面 R_i 的边构成的回路称为该面的边界，边界的长度称为该面的次数，记作 $deg(R_i)$，图 8-53 所示的平面图有几个面，每个面的次数是多少？

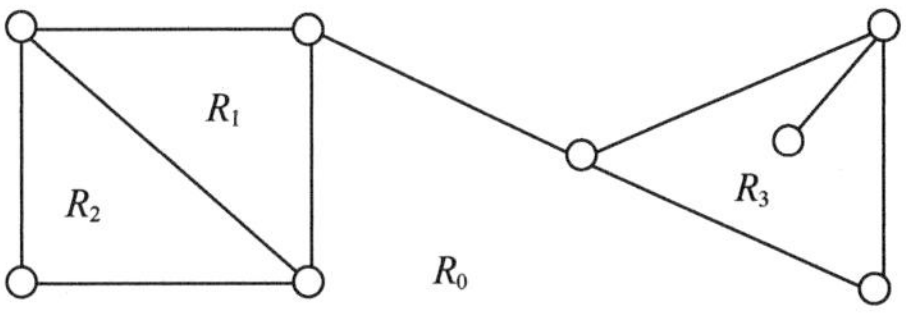

图 8-53　习题 15 用图

16. 有 n 个药箱，每两个药箱里有一种相同的药，每种药恰好在两个药箱里出现，问：有多少种药？

17. 证明：将 K_n（$n \geqslant 7$）的边以任意方式涂成红色或蓝色，若有 6 个或者更多条红色的边关联于一个顶点，则存在一个红色的 K_4 或者一个蓝色的 K_3。

18. 如图 8-54 所示，4 个村庄下面各有一个防空洞 A、B、C、D，邻接的两个防空洞之间有地道相通，并且每个防空洞各有一条地道与地面相通。能否安排一条路线，使得每条地道恰好走过一次，既无重复也无遗漏？

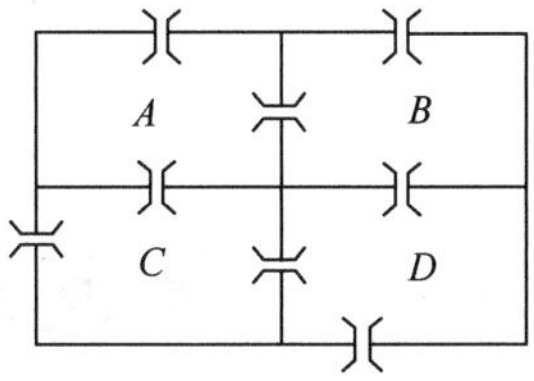

图 8-54　习题 18 用图

19. 有 7 个人，A 会讲英语，B 会讲英语和汉语，C 会讲英语、意大利语和俄语，D 会讲日语和汉语，E 会讲德语和意大利语，F 会讲法语、日语和俄语，G 会讲法语和德语。问：能否将他们沿圆桌安排坐成一圈，使得每个人都能与两旁的人交谈？

20. 某中学有 3 个课外活动小组：数学组、计算机组和生物组。有 A、B、C、D、E 共 5 名学生，有如下两种情况：

（1）A、B 为数学组成员，A、C、D 为计算机组成员，C、D、E 为生物组成员；

（2）A 为数学组和计算机组成员，B、C、D、E 为生物组成员。

问：在以上两种情况下，能否选出 3 名不兼任的组长？

第 9 章 树

树是图论中重要的概念之一，在计算机专业中得到广泛应用，如现代计算机操作系统采用树形结构来组织文件和文件夹。树是特殊的图，本章将通过边的有向性来考察两种树：无向树和有向树。

§9–1 无向树

§9–1–1 基本概念

定义 9-1.1 连通无回路的无向图称为无向树（Undirected Tree），简称**树**。显然，由定义可知，树是简单图，既无自回路也无平行边。

定义 9-1.2 在树中，度数为 1 的结点称为**树叶**（Leaf）或悬挂结点；度数大于 1 的结点称为**内结点**（Inner Node）或分支点；树中的边称为**树枝**（Branch）。

定义 9-1.3 若无向图中的每个连通分图都是树，则称该图为**森林**（Forest）。

例 9-1.1 如图 9-1 所示，图 9-1（a）和图 9-1（b）是树，图 9-1（c）是森林。请指出分支点和树叶（读者自行完成）。

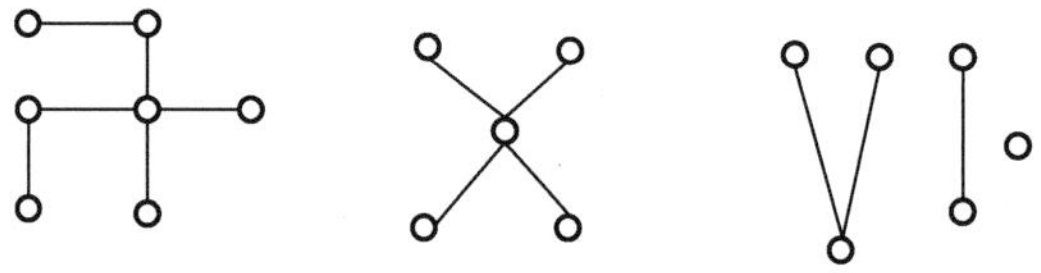

图 9-1 例 9-1.1 用图

定理 9-1.1 设 $T=<V,E>$ 是一个无向图，$|V|=n$，$|E|=m$，则以下命题是等价的。

（1）T 是树。

（2）T 的每对顶点之间有唯一的一条路。

（3）T 连通且 $m=n-1$。

（4）T 无回路且 $m=n-1$。

（5）T 无回路，但任增一条边恰得一回路。

（6）T 连通，但任删一条边后不再连通。

证明：（1）⇒（2）。设 u、v 是 T 中两个顶点，若它们之间有两条不同的路 P_1 和 P_2 相连，则至少存在边 e 是 P_1 的边但不是 P_2 的边。显然 $(P_1 \cup P_2)-e$ 是连通图，因而其中存在连接 e 的两个结点的路 P，从而 $P+e$ 是 G 中的回路，这与 T 是树矛盾。

（2）⇒（3）。T 连通是显然的，只需证明 $m=n-1$。以下对结点数 n 用归纳法证明。

当 $n=1$ 时，T 是平凡树，故定理成立。

当 $n\geqslant 2$ 时，设结点数小于 n 时，定理成立，则当结点数为 n 时，设 $e=(u,v)\in E$，由（2）知 u 和 v 仅有路 uev 相连，故 $T-e$ 有两个连通分支 T_1 和 T_2。设 T_i 的边数与结点数分别是 m_i 和 n_i，由归纳假设 $m_i=n_i-1$，因此 $m=m_1+m_2+1=n_1+n_2-1=n-1$。

（3）⇒（4）。只需证明 T 无回路。若 T 有回路，则在 T 的回路上删去任意一条边，所得到的图是连通图。这个过程一直可进行到所得图是树为止，设其边数与顶点数为 m' 与 n'，则 $m'=m-r$，其中 $r\geqslant 1$，$n'=n$。由（1）⇒（2）⇒（3）知 $m'=n'-1$，即 $m-r=n-1$，但这与条件 $m=n-1$ 矛盾。

（4）⇒（5）。先证明 T 是连通的。否则设 $T_1,T_2,\cdots,T_k$，$k\geqslant 2$ 是 T 的连通分支。由 T 无回路知 T_i（$1\leqslant i\leqslant k$）都是树。设 T_i 有 m_i 条边和 n_i 个结点，则 $m_i=n_i-1$，其中 $1\leqslant i\leqslant k$。由此可得 $m=m_1+\cdots+m_k=(n_1+\cdots+n_k)-k=n-k$，这与 $m=n-1$ 矛盾，故 T 是连通的。

T 是连通的，则结点 u 和 v 间有路，若添 uv 边，显然得一条回路。

（5）⇒（6）。先证明 T 是连通的。否则设 T_1 和 T_2 是 T 的两个连通分支。v_1 和 v_2 分别是 T_1 和 T_2 中的结点。在 T 中加边 $e=(v_1,v_2)$ 不产生回路，这与已知条件矛盾。

若 T 中存在边 $e=(u,v)$，可使 $T-e$ 仍连通，则在其中存在从 u 到 v 的路 P_{uv}，P_{uv} 与 e 构成了 T 中的回路，与已知条件矛盾。

（6）⇒（1）。只需证明 T 中无回路。否则，T 中含回路，删除此回路上任意边 e，$T-e$ 仍连通，与已知条件矛盾。

例 9-1.2　已知无向树 T 中，有一个 3 度顶点，两个 2 度顶点，其余顶点全是树叶，试求树叶数。

解：根据树的性质 $m=n-1$ 和握手定理，设有 x 片树叶，于是

$$n=1+2+x=3+x$$

$$2m=2(n-1)=2\times(2+x)=1\times 3+2\times 2+x$$

解出 $x=3$，故 T 有 3 片树叶。

定理 9-1.2　二阶以上的树至少存在两片树叶。

证明：设 $T=\langle V,E\rangle$ 是树，则 $|E|=|V|-1$，故有

$$\sum_{v\in V}\mathrm{d}(v)=2|E|=2(|V|-1)$$

若树叶少于 2 片，即为 0 片或 1 片，而其余的至少 $|V|-1$ 个结点的度均大于等于 2，则有

$$2|E|=\sum_{v\in V}\mathrm{d}(v)\geqslant 2(|V|-1)+1=2|V|-1$$

这和前式矛盾。

例 9-1.3　设树 T 有 4 度、3 度、2 度的分支点各 1 个，其余的顶点为树叶，则 T 中有几片树叶？T 在同构的意义下是唯一的吗？

解：设 T 有 x 片树叶，则 T 有 $x+3$ 个顶点。由定理 9-1.1 知 T 有 $(x+3)-1$ 条边，再由定理 8-1.1，

有 $x+2+3+4=2(x+2)$，得 $x=5$，即 T 有 5 片树叶。

T 在同构的意义下显然并不唯一。

§9–1–2 最小生成树及其应用

定义 9-1.4 给定无向图 $G=<V,E>$，若 G 的生成子图 T 是树，则称 T 是 G 的**生成树**（SpanningTree）或支撑树。T 中的边称为 T 的**枝**。G 中那些不在 T 中的边称为 T 的**弦**（Cord）。

显然，一个连通图的生成树一般是不唯一的。

例 9-1.4 如图 9-2 所示，图 T_1 和 T_2 都是图 G 的生成树。

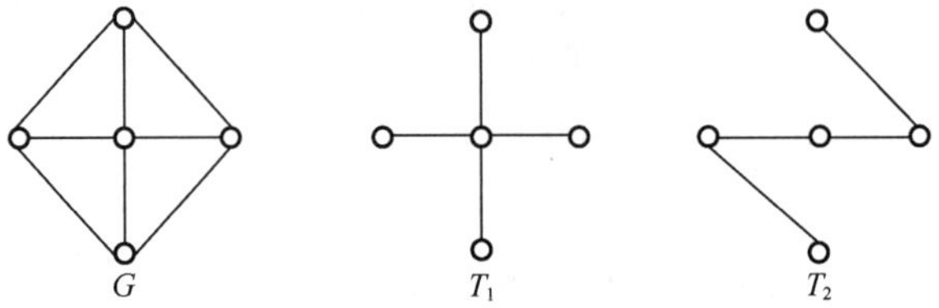

图 9-2 例 9-1.4 用图

定理 9-1.3 无向图 G 有生成树当且仅当 G 连通。

定义 9-1.5 给定连通赋权图 $G=<V,E,W>$，$T_0=<V,E_{T_0},W_{T_0}>$ 是 G 的赋权生成树，$w(T_0)$为 T_0 的权重。若对 G 的任意赋权生成树 T，均有 $w(T_0)\leqslant w(T)$成立，则称 T_0 是 G 的**最小生成树**。

目前，用于求取连通赋权图的最小生成树的方法有两类：**避圈法**和**破圈法**。其中避圈法是一个从无到有的过程，即向 n 个结点的零图以某种方式添加 $n-1$ 条最小权边，使其构成一个没有回路的连通图。其典型代表是克鲁斯卡尔（Kruskal）算法和普里姆（Prim）算法。

1. Kruskal 算法

输入：赋权无向连通图 $G=<V,E,W>$，其中 $|V|=n$。

输出：图 G 的最小生成树。

步骤如下。

（1）在 G 中选取最小权边 e，置 $i=1$。

（2）当 $i=n-1$ 时，算法结束并输出 $G[\{e_1,e_2\cdots,e_i\}]$，否则转步骤（3）。

（3）设边 $e_1,e_2,\cdots,e_i$ 已选定，从 $E-\{e_1,e_2\cdots,e_i\}$ 中选边 e_{i+1}，同时需满足以下两个条件：

① $G[\{e_1,e_2\cdots,e_i,e_{i+1}\}]$不形成回路；

② 在满足①的前提下 $W(e_{i+1})$最小。

（4）置 $i=i+1$，转步骤（2）。

在 Kruskal 算法的步骤（1）和步骤（3）中，若满足条件的最小权边不止一条，则可从中任选一条，这样就会产生不同的最小生成树。

2. Prim 算法

输入：赋权无向连通图 $G=<V,E,W>$，其中 $|V|=n$。

输出：图 G 的最小生成树。

步骤如下。

（1）在 V 中任意选取一个结点 v，置 $V_T=\{v\}$，$E_T=\varnothing$，$k=1$。

（2）当 $k=n$ 时，算法结束并输出 $G[E_T]$，否则转步骤（3）。

（3）从 $E-E_T$ 中选边 (v_i,v_j)，必须同时满足以下三个条件，并置 $V_T=V_T\cup\{v_j\}$，$E_T=E_T\cup\{(v_i,v_j)\}$，$k=k+1$：

① $v_i\in V_T$ 且 $v_j\in V-V_T$；

② $G[E_T]$ 不形成回路；

③ 在满足②的前提下 $W((v_i,v_j))$ 最小。

（4）重复步骤（3），直至 $k=n$。

在 Prim 算法的步骤（3）中，若满足条件的最小权边不止一条，则可从中任选一条，这样就会产生不同的最小生成树。

对于破圈法，其思路与避圈法相反，是从赋权无向连通图中以某种方式删除最大权边，直至剩余的 $n-1$ 边构成没有回路的连通图。其思路大致如下。

输入：赋权无向连通图 $G=<V,E,W>$，其中 $|V|=n$。

输出：图 G 的最小生成树。

步骤如下。

（1）选取 $e_1\in E$，使得 $W(e_1)$ 最大且 $G-e_1$ 连通。

（2）当 $G_k=G-\{e_1,e_2,\cdots,e_k\}$ 选定时，在 $E-\{e_1,e_2,\cdots,e_k\}$ 中选边 e_{k+1}，并满足以下两个条件：

① $G_{k+1}=G-\{e_1,e_2,\cdots,e_k,e_{k+1}\}$ 仍连通；

② 在满足①的前提下，$W(e_{k+1})$ 最大。

（3）当步骤（2）不能进行时，输出 $G_r=G-\{e_1,e_2,\cdots,e_r\}$，此时 G_r 中有 $n-1$ 条边。

例 9-1.5　图 9-3 给出了一个赋权无向连通图，使用 Kruskal 算法求该图的最小生成树时，首先对边的权重由小到大进行排序，即：

$$1,1,2,2,2,3,3,3,3,4,4,4,5,6,6,7,7$$

前两条边的导出子图如图 9-4（a）所示，最后所得最小生成树如图 9-4（b）所示。

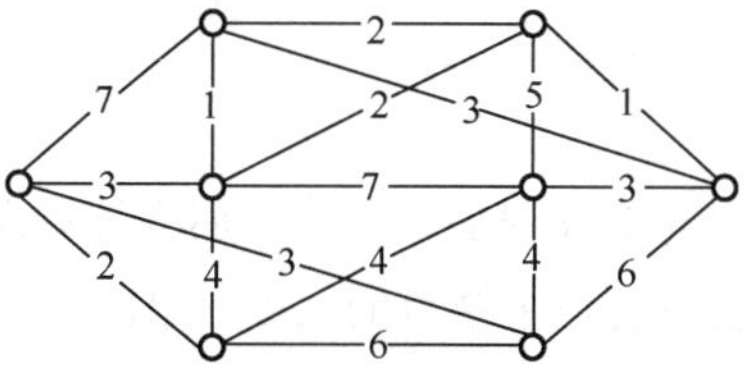

图 9-3　例 9-1.5 用图

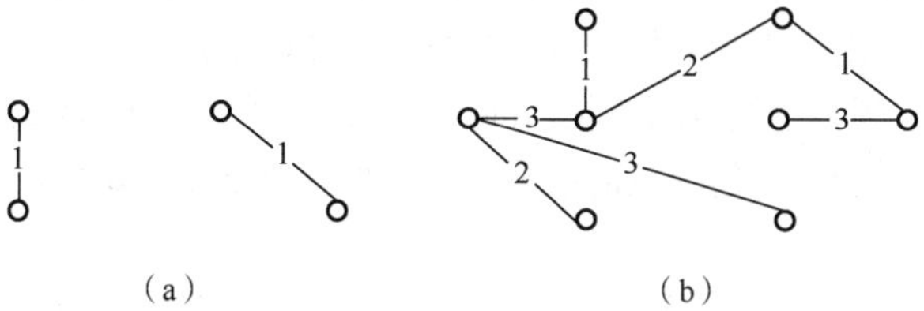

图 9-4　导出子图和最小生成树

不管是 Kruskal 算法、Prim 算法，还是破圈法，满足选取条件或删除条件的边有时不止一条，从中任选一条，这样会产生不同的最小生成树，即一个赋权无向连通图的最小生成树有时是不唯一的。尽管如此，使用不同方法生成的最小生成树的权重是唯一的。

例 9-1.6　假设有 5 个信息中心 A、B、C、D、E，它们之间的距离（以百公里为单位）如图

9-5（a）所示。要交换数据，我们可以将任意两个信息中心以光纤连接，但是费用的限制要求铺设尽可能少的光纤线路。重要的是每个信息中心能和其他信息中心通信，但并不需要在任意两个信息中心之间都铺设线路，可以通过其他信息中心转发。

解： 求得图 9-5（a）的最小生成树，如图 9-5（b）所示，$w(T)$=15 百公里。即按图 9-5（b）铺设，使得铺设的线路最短。

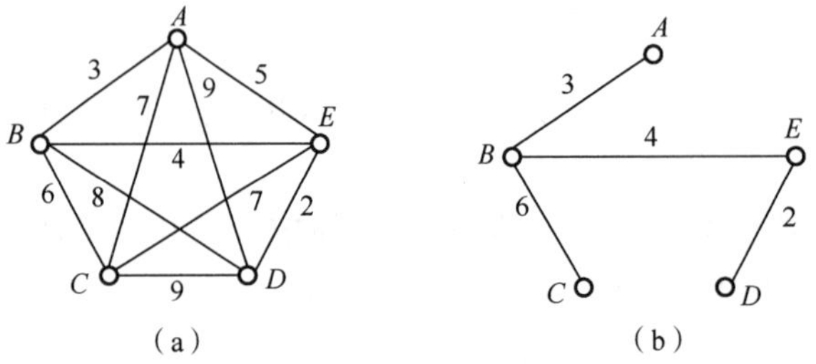

图 9-5　例 9-1.6 用图

例 9-1.7　在电路设计中，我们常常需要把一些电子元件的插脚用电线连接起来。如果每根电线连接两个插脚，把所有 n 个插脚连接，只要用 $n-1$ 根电线就可以了。在所有的连接方案中，我们关心电线总长度最小的连接方案。

解： 把问题转化为图论模型。一个无向连通图 $G=(V,E)$，V 是插脚的集合，E 是插脚两两之间所有可能的连接的集合。给每条边(u,v)一个权重 $w(u,v)$，表示连接它们所需的电线长度。我们的目标就是找到一个无环的边集 T，连接其中所有的点且使总权重最小。很容易得出 T 是 G 的最小生成树。

§9–2　有向树

§9–2–1　基本概念

定义 9-2.1　如果一个有向图的基础图是一棵树，那么该有向图称为**有向树**（Directed Tree）。

定义 9-2.2　在有向树中，若只有一个结点的入度是 0，其余结点的入度都是 1，则称该树为**有根树**（Rooted Tree）。

定义 9-2.3　在有根树中，入度为 0 的结点称为**根**（Root）或根结点，常用 r 表示；出度为 0 的结点称为**叶**或叶结点；出度不为 0 的结点称为分支点或**内结点**。

定义 9-2.4　从树根到某个结点的路长，即该路中的边数，称为该结点的级或**层数**（Level）。故有根树的根结点的级是 0，任何结点的级，等于从根到该结点的距离。其中最大的层数，称为有根树的**树高**。

定义 9-2.5　在有根树中，为表示结点间的关系，可将有根树视为一棵家族树。若从结点 v_i 到 v_j 可达，且 $v_i \neq v_j$，则 v_i 是 v_j 的**祖先**（Ancestor），v_j 是 v_i 的**后代**（Descendant）；若$\langle v_i,v_j \rangle$是有根树的有向边，则 v_i 是 v_j 的**父亲**（Father），v_j 是 v_i 的**儿子**（Son）；若两个结点是同一结点的儿子，则这两个结点是**亲兄弟**（Sibling）。另外，除了亲兄弟，层数相同的结点互称为**堂兄弟**（Cousin）。

例 9-2.1　图 9-6（a）表示一棵无根有向树。图 9-6（b）表示一棵倒置的有根树，根为 0，结点 1 和 2 是兄弟，都是 0 的儿子，其层次均为 1。有根树有四个 2 级结点，五个 3 级结点，树高为 3。

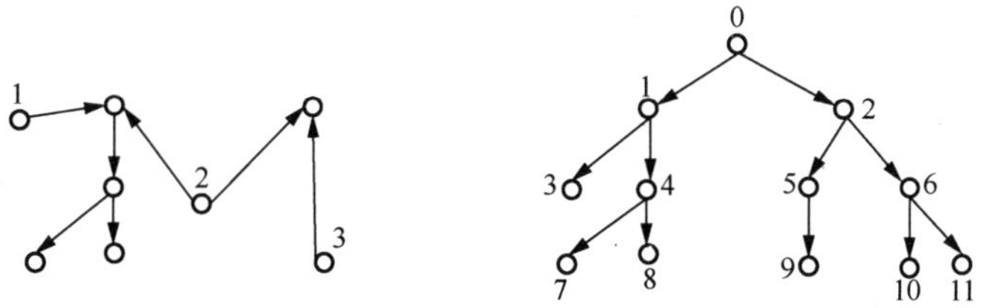

图 9-6 例 9-2.1 用图

有根树的图形表示法常采用**倒置树**，且为方便计算，有时略去边的方向。以下均使用这种表示方法。

例 9-2.2 如图 9-7 所示，a 是树根，b、e、f、h、i 是树叶，a、c、d、g 是分支点。0 层只有 a，1 层有 b、c，2 层有 d、e、f，3 层有 g、h，4 层有 i。树高为 4。

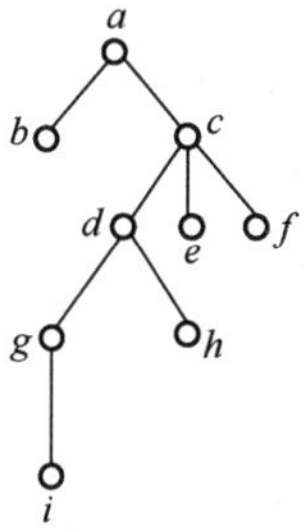

图 9-7 例 9-2.2 用图

§ 9–2–2 有序树

定义 9-2.6 在有根树中，若对每一层次（级）的结点都指定了某种次序，则称该树为**有序树**（Ordered Tree）。一般同层次各结点的顺序规定为由左到右。

例 9-2.3 图 9-8（a）、（b）所示的有序树是不同的有序树。因为图 9-8（a）中根 r 的大儿子 1 有两个儿子，而图 9-8（b）中根 r 的大儿子 1 有 3 个儿子。但若作为一般的有根树，它们是同构的，可视为同一有根树。

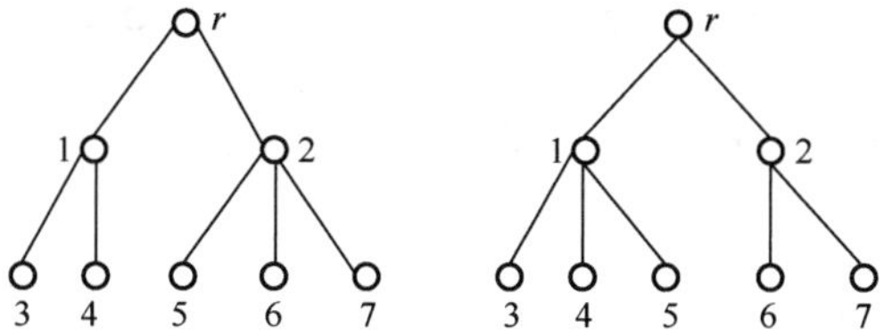

图 9-8 例 9-2.3 用图

用有序树可以表示决策、对策和搜索。下面给出决策的例子。

例 9-2.4 有 8 个外形完全相同的钢球。已知其中 7 个重量相同，只有 1 个重量偏轻。问如何用一天平只称两次，找出此轻球？

解： 首先将球编号为 1～8，然后按图 9-9 所示的决策树称重。图中每个分支结点均表示决策，分支结点左、右侧的集合表示放在天平左、右盘中的钢球。每个分支结点下方，左表示天平左盘重引出的进一步决策或决策结果，右表示天平右盘重引出的进一步决策或决策结果，中表示天平水平引出的进一步决策或决策结果。树叶表示最终结果，其中 x 表示不可能的结果。

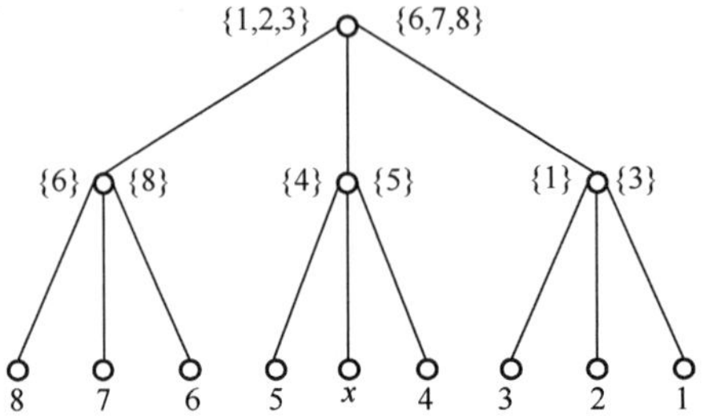

图 9-9　例 9-2.4 用图

有序树可用于表示一些算术表达式或命题公式，而一般的有根树却不行，因为有些运算是不可交换的。对此种有序树的应用往往还涉及树的周游。

对一棵有根树的每个结点都访问一次且仅一次称为周游或行遍一棵树。有序树主要有以下 3 种周游方法。

（1）中序周游方法，其访问次序为：左子树、树根、右子树。所得结果称为中缀表达式。

（2）前序周游方法，其访问次序为：树根、左子树、右子树。所得结果称为前缀表达式或波兰式。

（3）后序周游方法，其访问次序为：左子树、右子树、树根。所得结果称为后缀表达式或**逆波兰式**。

例 9-2.5　用有序树表示算术表达式：$(a*(b+c)+d*e*f)\div(g+(h-i)*j)$，并用 3 种周游方法访问此有序树。

解：用有序树表示算术表达式时，树的分支结点表示运算符，树叶表示参与运算的量，故得表示算术表达式的有序树如图 9-10 所示。

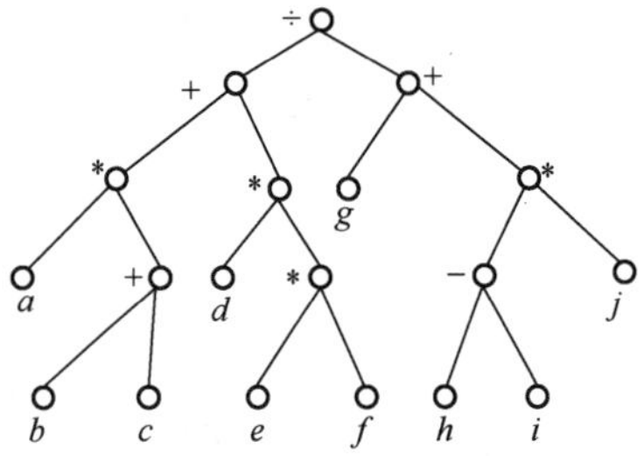

图 9-10　例 9-2.5 用图

以中序周游方法可得结果：$((a*(b+c))+(d*(e*f)))\div(g+((h-i)*j))$。利用四则运算规则省去一些括号，所得即是上述问题给出的表达式。

以前序周游方法可得结果：$\div(+(*a(+bc))(*d(*ef)))(+g(*(-hi)j))$。

以后序周游方法可得结果：$((a(bc+)*)(d(ef*)*)+)$。

逆波兰式主要应用于计算机中的表达式运算。对于一个表达式，如果当前字符为变量或者为数字，那么压栈（Push）；如果是运算符，那么将栈顶两个元素弹出（Pop）后作相应运算；运算结果再被压栈，最后当表达式扫描完后，栈中就是表达式计算结果。以$(a+b)*c$ 为例，其逆波兰式为 $ab+c*$，则计算机执行过程如下。

① a 入栈（0 位置）。

② b 入栈（1 位置）。

③ 遇到运算符“+”，将 a 和 b 出栈，执行 $a+b$ 的操作，得到结果 $d=a+b$，再将 d 入栈（0 位置）。

④ c 入栈（1 位置）。

⑤ 遇到运算符“*”，将 d 和 c 出栈，执行 $d*c$ 的操作，得到结果 e，再将 e 入栈（0 位置）。

⑥ 经过以上运算，e 即为表达式 $(a+b)*c$ 的运算结果。

§ 9–2–3　*m* 叉树

定义 9-2.7　在有根树 T 中，若每一个分支点最多有 m 个儿子，则称 T 为 **m 叉树**（*m*-Furcating Tree）或 m 元树（*m*-Ary Tree）。若 m 叉树 T 中每一个分支点恰好有 m 个儿子，则称 T 为**完全 m 叉树**（*m*-Furcating Complete Tree）。

定义 9-2.8　若 m 叉树 T 是有序树，则称 T 为**有序 m 叉树**（*m*-Furcating Ordered Tree）。若完全 m 叉树 T 是有序树，则称 T 为**有序完全 m 叉树**（*m*-Furcating Ordered Complete Tree）。

定义 9-2.9　若 m 叉树 T 中所有的叶结点的级相同，则称 T 为**正则 m 叉树**（Regular *m*-Furcating Tree）。

图 9-8 所示的图均为 3 叉树，图 9-9 所示的图既是正则 3 叉树，也是完全 3 叉树。

定义 9-2.10　若在 m 叉有序树中，对任何结点的 m 个（或少于 m 个）儿子都规定了 m 个不同的确定位置，则称该树为**位置 m 叉树**。

例 9-2.6　如图 9-11（a）和图 9-11（b）所示，它们虽然是同一棵二叉有序树，但却是两棵不同的位置二叉树。

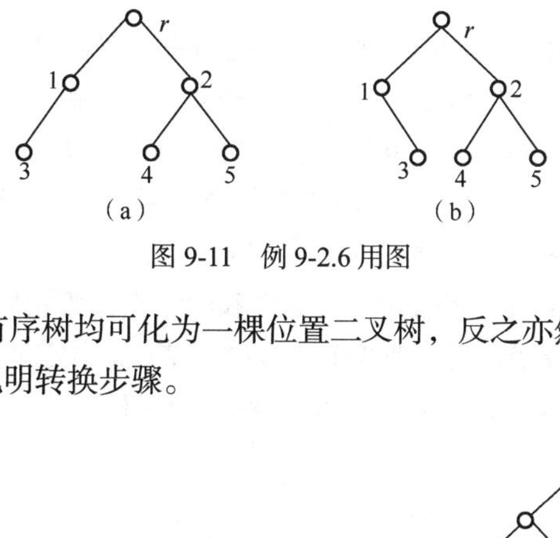

图 9-11　例 9-2.6 用图

定理 9-2.1　任何一棵有序树均可化为一棵位置二叉树，反之亦然。

证明：以图 9-12 为例说明转换步骤。

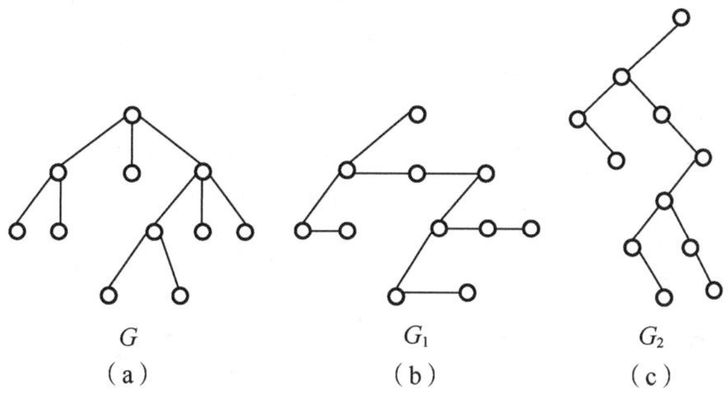

图 9-12　有序树转化为位置二叉树

（1）G 中每个分支结点与左子辈的边保留，删去其他所有边。在同一级中，兄弟结点之间从左到右水平连边得到 G_1。

（2）将 G_1 中各分支结点的左儿子保留，选取直接位于给定结点下面的结点作为左儿子，与给定结点位于同一水平线上且紧靠它右边的结点转为该分支结点的右儿子，依此类推，得到位置二叉树 G_2。

上述过程显然是可逆的。因为对计算机来说，位置二叉树最容易处理，所以这种将有序树转化为位置二叉树的方法在计算机中用得较多。

定理 9-2.2 T 为完全 m 叉树，叶结点数为 t，内点数为 g，则下式成立

$$t=(m-1)\times g+1$$

证明一： 因为 T 为完全 m 叉树，显然有关系式

$$|V_T|=t+g \quad (1)$$

$$|E_T|=m\times g \quad (2)$$

而对任何树都有

$$|V_T|=|E_T|+1 \quad (3)$$

三式联立即得

$$t=m\times g+1-g=(m-1)\times g+1$$

证明二： 由假设知，该树有 $t+g$ 个结点，该树的边数为 $t+g-1$。由握手定理知，所有结点的出度之和等于边数。而根据完全 k 叉树的定义知，所有分支点的出度为 $m\times g$。因此有 $m\times g=t+g-1$，即 $t=(m-1)\times g+1$。

推论 9-2.1 对完全二叉树，有 $t=g+1$。

例 9-2.7 30 个灯泡共用一个电源。现仅有 4 孔插座，问需要用几个插座？

解： 可以视灯泡为树叶，插座为分支结点，构造完全 4 叉树。设需要用 x 个插座，则由定理 9-2.2 有：$(4-1)x\geq 30-1$。解得 $x\geq 29/3$，所以要用 10 个插座。

例 9-2.8 假设有一台计算机，它有一条加法指令，可计算 3 个数的和。如果要求 9 个数 x_1、x_2、x_3、x_4、x_5、x_6、x_7、x_8、x_9 之和，至少要执行几次加法指令？

解： 用 3 个结点表示 3 个数，将表示 3 个数之和的结点作为它们的父结点。这样本问题可理解为求一个完全 3 叉树的分支点问题。把 9 个数看成叶结点。由定理 9-2.2 知，有 $(3-1)\times i=9-1$，得 $i=4$。所以至少要执行 4 次加法指令。图 9-13 所示为两种解法。

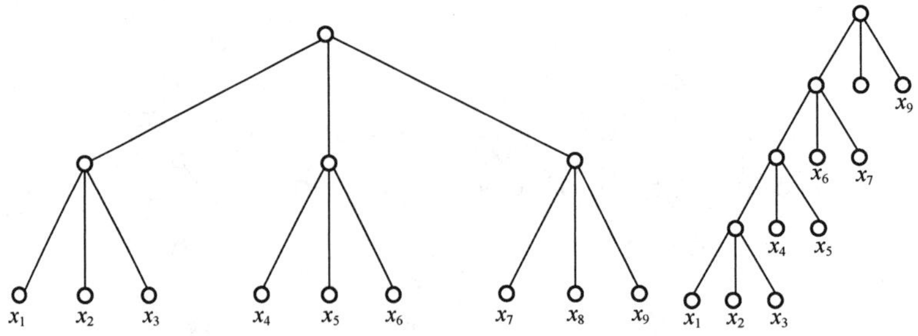

图 9-13 例 9-2.8 用图

§ 9–3　二叉树

§ 9–3–1　基本概念

定义 9-3.1　和 m 叉树不同，**二叉树**默认是有序树，即它是每个分支点最多有两个儿子的有序树。二叉树中，如果分支点有两个儿子，那么要注意左儿子和右儿子之分。

定义 9-3.2　一棵二叉树 T 中每个分支点恰好有两个儿子，则称 T 为**完全二叉树**。

定义 9-3.3　若完全二叉树 T 中根到每个叶结点的通路长度均相等，则称 T 为正则完全二叉树，又称**满二叉树**。

图 9-14 所示为几个二叉树的例子，图 9-14（a）是二叉树，图 9-14（b）是完全二叉树，图 9-14（c）是满二叉树。

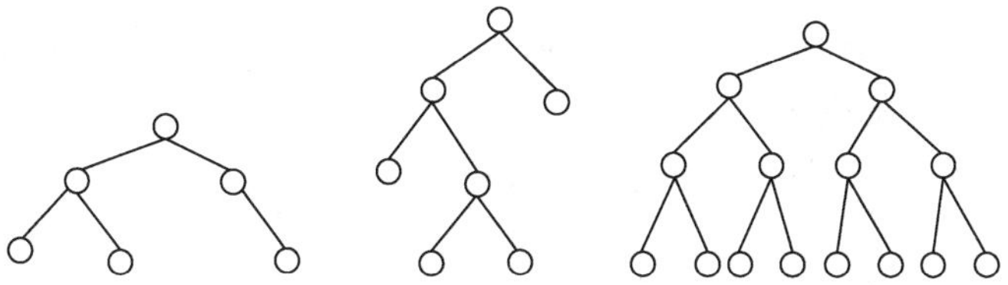

（a）　（b）　（c）

图 9-14　二叉树

定理 9-3.1　设 T 为任意一棵完全二叉树，m 为边数，t 为叶结点数，则有 $m=2t-2$，其中 $t\geqslant 2$。

证明：设 T 中的结点数为 n，分支点数为 i。根据完全二叉树的定义，容易知道下面方程组成立

$$\begin{cases} n = i + t \\ m = 2i \\ m = n - 1 \end{cases}$$

解关于 m、n、i 的三元一次方程组得 $m=2t-2$，得证。另外该定理还可以通过对叶结点数 t 或分支点数 i 的归纳来证明。

二叉树的应用极为广泛。有根树可以转换为唯一的二叉树。转换的规则是：左儿子右兄弟。下面给出详细转换过程。

① 从根开始，保留每个父结点同其最左边儿子的连线，撤销与别的儿子的连线。

② 兄弟间用从左向右的有向边连接。

③ 按如下方法确定二叉树中结点的左儿子和右儿子：

- 直接位于给定结点下面的结点，作为左儿子；
- 同一水平线上与给定结点右邻的结点，作为右儿子，依此类推。

例 9-3.1　图 9-15 所示为一个有根树转换为二叉树的过程。G 是原始的有根树，G_1 是使用“左儿子右兄弟”转换规则的中间结果，G_2 是转换的最终结果。

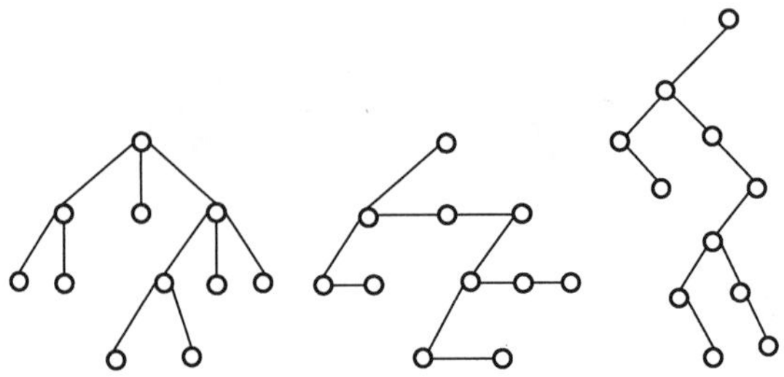

图 9-15　有根树转换为二叉树的过程

§ 9–3–2　最优树

二叉树的另一个重要应用是最优树问题。

定义 9-3.4　如果仅给二叉树的叶结点赋权，那么称该树为**叶权二叉树**或**带权二叉树**（Power Binary Tree）。

定义 9-3.5　在权重分别为 w_1、w_2、…、w_n 的叶权二叉树 T 中，若权重为 w_i 的叶结点的级为 $L(w_i)$，则称**叶权二叉树 T 的权重**为

$$W(T)=\sum_{i=1}^{n}L(w_i)w_i$$

定义 9-3.6　在所有叶结点已赋权重(w_1、w_2、…、w_n)的二叉树中，$W(T)$最小的二叉树称为**最优树**（Optimal Tree）。

定理 9-3.2　设 T 为完全二叉树，叶结点 v_1、v_2、…、v_n 分别有叶权 $w_1 \leqslant w_2 \leqslant \cdots \leqslant w_n$，若 T 为最优树，则：

（1）叶结点 v_1 和 v_2 是兄弟；

（2）结点 v_1 和 v_2 的父结点是所有分支点中级最高者。

定理 9-3.3　设 T 为有叶权 $w_1 \leqslant w_2 \leqslant \cdots \leqslant w_n$ 的最优树。若给有权重 w_1 和 w_2 的叶结点 v_1 和 v_2 的父结点 v 赋权 w_1+w_2，删除叶结点 v_1 和 v_2，则得到的新树 T_1 仍是最优树。

根据上述两个定理，求一棵叶权 $w_1 \leqslant w_2 \leqslant \cdots \leqslant w_n$ 的最优树问题，可简化为求一棵有叶权(w_1+w_2、w_3、…、w_n)的最优树问题，而这又可简化为求一棵有 $n-2$ 个权重的最优树问题，依此类推。这便得到了由美国数学家戴维 • 哈夫曼（David Albert Huffman，1925—1999）提出的哈夫曼算法，该算法得到的哈夫曼树即是一棵最优树。

哈夫曼算法如下。

输入：非递减实数序列 $w_1,w_2,\cdots,w_n$。

输出：哈夫曼树。

步骤如下。

（1）连接权重为 w_1、w_2 的两个叶结点，得一个分支结点，其权重为 w_1+w_2。

（2）在 $w_1+w_2,w_3,\cdots,w_n$ 中选出两个最小的权重，连接它们对应的结点（不一定都是叶结点），得分支结点及所带的权重。

（3）重复步骤（2），直到形成 $n-1$ 个分支结点、n 个叶结点为止。

例 9-3.2　求具有叶权 2、3、5、7、11、13、17 的最优树。

首先求 2+3，再找 2+3、5、7、11、13、17 的最优树。依此类推，这个过程可表示如下，其

中两数下方的连线表示两叶权合并。

2　3　5　7　11　13　17

5　5　7　11　13　17

10　7　11　13　17

17　11　13　17

17　24　17

24　34

58

由所述方法得到的最优树如图 9-16 所示。

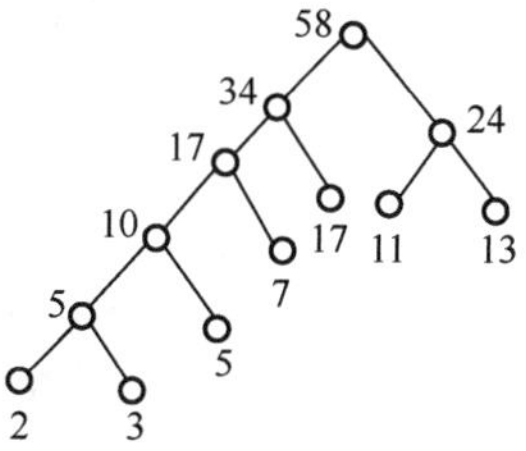

图 9-16　例 9-3.2 用图

哈夫曼树主要应用于通信领域的信息编码中。在远距离数据通信中，需要将文字转换成二进制的字符串，用 0 和 1 的不同排列来表示字符串。如传送报文“good good study”，用到了 8 个字符

g:	2 次
o:	4 次
d:	3 次
空格:	2 次
s、t、u、y:	各 1 次

现在要为这些字母设计编码，最简单的二进制编码是等长编码，由于只用到 8 个字符，因此只要用 3 位二进制编码即可区别，共需要传输(2+4+3+4×1+2)×3=45 个二进制位。但是这种编码方法没有考虑各个字符在数据传输中出现的频率，即不管是频繁出现还是鲜见的字符均采用相同长度的编码，这在数据通信中会造成严重的带宽浪费。比较有效率的编码方法是对频繁出现的字符使用较短长度的编码，这样数据的总编码长度才会较小，如哈夫曼编码。哈夫曼编码是一种变长的编码方法，先构造出哈夫曼树，然后求叶结点到根结点的路径，通常约定结点的左儿子路径标识为 0，右儿子路径标识为 1。如利用哈夫曼编码去传送报文“good good study”，仅需要 42 位二进制。

定义 9-3.7　在计算机通讯编码领域中，常用二进制编码来表示符号，称之为**码字**（Codeword）。

定义 9-3.8　设 $a_1a_2\cdots a_{n-1}a_n$ 为长度为 n 的符号串，称其子串 a_1、a_1a_2、…、$a_1a_2\cdots a_{n-1}$ 分别为 $a_1a_2\cdots a_{n-1}a_n$ 的长度为 1、2、…、$n-1$ 的前缀（Prefix）。

定义 9-3.9　设 $A=\{b_1,b_2,\cdots,b_m\}$ 是一个符号串集合，若对任意 $b_i,b_j\in A$，$b_i\neq b_j$，且二者均不是对方的前缀，则称 A 为前缀码（Prefixed Code）；若符号串 b_i（$i=1,2,\cdots,m$）中，只出现 0 和 1 两个符号，则称 A 为二元前缀码（Binary Prefixed Code）。

例 9-3.3 $\{1, 01, 001, 000\}$是二元前缀码，$\{1, 11, 001, 0011\}$不是前缀码。

那么，如何使用二叉树来生成二元前缀码呢？假设二叉树 T 有 t 个叶结点，v 是 T 任意一个分支点，则 v 至少有一个儿子，至多有两个儿子。若 v 有两个儿子，则在由 v 引出的两条边上，左边标上 0，右边标上 1；若 v 有一个儿子，则在由 v 引出的边上可标 0 也可标 1。设 v_i 是 T 的任意一片树叶，从树根到 v_i 的通路上各边的标号组成的符号串放在 v_i 处，则 t 个叶结点的 t 个符号串组成的集合即为所求的一个二元前缀码。

例 9-3.4 已知字母 A、B、C、D、E、F 出现的频率如下。

A：30%　　B：25%　　C：20%　　D：10%　　E：10%　　F：25%

构造一个表示这 6 个字母的二元前缀码，使得传输的二进制位最少。并计算传输 100 个这样的字母所用的二进制位数。

解： 首先，利用哈夫曼算法求叶权为 30、25、20、10、10 和 5 的最优二叉树 T，如图 9-17 所示。

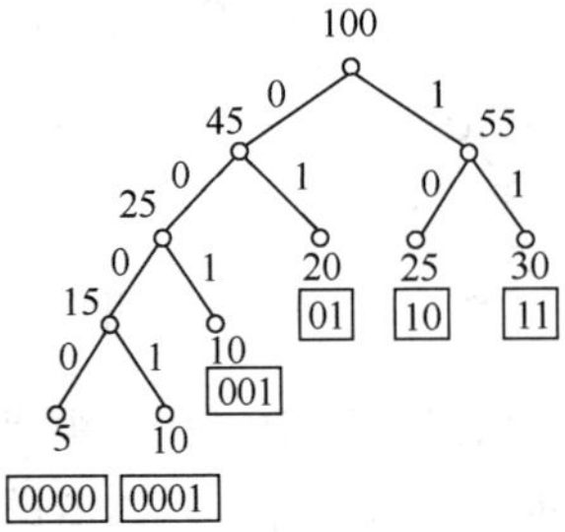

图 9-17　例 9-3.4 用图

然后在最优二叉树 T 上求一个前缀码。设树叶 v_i 的权重为 $w\% \times 100=w$，则 v_i 处的符号串可表示为出现频率为 $w\%$的字母。则有以下前缀码：

$$\{01,10,11,001,0001,0000\}$$

其中，

0000 表示 F　　0001 表示 E　　001 表示 D

01 表示 C　　10 表示 B　　11 表示 A

使用上述二元前缀码，传输 100 个这样的字母所需的二进制位为：

$$4\times(5+10)+3\times10+2\times(20+25+30)=240$$

本章总结

在介绍完图的基本概念后，本章重点围绕无向树和有向树展开。作为一种特殊的图，树除了兼具图的特性外，也有自己的一些独特性质。在无向树部分，首先给出了广义树中的基本概念，然后引出了最小生成树及其求解的两大类算法。在有向树部分，本章引入了有根树和有序树的概念。对有序树介绍了 3 种遍历方式，特别说明了逆波兰式在计算机求取表达式值时的应用。作为树中的重要概念，二叉树是特殊的存在，其默认是有序树，可以使用二叉树对森林进行转换，这样做的好处之一在于可以对不同形态的树采用统一的存储结构。另外，最优二叉树也在通信领域得到了广泛应用。本章重点说明了求取最优树的哈夫曼算法，并介绍了哈夫曼树在求取二元前缀码时的作用。另外，本章配以大量例题，以深化读者对内容的理解。

习　　题

1. 给定赋权图如图 9-18 所示，求该图的最小生成树。

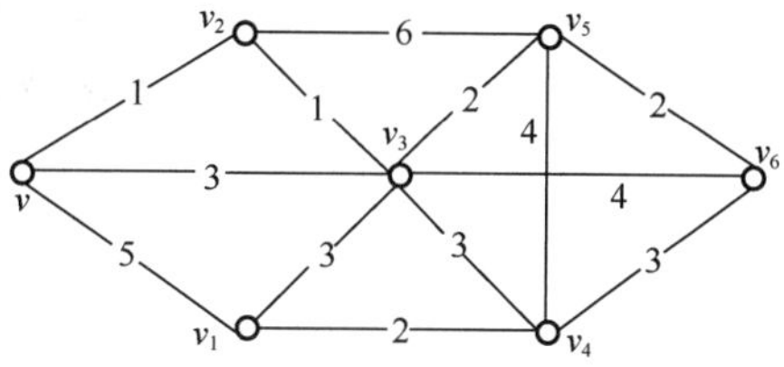

图 9-18　习题 1 用图

2. 设 $G=(V,E)$是连通图，且 $e\in E$，证明：当且仅当 e 是 G 的割边时，e 才在 G 的每棵生成树中。

3. 给出公式$(P\vee(\neg P\vee Q))\wedge((\neg P\vee Q)\wedge\neg R)$的有根树表示。

4. 写出 $x^2-\sqrt{y}\div(uv+t)$ 的有序树表示。

5. 一棵无向树 T 有 5 片树叶，3 个 2 度分支点，其余的分支点都是 3 度顶点，问：T 有几个结点？

6. 给出两棵有序树如图 9-19 所示，求每棵树的位置二叉树。

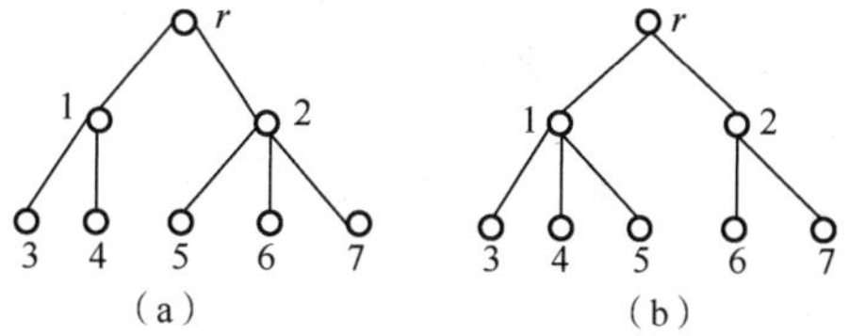

图 9-19　习题 6 用图

7. 画一棵叶权为 3、4、5、6、7、8、9 的最优二叉树，并计算出它的权重。

8. 已知字母 A、B、C、D、E、F、G 出现的频率如下

A：0.10　　B：0.25　　C：0.05　　D：0.15

E：0.30　　F：0.07　　G：0.08

使用哈夫曼编码构造一个表示这 7 个字母的二元前缀码，使得传输的二进制位最少。

9. 如何改进树中哈夫曼算法以生成 m 叉最优树，使用类 C 伪代码描述。（选做）

10. 给定一个无向简单图的邻接矩阵，如何判断其是否是一棵无向树？

附录 习题参考答案

第 1 章　习题参考答案

1.（1）（3）（4）（5）（6）（7）（10）（11）（12）（13）是命题，其中（1）（3）（10）（11）是真命题，（4）（6）（12）是假命题，（5）（7）（13）的真值目前无法确定；（2）（8）（9）不是命题。

2. 设 p：3+3=6；q：雪是白的。

（1）原命题符号化为：$p \to q$。该命题是真命题。

（2）原命题符号化为：$\neg p \to q$。该命题是真命题。

（3）原命题符号化为：$p \to \neg q$。该命题是假命题。

（4）原命题符号化为：$\neg p \to \neg q$。该命题是真命题。

3.（1）$\neg p \wedge \neg q$

（2）$r \to q$

（3）$\neg p \wedge r \to q$

4.（1）$p \to (q \to r) \Leftrightarrow (p \wedge q) \to r$

证明：$p \to (q \to r)$和$(p \wedge q) \to r$ 的真值如附表 1 所示。

附表 1

p	q	r	$q \to r$	$p \to (q \to r)$	$p \wedge q$	$(p \wedge q) \to r$
0	0	0	1	1	0	1
0	0	1	1	1	0	1
0	1	0	0	1	0	1
0	1	1	1	1	0	1
1	0	0	1	1	0	1
1	0	1	1	1	0	1
1	1	0	0	0	1	0
1	1	1	1	1	1	1

由附表 1 可知，$p \to (q \to r)$和$(p \wedge q) \to r$ 的真值完全相同，所以 $p \to (q \to r) \Leftrightarrow (p \wedge q) \to r$。

（2）$p \to q \Leftrightarrow \neg q \to \neg p$

证明：$p \to q \Leftrightarrow \neg q \to \neg p$ 的真值如附表 2 所示。

附表 2

p	q	$p \to q$	$\neg p$	$\neg q$	$\neg q \to \neg p$
0	0	1	1	1	1
0	1	1	1	0	1
1	0	0	0	1	0
1	1	1	0	0	1

由附表 2 可知，$p \to q$ 和$\neg q \to \neg p$ 的真值完全相同，所以 $p \to q \Leftrightarrow \neg q \to \neg p$。

5.（1）$p \to (q \to r)$

$\Leftrightarrow \neg p \vee (\neg q \vee r)$ （条件等价式）

$\Leftrightarrow (\neg p \vee \neg q) \vee r$ （结合律）

$\Leftrightarrow \neg(p \wedge q) \vee r$ （德摩根律）

$\Leftrightarrow (p \wedge q) \to r$ （条件等价式）

（2）$\neg q \to \neg p$

$\Leftrightarrow \neg\neg q \vee \neg p$ （条件等价式）

$\Leftrightarrow q \vee \neg p$ （双重否定律）

$\Leftrightarrow \neg p \vee q$ （交换律）

$\Leftrightarrow p \to q$ （条件等价式）

6.（1）$(p \to q) \wedge p \to q$

$\Leftrightarrow (\neg p \vee q) \wedge p \to q$ （条件等价式）

$\Leftrightarrow (\neg p \wedge p) \vee (q \wedge p) \to q$ （分配律）

$\Leftrightarrow (q \wedge p) \to q$ （同一律、矛盾律）

$\Leftrightarrow \neg(q \wedge p) \vee q$ （条件等价式）

$\Leftrightarrow (\neg q \vee \neg p) \vee q$ （德摩根律）

$\Leftrightarrow$T（永真式） （零律、排中律）

（2）$((p \to q) \wedge (q \to r)) \to (p \to r)$

$\Leftrightarrow \neg((\neg p \vee q) \wedge (\neg q \vee r)) \vee (\neg p \vee r)$ （条件等价式）

$\Leftrightarrow (p \wedge \neg q) \vee (q \wedge \neg r) \vee (\neg p \vee r)$ （德摩根律）

$\Leftrightarrow (p \wedge \neg q) \vee ((\neg p \vee q \vee r) \wedge (\neg p \vee \neg r \vee r))$ （分配律）

$\Leftrightarrow (p \wedge \neg q) \vee (\neg p \vee q \vee r)$ （同一律、排中律、零律）

$\Leftrightarrow (\neg p \vee q \vee r \vee p) \wedge (\neg p \vee q \vee r \vee \neg q)$ （分配律）

$\Leftrightarrow$T（永真式）

7.（1）$(p \wedge q) \vee (p \wedge r)$

定义$(p \wedge q) \vee (p \wedge r)$的真值表，如附表 3 所示。

附表 3

p	q	r	$p \wedge q$	$p \wedge r$	$(p \wedge q) \vee (p \wedge r)$
0	0	0	0	0	0
0	0	1	0	0	0
0	1	0	0	0	0

续表

p	q	r	$p\wedge q$	$p\wedge r$	$(p\wedge q)\vee(p\wedge r)$
0	1	1	0	0	0
1	0	0	0	0	0
1	0	1	0	1	1
1	1	0	1	0	1
1	1	1	1	1	1

由附表 3 可知，原式$\Leftrightarrow(p\wedge\neg q\wedge r)\vee(p\wedge q\wedge\neg r)\vee(p\wedge q\wedge r)$（主析取范式）$\Leftrightarrow\sum 5,6,7$。

使得命题公式$(p\wedge q)\vee(p\wedge r)$成真的赋值是：101、110、111。

（2）$\neg(p\vee q)\to(\neg p\wedge r)$

$\Leftrightarrow\neg\neg(p\vee q)\vee(\neg p\wedge r)$

$\Leftrightarrow(p\vee q)\vee(\neg p\wedge r)$

$\Leftrightarrow(p\vee q\vee\neg p)\wedge(p\vee q\vee r)$

$\Leftrightarrow p\vee q\vee r$

$\Leftrightarrow(\neg p\wedge\neg q\wedge r)\vee(\neg p\wedge q\wedge\neg r)\vee(\neg p\wedge q\wedge r)\vee(p\wedge\neg q\wedge\neg r)\vee(p\wedge\neg q\wedge r)\vee(p\wedge q\wedge\neg r)\vee(p\wedge q\wedge r)$（主析取范式）

$\Leftrightarrow\sum 1,2,3,4,5,6,7$

使得命题公式$\neg(p\vee q)\to(\neg p\wedge r)$成真的赋值是：001、010、011、100、101、110、111。

8.（1）$(p\to q)\wedge r$

$\Leftrightarrow(\neg p\vee q)\wedge r$

$\Leftrightarrow(\neg p\vee q\vee r)\wedge(\neg p\vee q\vee\neg r)\wedge(\neg p\vee r)\wedge(p\vee r)$

$\Leftrightarrow(\neg p\vee q\vee r)\wedge(\neg p\vee q\vee\neg r)\wedge(\neg p\vee q\vee r)\wedge(\neg p\vee\neg q\vee r)\wedge(p\vee q\vee r)\wedge(p\vee\neg q\vee r)$

$\Leftrightarrow(\neg p\vee q\vee r)\wedge(\neg p\vee q\vee\neg r)\wedge(\neg p\vee\neg q\vee r)\wedge(p\vee q\vee r)\wedge(p\vee\neg q\vee r)$

$\Leftrightarrow\prod 0,2,4,5,6$

使得命题公式$(p\to q)\wedge r$ 成假的赋值是：000、010、100、101、110。

（2）$\neg(p\to q)\leftrightarrow(p\to\neg q)$

定义$\neg(p\to q)\leftrightarrow(p\to\neg q)$的真值表，如附表 4 所示。

附表 4

p	q	$p\to q$	$\neg(p\to q)$	$\neg q$	$p\to\neg q$	$\neg(p\to q)\leftrightarrow(p\to\neg q)$
0	0	1	0	1	1	0
0	1	1	0	0	1	0
1	0	0	1	1	1	1
1	1	1	0	0	0	1

由附表 4 可知，原式$\Leftrightarrow(p\vee q)\wedge(p\vee\neg q)\Leftrightarrow\prod 0,1$。

使得命题公式$\neg(p\to q)\leftrightarrow(p\to\neg q)$成假的赋值是：00、01。

9.（1）$(p\to q)\wedge(q\to r)$

$\Leftrightarrow(\neg p\vee q)\wedge(\neg q\vee r)$

$\Leftrightarrow((\neg p\vee q)\wedge\neg q)\vee((\neg p\vee q)\wedge r)$

$\Leftrightarrow(\neg p\wedge\neg q)\vee(\neg p\wedge r)\vee(q\wedge r)$

$\Leftrightarrow(\neg p\wedge\neg q\wedge r)\vee(\neg p\wedge\neg q\wedge\neg r)\vee(\neg p\wedge\neg q\wedge r)\vee(\neg p\wedge q\wedge r)\vee(\neg p\wedge q\wedge r)\vee(p\wedge q\wedge r)$

$\Leftrightarrow(\neg p\wedge\neg q\wedge r)\vee(\neg p\wedge\neg q\wedge\neg r)\vee(\neg p\wedge q\wedge r)\vee(p\wedge q\wedge r)$（主析取范式）

$\Leftrightarrow\sum 0,1,3,7$

$\Leftrightarrow\prod 2,4,5,6$

$\Leftrightarrow(p\vee\neg q\vee r)\wedge(\neg p\vee q\vee r)\wedge(\neg p\vee q\vee\neg r)\wedge(\neg p\vee\neg q\vee r)$（主合取范式）

（2）$\neg(\neg p\vee\neg q)\vee r$

$\Leftrightarrow(p\wedge q)\vee r$

$\Leftrightarrow(p\wedge q\wedge r)\vee(p\wedge q\wedge\neg r)\vee(p\wedge r)\vee(\neg p\wedge r)$

$\Leftrightarrow(p\wedge q\wedge r)\vee(p\wedge q\wedge\neg r)\vee(p\wedge q\wedge r)\vee(p\wedge\neg q\wedge r)\vee(\neg p\wedge q\wedge r)\vee(\neg p\wedge\neg q\wedge r)$

$\Leftrightarrow(p\wedge q\wedge r)\vee(p\wedge q\wedge\neg r)\vee(p\wedge\neg q\wedge r)\vee(\neg p\wedge q\wedge r)\vee(\neg p\wedge\neg q\wedge r)$（主析取范式）

$\Leftrightarrow\sum 1,3,5,6,7$

$\Leftrightarrow\prod 0,2,4$

$\Leftrightarrow(p\vee q\vee r)\wedge(p\vee\neg q\vee r)\wedge(\neg p\vee q\vee r)$（主合取范式）

10.（1）$p\wedge q\Rightarrow p\rightarrow q$

证明：假设前件 $p\wedge q$ 为真，证明后件 $p\rightarrow q$ 也为真。

因为 $p\wedge q$ 为真，所以 p 为真并且 q 也为真，根据定义可知 $p\rightarrow q$ 也为真。

所以，原蕴含式成立。

（2）$p\rightarrow(q\rightarrow r)\Rightarrow(p\rightarrow q)\rightarrow(p\rightarrow r)$

证明：假设后件$(p\rightarrow q)\rightarrow(p\rightarrow r)$为假，证明前件 $p\rightarrow(q\rightarrow r)$必为假。

因为$(p\rightarrow q)\rightarrow(p\rightarrow r)$为假，所以 $p\rightarrow q$ 为真，$p\rightarrow r$ 为假；因为 $p\rightarrow r$ 为假，所以 p 为真，r 为假；所以 q 必为真。

因为 q 为真，r 为假，所以 $q\rightarrow r$ 必为假；因为 p 为真，所以 $p\rightarrow(q\rightarrow r)$必为假。

所以，原蕴含式成立。

11.（1）$(p\rightarrow(q\rightarrow r))$，$p\wedge q\Rightarrow r$。

$((p\rightarrow(q\rightarrow r))\wedge(p\wedge q))\rightarrow r$

$\Leftrightarrow\neg((p\rightarrow(q\rightarrow r))\wedge(p\wedge q))\vee r$

$\Leftrightarrow\neg((\neg p\vee\neg q\vee r)\wedge(p\wedge q))\vee r$

$\Leftrightarrow(p\wedge q\wedge\neg r)\vee\neg(p\wedge q)\vee r$

$\Leftrightarrow(p\wedge q\wedge\neg r)\vee\neg(p\wedge q\wedge\neg r)$

$\Leftrightarrow 1$

所以$(p\rightarrow(q\rightarrow r))$，$p\wedge q\Rightarrow r$。

（2）$\neg p\vee q$，$\neg(q\wedge\neg r)$，$\neg r\Rightarrow\neg p$。

$((\neg p\vee q)\wedge(\neg(q\wedge\neg r))\wedge\neg r)\rightarrow\neg p$

$\Leftrightarrow\neg((\neg p\vee q)\wedge(\neg(q\wedge\neg r))\wedge\neg r)\vee\neg p$

$\Leftrightarrow((p\wedge\neg q)\vee(q\wedge\neg r)\vee r)\vee\neg p$

$\Leftrightarrow(p\wedge\neg q)\vee(q\wedge\neg r)\vee r\vee\neg p$

$\Leftrightarrow((p\wedge\neg q)\vee\neg p)\vee((q\wedge\neg r)\vee r)$

$\Leftrightarrow(\neg p\vee\neg q)\vee(q\vee r)$

$\Leftrightarrow 1$

所以$\neg p\vee q$，$\neg(q\wedge\neg r)$，$\neg r\Rightarrow\neg p$。

12.（1）$p \to (q \vee r)$，$(t \vee s) \to p$，$(t \vee s) \Rightarrow q \vee r$。

证明如下。

① $t \vee s$	P
② $(t \vee s) \to p$	P
③ p	T，①②假言推理
④ $p \to (q \vee r)$	P
⑤ $q \vee r$	T，③④假言推理

（2）$p \vee q \to r \wedge s$，$s \vee t \to u \Rightarrow p \to u$。

证明如下。

① p	P（附加前提）
② $p \vee q$	T，①附加律
③ $p \vee q \to r \wedge s$	P
④ $r \wedge s$	T，②③假言推理
⑤ s	T，④化简律
⑥ $s \vee t$	T，⑤附加律
⑦ $s \vee t \to u$	P
⑧ u	T，⑥⑦假言推理
⑨ $p \to u$	CP 规则

（3）$\neg q \vee s$，$(t \to \neg u) \to \neg s \Rightarrow q \to t$。

证明如下。

① q	P（附加前提）
② $\neg q \vee s$	P
③ s	T，①②析取三段论
④ $(t \to \neg u) \to \neg s$	P
⑤ $\neg(t \to \neg u)$	T，③④拒取式
⑥ $\neg(\neg t \vee \neg u)$	T，⑤条件等价式
⑦ $t \wedge u$	T，⑥德摩根律
⑧ t	T，⑦化简律
⑨ $q \to t$	CP 规则

（4）$r \to \neg q$，$r \vee s$，$s \to \neg q$，$p \to q \Rightarrow \neg p$。

证明如下。

① $\neg\neg p$	P（附加前提）
② p	T，①双重否定律
③ $p \to q$	P
④ q	T，②③假言推理
⑤ $r \to \neg q$	P
⑥ $\neg r$	T，④⑤拒取式
⑦ $r \vee s$	P
⑧ s	T，⑥⑦析取三段论
⑨ $s \to \neg q$	P

⑩ $\neg q$　　T，⑧⑨假言推理

⑪ $q\wedge\neg q$（矛盾）　　T，④⑩合取引入

13.

p：今天是星期三。

q：我有一次离散数学测验。

r：我有一次数字逻辑测验。

s：离散数学老师有事。

该推理就是要证明：$p\to(q\vee r)$，$s\to\neg q$，$p\wedge s\Rightarrow r$。

① $p\wedge s$　　P

② p　　T，①化简律

③ s　　T，①化简律

④ $s\to\neg q$　　P

⑤ $\neg q$　　T，③、④假言推理

⑥ $p\to(q\vee r)$　　P

⑦ $q\vee r$　　T，②、⑥假言推理

⑧ r　　T，⑤、⑦析取三段论

第 2 章　习题参考答案

1.

（1）

解：设 $A(x)$：x 是奇数；a：4。

“4 不是奇数”符号化为：$\neg A(a)$。

（2）

解：设 $A(x)$：x 是偶数。$B(x)$：x 是质数。a：2。

“2 是偶数且是质数”符号化为：$A(a)\wedge B(a)$。

（3）

解：设 $A(x)$：x 是偶数。a：2，b：3。

“2 与 3 都是偶数”符号化为：$A(a)\wedge A(b)$。

（4）

解：设 $G(x,y)$：x 大于 y。a：5。b：3。

“5 大于 3”符号化为：$G(a,b)$。

（5）

解：设 $C(x,y)$：x 平行于 y。设 $D(x,y)$：x 相交于 y。a：直线 A。b：直线 B。

“直线 A 平行于直线 B 当且仅当直线 A 不相交于直线 B”符号化为：$C(a,b)\leftrightarrow\neg D(x,y)$。

2.

（1）

解：设 $A(x)$：x 是火车。$B(x)$：x 是汽车。$C(x,y)$：x 比 y 快。

“每列火车都比某些汽车快”符号化为：$(\forall x)(A(x)\to(\exists y)(B(y)\wedge C(x,y)))$。

（2）

解：设 $A(x)$：x 是火车。$B(x)$：x 是汽车。$C(x,y)$：x 比 y 快。

“某些汽车比所有火车慢”符号化为：$(\exists x)(B(x)\wedge(\forall y)(A(y)\to C(y,x)))$。

（3）

解：设 $R(x)$：x 是实数。$G(x,y)$：x 比 y 大。

“对每一个实数 x，存在一个更大的实数 y”符号化为：$(\forall x)(R(x)\to(\exists y)(R(y)\wedge G(y,x)))$。

（4）

解：设 $R(x)$：x 是实数。$G(x,y)$：x 比 y 大。

“存在实数 x、y 和 z，使得 x 与 y 之和大于 x 与 z 之积”符号化为：$(\exists x)(\exists y)(\exists z)(R(x)\wedge R(y)\wedge R(z)\wedge G(x+y,xz))$。

（5）

解：设 $R(x)$：x 是人。$G(x,y)$：x 和 y 一样高。

“所有的人都不一样高”符号化为：$(\forall x)(\forall y)(R(x)\wedge R(y)\to\neg G(x,y))$。

3.

（1）

解：将约束变元 x 换成 u：$(\exists u)(\forall y)(P(u,z)\to Q(u,y))\wedge R(x,y)$。

再将约束变元 y 换成 v：$(\exists u)(\forall v)(P(u,z)\to Q(u,v))\wedge R(x,y)$。

（2）

解：将前面的约束变元 x 换成 u，后面的约束变元 x 换成 v：$(\forall u)(P(u)\to(R(u)\vee Q(u,y)))\wedge(\exists v)R(v)\to(\forall z)S(x,z)$。

将约束变元 z 换成 w：$(\forall x)(P(x)\to(R(x)\vee Q(x,y)))\wedge(\exists x)R(x)\to(\forall w)S(x,w)$。

4.

（1）

解：$(\forall x)(\exists y)H(x,y)$

$\Leftrightarrow(\exists y)H(2,y)\wedge(\exists y)H(4,y)$

$\Leftrightarrow(H(2,2)\vee H(2,4))\wedge(H(4,2)\vee H(4,4))$

$\Leftrightarrow(0\vee 0)\wedge(1\vee 0)\Leftrightarrow 0\wedge 1\Leftrightarrow 0$

（2）

解：$(\exists x)(S(x)\to Q(a))\wedge p$

$\Leftrightarrow((S(1)\to Q(3))\vee(S(3)\to Q(3))\vee(S(6)\to Q(3)))\wedge(5>3)$

$\Leftrightarrow((0\to 0)\vee(0\to 0)\vee(1\to 0))\wedge 1$

$\Leftrightarrow(1\vee 1\vee 0)\wedge 1\Leftrightarrow 1\wedge 1\Leftrightarrow 1$

（3）

解：$(\exists x)(x^2-2x+1=0)$

$\Leftrightarrow(((-1)^2-2\times(-1)+1=0)\vee(2^2-2\times 2+1=0)$

$\Leftrightarrow((4=0)\vee(1=0)\Leftrightarrow 0\vee 0\Leftrightarrow 0$

5.

（1）

解：$(\forall x)P(x)\wedge\neg(\exists x)Q(x)\Leftrightarrow(\forall x)P(x)\wedge(\forall x)\neg Q(x)\Leftrightarrow(\forall x)(P(x)\wedge\neg Q(x))$

（2）

解：$(\forall x)P(x)\vee\neg(\exists x)Q(x)$

$\Leftrightarrow(\forall x)P(x)\vee(\forall x)\neg Q(x)$

$\Leftrightarrow(\forall x)P(x)\vee(\forall y)\neg Q(y)$

$\Leftrightarrow(\forall x)(\forall y)(P(x)\wedge\neg Q(y))$

（3）

解：$(\forall x)(\forall y)(((\exists z)A(x,y,z)\wedge(\exists u)B(x,u))\rightarrow(\exists v)B(x,v))$

$\Leftrightarrow(\forall x)(\forall y)((\exists z)(\exists u)(A(x,y,z)\wedge B(x,u))\rightarrow(\exists v)B(x,v))$

$\Leftrightarrow(\forall x)(\forall y)(\forall z)(\forall u)(\exists v)((A(x,y,z)\wedge B(x,u))\rightarrow B(x,v))$

6.

（1）

证明：

① $(\exists x)F(x)$	P
② $F(c)$	ES，①
③ $(\forall x)(F(x)\rightarrow(G(y)\wedge R(x)))$	P
④ $F(c)\rightarrow(G(y)\wedge R(c))$	US，③
⑤ $G(y)\wedge R(c)$	T，②、④假言推理
⑥ $R(c)$	T，⑤化简律
⑦ $F(c)\wedge R(c)$	T，②、⑥合取引入
⑧ $(\exists x)(F(x)\wedge R(x))$	EG，⑦

（2）

证明：

① $(\forall x)(R(x)\rightarrow\neg G(x))$	P
② $R(c)\rightarrow\neg G(c)$	US，①
③ $(\forall x)(F(x)\rightarrow G(x))$	P
④ $F(c)\rightarrow G(c)$	US，③
⑤ $\neg G(c)\rightarrow\neg F(c)$	T，④等价变换
⑥ $R(c)\rightarrow\neg F(c)$	T，②、⑤假言三段论
⑦ $(\forall x)(R(x)\rightarrow\neg F(x))$	UG，⑥

（3）

证明：

① $(\forall x)R(x)$	P
② $R(c)$	US，①
③ $(\forall x)(G(x)\rightarrow\neg R(x))$	P
④ $G(c)\rightarrow\neg R(c)$	US，③
⑤ $\neg G(c)$	T，②、④拒取式
⑥ $(\forall x)(F(x)\vee G(x))$	P
⑦ $F(c)\vee G(c)$	US，⑥
⑧ $F(c)$	T，⑤、⑦析取三段论
⑨ $(\forall x)F(x)$	UG，⑧

（4）

证明：

① $(\exists x)F(x)$	P
② $F(c)$	ES，①
③ $(\exists x)F(x)\rightarrow(\forall y)((F(y)\vee G(y))\rightarrow R(y))$	P
④ $(\forall y)((F(y)\vee G(y))\rightarrow R(y))$	T，①、③假言推理
⑤ $(F(c)\vee G(c))\rightarrow R(c)$	US，④
⑥ $F(c)\vee G(c)$	T，②附加律
⑦ $R(c)$	T，⑤、⑥假言推理
⑧ $(\forall x)R(x)$	UG，⑦

7.

（1）

证明：

① $(\forall x)F(x)$	P（附加前提）
② $F(c)$	US，①
③ $(\forall x)(F(x)\rightarrow R(x))$	P
④ $F(c)\rightarrow R(c)$	US，③
⑤ $R(c)$	T，②、④假言推理
⑥ $(\forall x)R(x)$	UG，⑤
⑦ $(\forall x)F(x)\rightarrow(\forall x)R(x)$	CP

（2）

证明：

① $(\forall x)R(x)$	P（附加前提）
② $R(c)$	US，①
③ $\neg(\exists x)(G(x)\wedge R(x))$	P
④ $(\forall x)\neg(G(x)\wedge R(x))$	T，③量词否定等价式
⑤ $\neg(G(c)\wedge R(c))$	US，④
⑥ $\neg G(c)\vee\neg R(c)$	T，⑤德摩根律
⑦ $\neg G(c)$	T，②、⑥析取三段论
⑧ $(\forall x)(F(x)\vee G(x))$	P
⑨ $F(c)\vee G(c)$	US，⑧
⑩ $F(c)$	T，⑦、⑨析取三段论
⑪ $(\forall x)F(x)$	UG，⑩
⑫ $(\forall x)R(x)\rightarrow(\forall x)F(x)$	CP

8.

（1）

证明：

① $\neg((\forall x)F(x)\vee(\exists x)G(x))$	P（附加前提）
② $\neg(\forall x)F(x)\wedge\neg(\exists x)G(x)$	T，①德摩根律
③ $(\exists x)\neg F(x)\wedge(\forall x)\neg G(x)$	T，②量词否定等价式

④ $(\exists x)\neg F(x)$	T，③化简律
⑤ $\neg F(c)$	ES，④
⑥ $(\forall x)\neg G(x))$	T，③化简律
⑦ $\neg G(c)$	US，⑥
⑧ $(\forall x)(F(x)\vee G(x))$	P
⑨ $F(c)\vee G(c)$	US，⑧
⑩ $F(c)$	T，⑦、⑨析取三段论
⑪ $F(c)\wedge\neg F(c)$（矛盾）	T，⑤、⑩合取引入

（2）

证明：

① $\neg(\forall x)F(x)$	P（附加前提）
② $(\exists x)\neg F(x)$	T，①量词否定等价式
③ $\neg F(c)$	ES，②
④ $(\forall x)(F(x)\vee G(x))$	P
⑤ $F(c)\vee G(c)$	US，④
⑥ $G(c)$	T，③、⑤析取三段论
⑦ $(\forall x)(G(x)\to\neg R(x))$	P
⑧ $G(c)\to\neg R(c)$	US，⑦
⑨ $\neg R(c)$	T，⑥、⑧假言推理
⑩ $(\forall x)R(x)$	P
⑪ $R(c)$	US，⑩
⑫ $R(c)\wedge\neg R(c)$（矛盾）	T，⑨、⑪合取引入

（3）

证明：

① $(\exists x)\neg R(x)$	P
② $\neg R(c)$	ES，①
③ $\neg(\exists x)\neg F(x)$	P（附加前提）
④ $(\forall x)F(x)$	T，③量词否定等价式
⑤ $F(c)$	US，④
⑥ $(\forall x)(F(x)\to\neg G(x))$	P
⑦ $F(c)\to\neg G(c)$	US，⑥
⑧ $\neg G(c)$	T，⑤、⑦假言推理
⑨ $(\forall x)(G(x)\vee R(x))$	P
⑩ $G(c)\vee R(c)$	US，⑨
⑪ $R(c)$	T，⑧、⑩析取三段论
⑫ $R(c)\wedge\neg R(c)$（矛盾）	T，②、⑪合取引入

9.

（1）

证明：首先将命题符号化。

$Q(x)$：x 是有理数。　　$R(x)$：x 是实数。

$Z(x)$：x 是整数。

本题要证明：$(\forall x)(Q(x)\to R(x))$，$(\exists x)(Q(x)\wedge Z(x))\Rightarrow(\exists x)(R(x)\wedge Z(x))$。

① $(\exists x)(Q(x)\wedge Z(x))$	P
② $Q(c)\wedge Z(c)$	ES，①
③ $Q(c)$	T，②化简律
④ $Z(c)$	T，②化简律
⑤ $(\forall x)(Q(x)\to R(x))$	P
⑥ $Q(c)\to R(c)$	US，⑤
⑦ $R(c)$	T，③、⑥假言推理
⑧ $R(c)\wedge Z(c)$	T，④、⑦合取引入
⑨ $(\exists x)(R(x)\wedge Z(x))$	EG，⑧

（2）

证明：首先将命题符号化。

$Q(x)$：x 是有理数。　　$W(x)$：x 是无理数。

$F(x)$：x 能表示成分数。

本题要证明：$\neg(\exists x)(W(x)\wedge F(x))$，$(\forall x)(Q(x)\to F(x))\Rightarrow(\forall x)(Q(x)\to\neg W(x))$。

① $\neg(\exists x)(W(x)\wedge F(x))$	P
② $(\forall x)\neg(W(x)\wedge F(x))$	T，①量词否定等价式
③ $\neg(W(c)\wedge F(c))$	US，②
④ $\neg W(c)\vee\neg F(c)$	T，③德摩根律
⑤ $F(c)\to\neg W(c)$	T，④条件等价式
⑥ $(\forall x)(Q(x)\to F(x))$	P
⑦ $Q(c)\to F(c)$	US，⑥
⑧ $Q(c)\to\neg W(c)$	T，⑤、⑦假言三段论
⑨ $(\forall x)(Q(x)\to\neg W(x))$	UG，⑧

（3）

证明：首先将命题符号化。

$P(x)$：x 喜欢步行。　　$Q(x)$：x 喜欢骑自行车。

$R(x)$：x 喜欢乘汽车。

以全体人类为个体域（全总个体域也可类似证明）。

本题要证明：$(\forall x)(P(x)\to\neg Q(x))$，$(\forall x)(Q(x)\vee R(x))$，$(\exists x)\neg R(x)\Rightarrow(\exists x)\neg P(x)$。

① $(\exists x)\neg R(x)$	P
② $\neg R(c)$	ES，①
③ $(\forall x)(Q(x)\vee R(x))$	P
④ $Q(c)\vee R(c)$	US，③
⑤ $Q(c)$	T，④析取三段论
⑥ $(\forall x)(P(x)\to\neg Q(x))$	P
⑦ $P(c)\to\neg Q(c)$	US，⑥
⑧ $\neg P(c)$	T，⑤、⑦拒取式
⑨ $(\forall x)\neg P(x)$	UG，⑧

第 3 章　习题参考答案

1.

解：（1）$A=\{2,4,6,8,10,12,14\}$

（2）$B=\varnothing$

（3）$C=\{0,1,2,3,4,5,6,7,8,9\}$

2.

解：（1）真。因为空集是任意集合的子集。

（2）假。因为空集不含任何元素。

（3）真。因为空集是任意集合的子集。

（4）真。因为$\varnothing$是集合$\{\varnothing\}$的元素。

（5）真。因为$\{a,b\}$是集合$\{a,b,c,\{a,b,c\}\}$的子集。

（6）假。因为$\{a,b\}$不是集合$\{a,b,c,\{a,b,c\}\}$的元素。

（7）真。因为$\{a,b\}$是集合$\{a,b,\{\{a,b\}\}\}$的子集。

（8）假。因为$\{a,b\}$不是集合$\{a,b,\{\{a,b\}\}\}$的元素。

3.

（1）

证明：$x\in A\cup(B\cap C)$

$\Leftrightarrow x\in A\vee x\in B\cap C$

$\Leftrightarrow x\in A\vee(x\in B\wedge x\in C)$

$\Leftrightarrow (x\in A\vee x\in B)\wedge(x\in A\vee x\in C)$

$\Leftrightarrow (x\in A\vee x\in B)\wedge(x\in A\vee x\in C)$

$\Leftrightarrow x\in A\cup B\wedge x\in A\cup C$

$\Leftrightarrow x\in(A\cup B)\cap(A\cup C)$

所以 $A\cup(B\cap C)=(A\cup B)\cap(A\cup C)$。

（2）

证明：$x\in A\cap(B\cup C)$

$\Leftrightarrow x\in A\wedge x\in B\cup C$

$\Leftrightarrow x\in A\wedge(x\in B\vee x\in C)$

$\Leftrightarrow (x\in A\wedge x\in B)\vee(x\in A\wedge x\in C)$

$\Leftrightarrow x\in A\cap B\vee x\in A\cap C$

$\Leftrightarrow x\in(A\cap B)\cup(A\cap C)$

所以 $A\cap(B\cup C)=(A\cap B)\cup(A\cap C)$。

（3）

证明：$x\in\sim(\sim A)\Leftrightarrow\neg(x\in\sim A)\Leftrightarrow\neg(\neg x\in A)\Leftrightarrow x\in A$

所以$\sim(\sim A)=A$。

（4）

证明：$x\in A\cup E\Leftrightarrow x\in A\vee x\in E\Leftrightarrow x\in A\vee T\Leftrightarrow T\Leftrightarrow x\in E$

所以 $A\cup E=E$。

（5）

证明：$x\in A\cap\sim A\Leftrightarrow x\in A\wedge x\in\sim A\Leftrightarrow x\in A\wedge\neg(x\in A)\Leftrightarrow F\Leftrightarrow x\in\varnothing$

所以 $A\cap\sim A=\varnothing$。

（6）

证明：$x\in A\cup(A\cap B)\Leftrightarrow x\in A\vee x\in A\cap B\Leftrightarrow x\in A\vee(x\in A\wedge x\in B)\Leftrightarrow x\in A$（吸收律）

所以 $A\cup(A\cap B)=A$。

（7）

证明：$x\in\sim(A\cap B)\Leftrightarrow\neg(x\in A\cap B)\Leftrightarrow\neg(x\in A\wedge x\in B)\Leftrightarrow\neg x\in A\vee\neg x\in B$

$\Leftrightarrow x\in\sim A\vee x\in\sim B\Leftrightarrow x\in\sim A\cup\sim B$

所以 $\sim(A\cap B)=\sim A\cup\sim B$。

4.

解：（1）$\{\varnothing,\{a\},\{\{b,c\}\},\{a,\{a,b\}\}\}$

（2）$\{\varnothing,\{\varnothing\},\{\{\varnothing\}\},\{\varnothing,\{\varnothing\}\}\}$

（3）$\{\varnothing,\{\{a,b\}\}\}$

5.

解：（1）真。

（2）真。

（3）真。

（4）真。

（5）真。

（6）真。

6.

证明：（1）方法一。

$(A-B)-C$

$=(A\cap\sim B)\cap\sim C$ （差集的定义）

$=A\cap(\sim B\cap\sim C)$ （交运算的结合律）

$=A\cap\sim(B\cup C)$ （德摩根律）

$=A-(B\cup C)$ （差集的定义）

方法二。对任意元素 $x\in(A-B)-C$，有 $x\notin C$。同时，$x\in A-B$，$x\in A$，$x\notin B$。所以，$x\in A$，$x\notin B\cup C$，即 $x\in A-(B\cup C)$，由此可见$(A-B)-C\subseteq A-(B\cup C)$。

反之，对任意元素 $x\in A-(B\cup C)$，有 $x\in A$，且 $x\notin B\cup C$，也就是说 $x\in A$，$x\notin B$，$x\notin C$。所以 $x\in(A-B)-C$，由此可见 $A-(B\cup C)\subseteq(A-B)-C$。

（2）

$(A-B)-C$

$=A-(B\cup C)$ （根据上题）

$=A-(C\cup B)$ （并运算交换律）

$=A-((C\cup B)\cap T)$ （零律）

$=A-((C\cup B)\cap(C\cup\sim C))$ （零律）

$=A-(C\cup(B\cap\sim C)$ （分配律）

$=(A-C)-(B\cap\sim C)$　　　　（根据上题）

$=(A-C)-(B-C)$　　　　（差集的定义）

7.

解：（1）不一定。如 $A=\{a\}$、$B=\{a,b\}$、$C=\{b\}$，显然有 $A\cup B=A\cup C$，但 $B\neq C$。

（2）不一定。如 $A=\{a\}$、$B=\{a,b\}$、$C=\{a,b,c\}$，显然有 $A\cap B=A\cap C$，但 $B\neq C$。

8. 提示：集合 A、B、C 可考虑包含、相交等多种情况。具体答案略。

9.

解：（1）任取 $<x,y>$。

$<x,y>\in A\times C$

$\Leftrightarrow x\in A\wedge y\in C$

$\Leftrightarrow x\in B\wedge y\in D$

$\Leftrightarrow <x,y>\in B\times D$

（2）不一定。反例如下。

$A=\{1\}$，$B=\{2\}$，$C=D=\varnothing$，则 $A\times C=B\times D$ 但是 $A\neq B$。

10.

（1）

证明：$x\in A\Leftrightarrow x\in A\wedge x\in A\Leftrightarrow <x,x>\in A\times A\Leftrightarrow <x,x>\in B\times B\Leftrightarrow x\in B\wedge x\in B\Leftrightarrow x\in B$，所以 $A=B$。

（2）

因为 $A\neq\varnothing$，所以 $\exists x\in A$，以下证明 $B=C$。

$y\in B\Leftrightarrow x\in A\wedge y\in B\Leftrightarrow <x,y>\in A\times B\Leftrightarrow <x,y>\in A\times C\Leftrightarrow x\in A\wedge y\in C\Leftrightarrow y\in C$，所以 $B=C$。

（3）

证明：$<x,y>\in(A\cap B)\times(C\cap D)\Leftrightarrow x\in A\cap B\wedge y\in C\cap D$

$\Leftrightarrow x\in A\wedge x\in B\wedge y\in C\wedge y\in D$

$\Leftrightarrow x\in A\wedge y\in C\wedge x\in B\wedge y\in D$

$\Leftrightarrow <x,y>\in A\times C\wedge <x,y>\in B\times D$

$\Leftrightarrow <x,y>\in A\times C\cap B\times D$

所以 $(A\cap B)\times(C\cap D)=(A\times C)\cap(B\times D)$。

11.

（1）

解：不成立。反例为：$A=\{1\}$，$B=\{2\}$，$C=\{a\}$，$D=\{b\}$。

$(A\cup B)\times(C\cup D)=\{1,2\}\times\{a,b\}=\{<1,a>, <1,b>, <2,a>, <2,b>\}$

$(A\times C)\cup(B\times D)=\{<1,a>\}\cup\{<2,b>\}=\{<1,a>, <2,b>\}$

所以，$(A\cup B)\times(C\cup D)\neq(A\times C)\cup(B\times D)$。

（2）

解：不成立。反例为：$A=\{1,2\}$，$B=\{1\}$，$C=\{a,b\}$，$D=\{a\}$。

$(A-B)\times(C-D)=\{2\}\times\{b\}=\{<2,b>\}$

$(A\times C)-(B\times D)=\{<1,a>,<1,b>,<2,a>,<2,b>\}-\{<1,a>\}=\{<1,b>,<2,a>,<2,b>\}$

所以，$(A-B)\times(C-D)\neq(A\times C)-(B\times D)$。

第 4 章　习题参考答案

1．解：

（1）$\boldsymbol{M}_R=\begin{pmatrix}1&0&0&1\\0&0&0&0\\1&1&0&1\\0&0&1&0\end{pmatrix}$

R 关系图如附图 1 所示。

（2）$\boldsymbol{M}_R=\begin{pmatrix}0&1&0&0\\0&1&0&0\\0&1&0&0\\0&1&0&0\end{pmatrix}$

R 关系图如附图 2 所示。

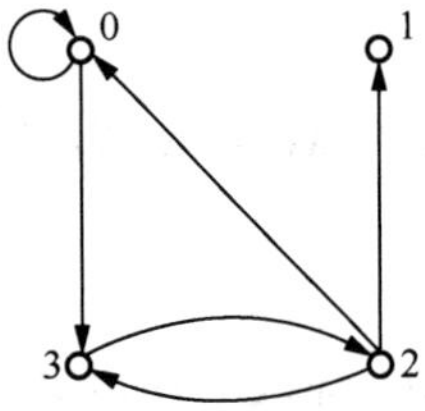

附图 1

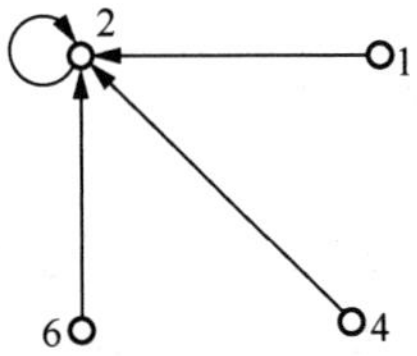

附图 2

（3）$\boldsymbol{M}_R=\begin{pmatrix}0&0&0&0&0\\1&1&1&1&0\\0&0&0&0&0\\1&1&1&1&0\\0&0&0&0&0\end{pmatrix}$

R 关系图如附图 3 所示。

（4）$\boldsymbol{M}_R=\begin{pmatrix}1&0&0&0&0\\1&1&0&0&0\\1&1&1&0&0\\0&1&1&1&0\\0&0&1&1&1\end{pmatrix}$

R 关系图如附图 4 所示。

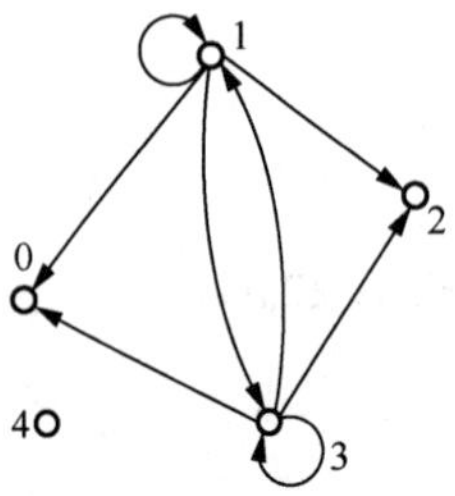

附图 3

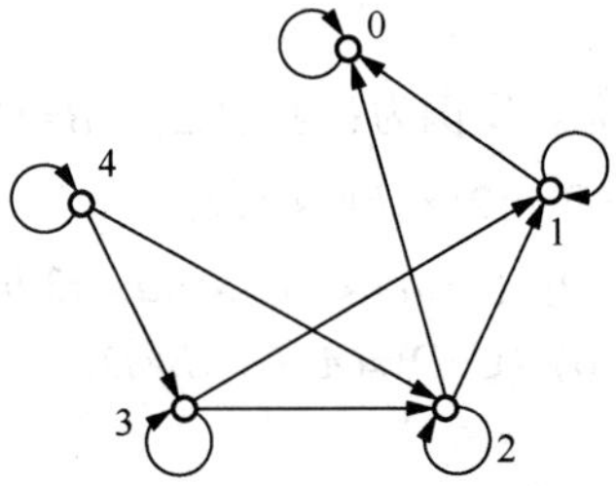

附图 4

2. 解：$\boldsymbol{M}_R=\begin{pmatrix}0&1&1&1&1&1&1\\0&0&1&1&1&1&1\\0&0&1&1&1&1&1\\0&0&1&1&1&1&1\\0&0&1&1&0&1&1\\0&0&1&1&0&1&1\\0&0&1&1&0&1&0\end{pmatrix}$

3.

解：（1）真。

证明：$\forall x\in A \Rightarrow <x,x>\in R\wedge<x,x>\in S$，有$<x,x>\in R\circ S$，所以 $R\circ S$ 也是自反的。

（2）假。

反例，令 $A=\{1,2\}$，$R=\{<1,2>\}$，$S=\{<2,1>\}$，$R\circ S=\{<1,1>\}$。

（3）假。

反例，令 $A=\{1,2,3\}$，$R=\{<1,2>,<2,1>\}$，$S=\{<2,3>,<3,2>\}$，$R\circ S=\{<1,3>\}$。

（4）假。

反例，令 $A=\{1,2,3,4\}$，$R=\{<1,2>,<3,4>\}$，$S=\{<2,3>,<4,4>\}$，$R\circ S=\{<1,3>,<3,4>\}$。

（5）真。

证明：$\forall x\in A \Rightarrow <x,x>\in R\Rightarrow<x,x>\in R^{-1}$，所以 R^{-1} 也是自反的。

（6）真。

证明：反证法。设 R^{-1} 不是反自反的，$\exists x\in A$ 使$<x,x>\in R^{-1}\Rightarrow<x,x>\in R$，与 R 是反自反的矛盾。所以 R^{-1} 也是反自反的。

（7）真。

证明：$(R^{-1})^{-1}=R=R^{-1}$，所以 R^{-1} 也是对称的。

（8）真。

证明：$<x,y>\in R^{-1}\wedge<y,z>\in R^{-1}\Rightarrow<y,x>\in R\wedge<z,y>\in R\Rightarrow<z,x>\in R\Rightarrow<x,z>\in R^{-1}$。所以 R^{-1} 也是传递的。

4.

证明：（1）$<x,y>\in R\circ(S\cup T)\Leftrightarrow(\exists z)(<x,z>\in R\wedge<z,y>\in S\cup T)$

$\Leftrightarrow(\exists z)(<x,z>\in R\wedge(<z,y>\in S\vee<z,y>\in T))$

$\Leftrightarrow(\exists z)((<x,z>\in R\wedge<z,y>\in S)\vee(<x,z>\in R\wedge<z,y>\in T))$

$\Leftrightarrow(\exists z)(<x,z>\in R\wedge<z,y>\in S)\vee(\exists z)(<x,z>\in R\wedge<z,y>\in T)$

$\Leftrightarrow<x,y>\in R\circ S\vee<x,y>\in R\circ T$

$\Leftrightarrow<x,y>\in R\circ S\cup R\circ T$

所以 $R\circ(S\cup T)=R\circ S\cup R\circ T$。

（2）$<x,y>\in(R\cup S)\circ T\Leftrightarrow(\exists z)(<x,z>\in R\cup S\wedge<z,y>\in T)$

$\Leftrightarrow(\exists z)((<x,z>\in R\vee<x,z>\in S)\wedge<z,y>\in T)$

$\Leftrightarrow(\exists z)((<x,z>\in R\wedge<z,y>\in T)\vee(<x,z>\in S\wedge<z,y>\in T))$

$\Leftrightarrow(\exists z)(<x,z>\in R\wedge<z,y>\in T)\vee(\exists z)(<x,z>\in S\wedge<z,y>\in T)$

$\Leftrightarrow<x,y>\in R\circ S\vee<x,y>\in S\circ T$

$\Leftrightarrow<x,y>\in R\circ T\cup S\circ T$

所以$(R\cup S)\circ T=R\circ T\cup S\circ T$。

5.

解：（1）$R=\{<0,0>,<0,1>,<1,2>,<2,1>,<2,3>\}$，$S=\{<2,0>,<3,1>\}$。

$R\circ S=\{<1,0>,<2,1>\}$

$S\circ R=\{<2,0>,<2,1>,<3,2>\}$

$R\circ S\circ R=\{<1,0>,<1,1>,<2,2>\}$

$R^3=\{<0,0>,<0,1>,<0,2>,<0,3>,<1,2>,<2,1>,<2,3>\}$

（2）$$\boldsymbol{M}_{R\circ S}=\begin{pmatrix}0&0&0&0\\1&0&0&0\\0&1&0&0\\0&0&0&0\end{pmatrix}\quad \boldsymbol{M}_R\circ\boldsymbol{M}_S=\begin{pmatrix}1&1&0&0\\0&0&1&0\\0&1&0&1\\0&0&0&0\end{pmatrix}\circ\begin{pmatrix}0&0&0&0\\0&0&0&0\\1&0&0&0\\0&1&0&0\end{pmatrix}=\begin{pmatrix}0&0&0&0\\1&0&0&0\\0&1&0&0\\0&0&0&0\end{pmatrix}=\boldsymbol{M}_{R\circ S}$$

（3）$R^{-1}=\{<0,0>,<1,0>,<2,1>,<1,2>,<3,2>\}$

$S^{-1}=\{<0,2>,<1,3>\}$

$R^{-1}\circ S^{-1}=\{<0,2>,<1,2>,<2,3>\}$

$(S\circ R)^{-1}=\{<0,2>,<1,2>,<2,3>\}=R^{-1}\circ S^{-1}$

（4）$$\boldsymbol{M}_{R^{-1}}=\begin{pmatrix}1&0&0&0\\1&0&1&0\\0&1&0&0\\0&0&1&0\end{pmatrix}\qquad \boldsymbol{M}_R=\begin{pmatrix}1&1&0&0\\0&0&1&0\\0&1&0&1\\0&0&0&0\end{pmatrix}\qquad \boldsymbol{M}_R^{\mathrm{T}}=\begin{pmatrix}1&0&0&0\\1&0&1&0\\0&1&0&0\\0&0&1&0\end{pmatrix}=\boldsymbol{M}_{R^{-1}}$$

6.

证明：

$\Rightarrow$设 R 是对称的和传递的，下证如果$<a,b>\in R$ 和$<a,c>\in R$ 时，那么有$<b,c>\in R$。

$<a,b>\in R\wedge<a,c>\in R$

$\Rightarrow<b,a>\in R\wedge<a,c>\in R$　　　　（R 是对称的）

$\Rightarrow<b,c>\in R$　　　　（R 是传递的）

$\Leftarrow$设如果$<a,b>\in R$ 和$<a,c>\in R$ 时，那么有$<b,c>\in R$，下证 R 是对称的和传递的。

先证 R 是对称的。

$<a,b>\in R$

$\Rightarrow<a,b>\in R\wedge<a,a>\in R$　　　　（R 是自反的）

$\Rightarrow<b,a>\in R$

再证 R 是传递的。

$<a,b>\in R\wedge<b,c>\in R$

$\Rightarrow<b,a>\in R\wedge<b,c>\in R$　　　　（R 是对称的）

$\Rightarrow<a,c>\in R$

7.

证明：因为 R 是传递的，所以 $R\circ R\subseteq R$。

$<a,b>\in R$

$\Rightarrow<a,b>\in R\wedge<b,b>\in R$　　　　（R 是自反的）

$\Rightarrow<a,b>\in R\circ R$

所以 $R\subseteq R\circ R$，这就证明了 $R\circ R=R$。

8.

证明：（1）$I_A \subseteq R \subseteq R \cup R^{-1} = s(R)$，即 $I_A \subseteq s(R)$，所以 $s(R)$是自反的。$I_A \subseteq R \subseteq t(R)$，即 $I_A \subseteq t(R)$，所以 $t(R)$也是自反的。

（2）$r(R)^{-1} = (R \cup I_A)^{-1} = R^{-1} \cup I_A = R \cup I_A = r(R)$，所以 $r(R)$是对称的。

$<a,b> \in t(R) \Rightarrow \exists k \in \mathbf{Z}_+$ 使得 $<a,b> \in R^k$ （$\mathbf{Z}_+$是正整数集合）

$\Rightarrow <a,x_1> \in R \wedge <x_1,x_2> \in R \wedge \cdots \wedge <x_{k-1},b> \in R$

$\Rightarrow <b,x_{k-1}> \in R \wedge \cdots \wedge <x_2,x_1> \in R \wedge <x_1,a> \in R$

$\Rightarrow <b,a> \in R^k \subseteq t(R)$

$\Rightarrow <b,a> \in t(R)$

所以 $t(R)$是对称的。

（3）$r(R) \circ r(R) = (R \cup I_A) \circ (R \cup I_A) = (R \circ R) \cup R \cup I_A \subseteq R \cup R \cup I_A = R \cup I_A = r(R)$，即 $r(R) \circ r(R) \subseteq r(R)$，所以 $r(R)$也是传递的。

9.

证明：

① 证明 S 是自反的。

$\forall x \in A$，因为 R 是自反的，故有$<x,x> \in R \wedge <x,x> \in R$，所以$<x,x> \in S$。

② 证明 S 是对称的。

$<x,y> \in S$

$\Rightarrow <x,c> \in R \wedge <c,y> \in R$

$\Rightarrow <c,x> \in R \wedge <y,c> \in R$ （R 是对称的）

$\Rightarrow <y,x> \in S$ （S 的定义）

③ 证明 S 是传递的。

$<x,y> \in S \wedge <y,z> \in S$

$\Rightarrow <x,c> \in R \wedge <c,y> \in R \wedge <y,d> \in R \wedge <d,z> \in R$

$\Rightarrow <x,y> \in R \wedge <y,z> \in R$ （R 是传递的）

$\Rightarrow <x,z> \in S$ （S 的定义）

10.

证明：

① $\forall <x,y> \in A$，因为 $x+y=y+x$，所以$<<x,y>,<x,y>> \in R$。

② $<<x,y>,<u,v>> \in R$，$x+v=y+u \Rightarrow u+y=v+x$，所以$<<u,v>,<x,y>> \in R$。

③ $<<x,y>,<u,v>> \in R \wedge <<u,v>,<a,b>> \in R$，$x+v=y+u$，$u+b=v+a$，两端相加，化简得 $x+b=y+a$，所以有$<<x,y>,<a,b>> \in R$。

R 是 A 上的等价关系。

11.

解：（1）$R=\{<3,9>,<3,27>,<3,54>,<9,27>,<9,54>,<27,54>\} \cup I_A$

哈斯图如附图 5 所示。

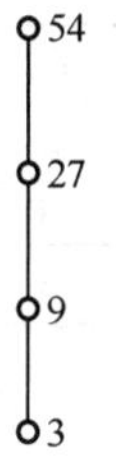

附图 5

R 是全序关系。

（2）$R=\{<1,2>,<1,3>,<1,4>,<1,6>,<1,8>,<1,12>,<1,24>,<2,4>,$

$<2,6>,<2,8>,<2,12>,<2,24>,<3,6>,<3,12>,<3,24>,<4,8>,$

$<4,12>,<4,24>,<6,12>,<6,24>,<8,24>,<12,24>\} \cup IA$

哈斯图如附图 6 所示。

R 不是全序关系。

12.

解：（1）哈斯图如附图 7 所示。

A 的子集 B_1、B_2 和 B_3 的极大元、极小元、最大元、最小元、上界、下界、上确界和下确界如附表 5 所示。

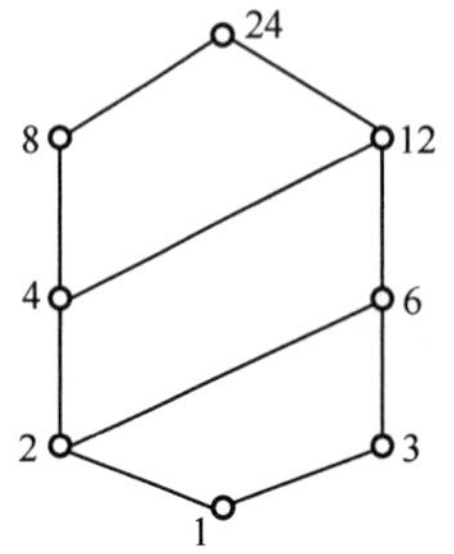

附图 6

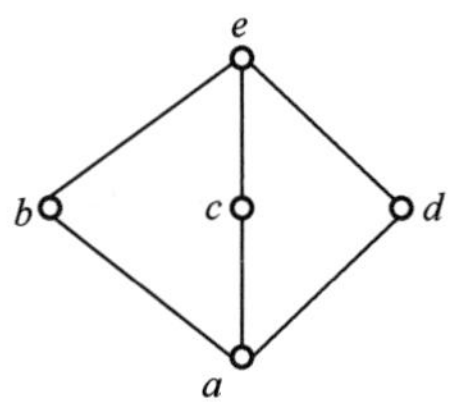

附图 7

附表 5

子集	极大元	极小元	最大元	最小元	上界	下界	上确界	下确界
B_1	b、c、d	b、c、d	无	无	e	a	e	a
B_2	b、c、d	a	无	a	e	a	e	a
B_3	e	b、c、d	e	无	e	a	e	a

（2）哈斯图如附图 8 所示。

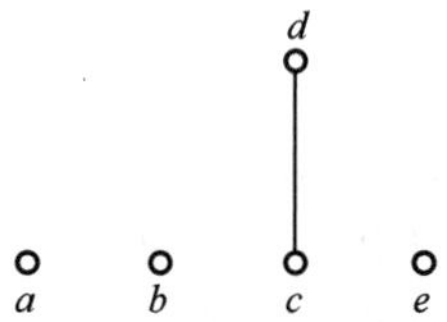

附图 8

A 的子集 B_1、B_2 和 B_3 的极大元、极小元、最大元、最小元、上界、下界、上确界和下确界如附表 6 所示。

附表 6

子集	极大元	极小元	最大元	最小元	上界	下界	上确界	下确界
B_1	a、b、d、e	a、b、c、e	无	无	无	无	无	无
B_2	d	c	d	c	d	c	d	c
B_3	d、e	c、e	无	无	无	无	无	无

（3）$A=P(\{a,b,c\})=\{\varnothing,\{a\},\{b\},\{c\},\{a,b\},\{a,c\},\{b,c\},\{a,b,c\}\}$

$\leqslant=\{<\varnothing,\{a\}>,<\varnothing,\{b\}>,<\varnothing,\{c\}>,<\varnothing,\{a,b\}>,<\varnothing,\{a,c\}>,<\varnothing,\{b,c\}>,<\varnothing,\{a,b,c\}>,$

$<\{a\},\{a,b\}>,<\{a\},\{a,c\}>,<\{a\},\{a,b,c\}>,<\{b\},\{a,b\}>,<\{b\},\{b,c\}>,<\{b\},\{a,b,c\}>,$

$<\{c\},\{a,c\}>,<\{c\},\{b,c\}>,<\{c\},\{a,b,c\}>,<\{a,b\},\{a,b,c\}>,<\{a,c\},\{a,b,c\}>,$

$<\{b,c\},\{a,b,c\}>\}\cup I_A$

哈斯图如附图 9 所示。

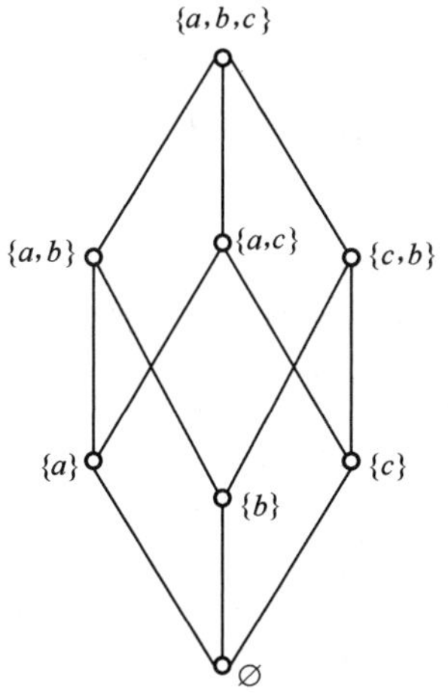

附图 9

A 的子集 B_1、B_2 和 B_3 的极大元、极小元、最大元、最小元、上界、下界、上确界和下确界如附表 7 所示。

附表 7

子集	极大元	极小元	最大元	最小元	上界	下界	上确界	下确界
B_1	$\{a\}$、$\{b\}$	$\varnothing$	无	$\varnothing$	$\{a,b,c\}$、$\{a,b\}$	$\varnothing$	$\{a,b\}$	$\varnothing$
B_2	$\{a\}$、$\{c\}$	$\{a\}$、$\{c\}$	无	无	$\{a,b,c\}$、$\{a,c\}$	$\varnothing$	$\{a,c\}$	$\varnothing$
B_3	$\{a,b,c\}$	$\{a,c\}$	$\{a,b,c\}$	$\{a,c\}$	$\{a,b,c\}$	$\{a,c\}$	$\{a,b,c\}$	$\{a,c\}$

第 5 章　习题参考答案

1.

解：（1）不能构成函数。因为 $<a,1>\in f_1$ 且 $<a,2>\in f_1$。

（2）能构成函数。

（3）不能构成函数。因为 $\mathrm{dom}\, f_3\neq A$。

（4）不能构成函数。因为 $<b,2>\in f_4$ 且 $<b,3>\in f_4$。

（5）能构成函数。

2.

解：（1）不能构成函数。由于 $1+1<10$ 且 $1+2<10$，因此 $<1,1>\in f_1$ 且 $<1,2>\in f_1$。

（2）能构成函数。

（3）不能构成函数。由于 $1^2=1$ 且 $(-1)^2=1$，因此 $<1,1>\in f_3$ 且 $<1,-1>\in f_3$。

（4）能构成函数。

（5）能构成函数。

3.

解：（1）是单射，不是满射，不是双射。

当 $x,y\in A$，$x\neq y$，$x^2\neq y^2$，$x^2+1\neq y^2+1$，$f(x)\neq f(y)$。所以 f:$\mathbf{N}\to\mathbf{N}$ 是单射。

因为$\forall x\in\mathbf{N}$，$f(x)\neq 0\in\mathbf{N}$，所以 f:$\mathbf{N}\to\mathbf{N}$ 不是满射。

因为不是满射，所以不是双射。

（2）不是单射，不是满射，不是双射。

因为 $6\neq 9$，而 $f(6)=(6 \bmod 3)=0=(9 \bmod 3)=f(9)$，所以 f:$\mathbf{Z}\to\mathbf{Z}$ 不是单射。

因为$\forall x\in\mathbf{Z}$，$f(x)\neq 3\in\mathbf{Z}$，所以 f:$\mathbf{Z}\to\mathbf{Z}$ 不是满射。

因为不是单射且不是满射，所以不是双射。

（3）不是单射，不是满射，不是双射。

因为 $1\neq 3$，而 $f(1)=f(3)$，所以 f:$\mathbf{N}\to\mathbf{N}$ 不是单射。

因为$\forall x\in\mathbf{Z}$，$f(x)\neq 2\in\mathbf{N}$，所以 f:$\mathbf{N}\to\mathbf{N}$ 不是满射。

因为不是单射和不是满射，所以不是双射。

（4）不是单射，是满射，不是双射。

因为 $1\neq 3$，而 $f(1)=1=f(3)$，所以 f:$\mathbf{N}\to\{0,1\}$不是单射。

显然，f:$\mathbf{N}\to\{0,1\}$是满射。

因为不是满射，所以不是双射。

（5）是单射，不是满射，不是双射。

f:$\mathbf{Z}_+\to\mathbf{R}$，$f(x)=3^x$ 是单调递增函数，所以是单射。

因为$\forall x\in\mathbf{Z}_+$，$f(x)\neq 0\in\mathbf{R}$，所以 f:$\mathbf{Z}_+\to\mathbf{R}$ 不是满射。

因为不是满射，所以不是双射。

（6）是单射，是满射，是双射。

f:$\mathbf{R}\to\mathbf{R}$，$f(x)=x^3$ 是单调递增函数，所以是单射。

因为$\forall y\in\mathbf{R}$，有 $x=\sqrt[3]{y}\in\mathbf{R}$，使得 $f(x)=f(\sqrt[3]{y})=(\sqrt[3]{y})^3=y$，所以 f:$\mathbf{R}\to\mathbf{R}$，$f(x)=x^3$ 是满射。

因为是单射和满射，所以是双射。

4.

证明：$\forall x\in\mathbf{Z}$，$<0,x>\in\mathbf{Z}\times\mathbf{Z}$，$f(0,x)=0+x=x$，所以 f:$\mathbf{Z}\times\mathbf{Z}\to\mathbf{Z}$，$f(x,y)=x+y$ 是满射。

$<1,x>\in\mathbf{Z}\times\mathbf{Z}$，$f(1,x)=1\times x=x$，所以 g:$\mathbf{Z}\times\mathbf{Z}\to\mathbf{Z}$，$g(x,y)=x\times y$ 是满射。

对$<1,2>\in\mathbf{Z}\times\mathbf{Z}$，$<2,1>\in\mathbf{Z}\times\mathbf{Z}$，$f(1,2)=3=f(2,1)$，但$<1,2>\neq<2,1>$，所以 f:$\mathbf{Z}\times\mathbf{Z}\to\mathbf{Z}$，$f(x,y)=x+y$ 不是单射函数。

对$<3,2>\in\mathbf{Z}\times\mathbf{Z}$，$<2,3>\in\mathbf{Z}\times\mathbf{Z}$，$g(3,2)=6=g(2,3)$，但$<3,2>\neq<2,3>$，所以 g:$\mathbf{Z}\times\mathbf{Z}\to\mathbf{Z}$，$g(x,y)=x\times y$ 不是单射函数。

5.

证明：以下证明 g:$B\to P(A)$是单射。$g(b)=\{x|x\in A\wedge f(x)=b\}$。

设 $x_1\in B$，$x_2\in B$ 且 $x_1\neq x_2$，因为 f 是 A 到 B 的满射，所以$\exists y_1\in A$，使得 $f(y_1)=x_1$，$\exists y_2\in A$，使得 $f(y_2)=x_2$。因为 $x_1\neq x_2$，所以 $f(y_1)\neq f(y_2)$，又因为 f 是函数，故有 $y_1\neq y_2$。由 g 的定义有，$y_1\in g(x_1)$，$y_2\in g(x_2)$。因为 $f(y_2)=x_2\neq x_1$，所以 $y_2\notin g(x_1)$，故有 $g(x_2)\neq g(x_1)$，即 $g(x_1)\neq g(x_2)$。

这就证明了 g 是 B 到 $P(A)$的单射。

6.

解：

（1）$g\circ f(x)=x^2+2$

$f\circ g(x)=x^2+8x+14$

（2）$g\circ f$不是单射，不是满射，不是双射。

$f\circ g$ 不是单射，不是满射，不是双射。

（3）f不是单射，不是满射，不是双射。无反函数。

g 是单射，是满射，是双射。有反函数：$g^{-1}(x)=x-4$。

h 是单射，是满射，是双射。有反函数：$h^{-1}(x)=\sqrt[3]{x+1}$。

7.

证明：（1）$\forall x_1\in B$，$\forall x_2\in B$ 且 $f(x_1)=f(x_2)$，因为 g 是函数，所以 $g(f(x_1))=g(f(x_2))\Rightarrow g\circ f(x_1)=g\circ f(x_2)$。由于 $g\circ f$ 是单射，因此 $x_1=x_2$，f 是单射。

（2）$\forall c\in C$，因为 $g\circ f$ 是满射，所以存在 $a\in A$，使得 $g\circ f(a)=c$。又因为 $f{:}A\to B$ 是函数，令 $b=f(a)$，$g(b)=g(f(a))=g\circ f(a)=c$，$g$ 是满射。

（3）设 $g\circ f$ 是双射，由（1）知 f 是单射，由（2）知 g 是满射。

8.

证明：因为 $A\sim B$，所以存在 $f{:}A\to B$ 是双射函数。

因为 $C\sim D$，所以存在 $g{:}C\to D$ 是双射函数。

令 $h{:}A\times C\to B\times D$，定义为：$h(<a,c>)=<f(a),g(c)>$。

以下证明 h 是单射函数：设$<a_1,c_1>\neq<a_2,c_2>$，则有下列 3 种情况。

① $a_1\neq a_2$ 且 $c_1=c_2$。

因为 $f{:}A\to B$ 是单射函数，所以 $f(a_1)\neq f(a_2)$，故$<f(a_1),g(c_1)>\neq<f(a_2),g(c_2)>$，即 h 是单射函数。

② $a_1=a_2$ 且 $c_1\neq c_2$。

类似①可以证明 h 是单射函数。

③ $a_1\neq a_2$ 且 $c_1\neq c_2$。

类似①和②可以证明 h 是单射函数。

综上所述，h 是单射函数。

以下证明 h 是满射函数：$\forall<b,d>\in B\times D$，则 $b\in B$，$d\in D$。

因为 $f{:}A\to B$ 是满射函数，所以$\exists a\in A$ 使 $f(a)=b$。

因为 $g{:}C\to D$ 是满射函数，所以$\exists c\in C$ 使 $g(c)=d$。

$<a,c>\in A\times C$ 使 $h(<a,c>)=<f(a),g(c)>=<b,d>\in B\times D$。

h 是满射函数。

故 $h{:}A\times C\to B\times D$ 是双射函数。$A\times C\sim B\times D$。

9.

证明：

① 作函数 $h{:}P(\mathbf{N})\to[0,1]$，$h$ 定义如下：$\forall S\in P(\mathbf{N})$

$$h(S)=0.x_0x_1x_2x_3\cdots\text{（二进制小数），其中}$$

$$x_i=\begin{cases}1 & i\in S\\ 0 & i\notin S\end{cases}$$

如 $h(\varnothing)=0$，$h(\mathbf{N})=0.1111\cdots$，$h(\{1,4,5\})=0.010011$。

显然，h 是单射函数。$|P(\mathbf{N})|\leqslant|[0,1]|$。

② 作函数 $k:[0,1]\to P(\mathbf{N})$，k 定义如下：$\forall x=0.x_0x_1x_2x_3\cdots\in[0,1]$（$x$ 是二进制小数，如果 x 没有唯一表示，可任意选择其中之一）。

$$k(x)=\{i|x_i=1\}$$

如 $k(0)=\varnothing$，$k(1)=k(0.1111\cdots)=\mathbf{N}$，$h(0.010011)=\{1,4,5\}$。

显然，k 是单射函数。$|[0,1]|\leqslant|P(\mathbf{N})|$。

由①和②得$|P(\mathbf{N})|=|[0,1]|$。

第 6 章　习题参考答案

1.

（1）是半群、独异点和群。

（2）是半群但不是独异点和群。

（3）是半群、独异点和群。

方法：根据定义验证，注意运算的封闭性。

2. 解：

$|0|=1$，$|9|=2$， $|6|=|12|=3$，$|3|=|15|=6$，$|2|=|4|=|8|=|10|=|14|=|16|=9$，$|1|=|5|=|7|=|11|=|13|=|17|=18$。

说明：群中元素的阶可能存在，也可能不存在；对于有限群，每个元素的阶都存在，而且是群的阶的因子；对于无限群，单位元的阶存在，是 1；而其他元素的阶可能存在，也可能不存在（可能所有元素的阶都存在，但是群还是无限群）。

3. 证明：

令 $H=\{x\mid x\in G\wedge xa=ax\}$，下面证明 H 是 G 的子群。

首先 e 属于 H，H 是 G 的非空子集。

任取 $x,y\in H$，有

$$\begin{aligned}(xy^{-1})a&=x(y^{-1}a)=x(a^{-1}y)^{-1}=x(ay)^{-1}\\&=x(ya)^{-1}=xa^{-1}y^{-1}=xay^{-1}=axy^{-1}=a(xy^{-1})\end{aligned}$$

因此命题得证。

证明的步骤是：验证 H 非空；任取 $x,y\in H$，证明 $xy^{-1}\in H$。

4. 解：

$\langle 3\rangle=\{0,3,6,9\}$，$\langle 3\rangle$的不同左陪集有 3 个，即

$$0+\langle 3\rangle=\langle 3\rangle$$
$$1+\langle 3\rangle=4+\langle 3\rangle=7+\langle 3\rangle=10+\langle 3\rangle=\{1,4,7,10\}$$
$$2+\langle 3\rangle=5+\langle 3\rangle=8+\langle 3\rangle=11+\langle 3\rangle=\{2,5,8,11\}$$

5. 解：

$\{f_1,f_2\}$有 3 个不同的陪集，它们是：H，$Hf_3=\{f_3,f_5\}$，$Hf_4=\{f_4,f_6\}$。

6. 证明：

$H_1\cap H_2\leqslant H_1$，$H_1\cap H_2\leqslant H_2$。由拉格朗日定理知，$|H_1\cap H_2|$整除 r，也整除 s，从而$|H_1\cap H_2|$整除 r 与 s 的最大公因子。因为$(r,s)=1$，从而$|H_1\cap H_2|=1$，即 $H_1\cap H_2=\{e\}$。

7. 解：

易见 a 为单位元。

由于$|G|=6$，$|b|=6$，因此 b 为生成元。$G=\langle b\rangle$为循环群。$|f|=6$，因而 f 也是生成元。

$|c|=3$，$|d|=2$，$|e|=3$，因此 c、d、e 不是生成元。

子群：$\langle a\rangle=\{a\}$，$\langle c\rangle=\{c,e,a\}$，$\langle d\rangle=\{d,a\}$，$G$。

8. 证明：

充分性显然，只证必要性。

用反证法。

假设 $H\not\subseteq K$ 且 $K\not\subseteq H$，那么存在 h 和 k 使得

$$h\in H\wedge h\notin K，k\in K\wedge k\notin H$$

推出 $hk\notin H$。否则由 $h^{-1}\in H$ 得 $k=h^{-1}(hk)\in H$，与假设矛盾。

同理可证 $hk\notin K$。从而得到 $hk\notin H\cup K$ 与 $H\cup K$ 是子群矛盾。

9.

H 的全体右陪集如下

$$Hf_1=\{f_1\circ f_1,f_2\circ f_1\}=H，Hf_2=\{f_1\circ f_2,f_2\circ f_2\}=H$$
$$Hf_3=\{f_1\circ f_3,f_2\circ f_3\}=\{f_3,f_5\}，Hf_5=\{f_1\circ f_5,f_2\circ f_5\}=\{f_5,f_3\}$$
$$Hf_4=\{f_1\circ f_4,f_2\circ f_4\}=\{f_4,f_6\}，Hf_6=\{f_1\circ f_6,f_2\circ f_6\}=\{f_6,f_4\}$$

结论：$Hf_1=Hf_2$，$Hf_3=Hf_5$，$Hf_4=Hf_6$。

10.

H 所有的右陪集是 $He=\{e,a\}=H$，$Ha=\{a,e\}=H$，$Hb=\{b,c\}$，$Hc=\{c,b\}$，不同的右陪集只有两个，即 H 和$\{b,c\}$。

11.

证明：

（1）$He=\{he\mid h\in H\}=\{h\mid h\in H\}=H$。

（2）任取 $a\in G$，由 $a=ea$ 和 $ea\in Ha$ 得 $a\in Ha$。

12.

证明：

先证明 R 为 G 上的等价关系。

自反性：任取 $a\in G$，$aa^{-1}=e\in H\Leftrightarrow\langle a,a\rangle\in R$。

对称性：任取 $a,b\in G$，则

$$\langle a,b\rangle\in R\Rightarrow ab^{-1}\in H\Rightarrow(ab^{-1})^{-1}\in H\Rightarrow ba^{-1}\in H\Rightarrow\langle b,a\rangle\in R$$

传递性：任取 $a,b,c\in G$，则

$$\langle a,b\rangle\in R\wedge\langle b,c\rangle\in R\Rightarrow ab^{-1}\in H\wedge bc^{-1}\in H$$
$$\Rightarrow ac^{-1}\in H\Rightarrow\langle a,c\rangle\in R$$

下面证明$\forall a\in G$，$[a]_R=Ha$。

任取 $b\in G$，$b\in[a]_R\Leftrightarrow\langle a,b\rangle\in R\Leftrightarrow ab^{-1}\in H\Leftrightarrow Ha=Hb\Leftrightarrow b\in Ha$。

13. 证明：

设 G 是 6 阶群，则 G 中元素只能是 1 阶、2 阶、3 阶或 6 阶。

若 G 中含有 6 阶元，设为 a，则 a^2 是 3 阶元。

若 G 中不含 6 阶元，下面证明 G 中必含有 3 阶元。如若不然，G 中只含 1 阶和 2 阶元，即$\forall a\in G$，有 $a^2=e$，由命题知 G 是阿贝尔群。取 G 中 2 阶元 a 和 b，$a\neq b$，令 $H=\{e,a,b,ab\}$，则 H 是 G 的子群，但$|H|=4$，$|G|=6$，与拉格朗日定理矛盾。

14. 证明：

设 a 为 G 中任意元素，有 $a^{-1}=a$。任取 $x,y\in G$，则

$$xy=(xy)^{-1}=y^{-1}x^{-1}=yx$$

因此 G 是阿贝尔群。

15. 证明：

1 阶群是平凡的，显然是阿贝尔群。

2 阶、3 阶和 5 阶群都是单元素生成的群，都是阿贝尔群。

设 G 是 4 阶群。若 G 中含有 4 阶元，如 a，则 $G=\langle a\rangle$，由上述分析可知 G 是阿贝尔群。若 G 中不含 4 阶元，G 中只含 1 阶和 2 阶元，由命题可知 G 也是阿贝尔群。

16. 证明：

（1）显然 $\langle a^{-1}\rangle\subseteq G$，$\forall a^k\in G$

$$a^k=(a^{-1})^{-k}\in\langle a^{-1}\rangle$$

因此 $G\subseteq\langle a^{-1}\rangle$，$a^{-1}$ 是 G 的生成元。

再证明 G 只有 a 和 a^{-1} 这两个生成元。

假设 b 也是 G 的生成元，则 $G=\langle b\rangle$。由 $a\in G$ 可知存在整数 t 使得 $a=b^t$。

由 $b\in G=\langle a\rangle$ 知存在整数 m 使得 $b=a^m$，从而得到

$$a=b^t=(a^m)^t=a^{mt}$$

由 G 中的消去律得

$$a^{mt-1}=e$$

因为 G 是无限群，必有 $mt-1=0$。从而证明了 $m=t=1$ 或 $m=t=-1$，即 $b=a$ 或 $b=a^{-1}$。

（2）只需证明对任何正整数 r（$r\leqslant n$），a^r 是 G 的生成元 $\Leftrightarrow n$ 与 r 互质。

（充分性）

设 r 与 n 互质，且 $r\leqslant n$，那么存在整数 u 和 v 使得

$$ur+vn=1$$

从而 $a=a^{ur+vn}=(a^r)^u(a^n)^v=(a^r)^u$。

这就推出 $\forall ak\in G$，$a^k=(a^r)^{uk}\in\langle a^r\rangle$，即 $G\subseteq\langle a^r\rangle$。

另一方面，显然有 $\langle a^r\rangle\subseteq G$。从而 $G=\langle a^r\rangle$。

（必要性）

设 a^r 是 G 的生成元，则 $|a^r|=n$。令 r 与 n 的最大公约数为 d，则存在正整数 t 使得 $r=dt$。因此，$|a^r|$ 是 n/d 的因子，即 n 整除 n/d。从而证明了 $d=1$。

17.

（1）设 $G=\{e,a,\cdots,a^{11}\}$ 是 12 阶循环群，则 $\phi(12)=4$。小于 12 且与 12 互素的数是 1、5、7、11，那么 a、a^5、a^7 和 a^{11} 是 G 的生成元。

（2）设 $G=\langle\mathbf{Z}_9,\oplus\rangle$ 是模 9 的整数加群，则 $\phi(9)=6$。小于 9 且与 9 互素的数是 1、2、4、5、7、8。那么 G 的生成元是 1、2、4、5、7 和 8。

（3）设 $G=3\mathbf{Z}=\{3z\mid z\in\mathbf{Z}\}$，$G$ 上的运算是普通加法。那么 G 只有两个生成元：3 和−3。

18. 证明：

$\forall a,b\in\mathbf{Z}$ 有 $a*b,a\diamond b\in\mathbf{Z}$，两个运算封闭。任取 $a,b,c\in\mathbf{Z}$，有

$$(a*b)*c=(a+b-1)*c=(a+b-1)+c-1=a+b+c-2$$

$$a*(b*c)=a*(b+c-1)=a+(b+c-1)-1=a+b+c-2$$

$$(a\diamond b)\diamond c=(a+b-ab)\diamond c=a+b+c-(ab+ac+bc)+abc$$

$$a\Diamond(b\Diamond c) = a\Diamond(b+c-bc) = a+b+c-(ab+ac+bc)+abc$$

*与◇可结合，1 为*的单位元。$2-a$ 为 a 关于*的逆元。**Z** 关于*构成交换群，关于◇构成半群。◇关于*满足分配律。

$$a\Diamond(b*c) = a\Diamond(b+c-1) = 2a+b+c-ab-ac-1$$
$$a\Diamond b) * (a\Diamond c) = 2a+b+c-ab-ac-1$$

$<\mathbf{Z}, *, \Diamond>$构成环。

19.

（1）是环，是整环，也是域。

（2）不是环，因为关于加法不封闭。

（3）是环，不是整环和域，因为乘法没有幺元。

（4）不是环，因为正整数关于加法的负元不存在。

20. 解：

（1）运算∘可交换，可结合。

任取 $x, y\in\mathbf{Q}$

$$x\circ y = x+y+2xy = y+x+2yx = y\circ x$$

任取 $x, y, z\in\mathbf{Q}$

$$\begin{aligned}(x\circ y)\circ z &= (x+y+2xy)+z+2(x+y+2xy)z\\ &= x+y+z+2xy+2xz+2yz+4xyz\\ x\circ(y\circ z) &= x+(y+z+2yz)+2x(y+z+2yz)\\ &= x+y+z+2xy+2xz+2yz+4xyz\end{aligned}$$

（2）设运算∘的单位元和零元分别为 e 和 θ。

则对任意 x 有 $x\circ e=x$ 成立，即

$$x+e+2xe = x \Rightarrow e = 0$$

由于∘运算可交换，因此 0 是幺元。

对任意 x 有 $x\circ\theta=\theta$成立，即

$$x+\theta+2x\theta=\theta \Rightarrow x+2x\theta=0 \Rightarrow \theta=-\frac{1}{2}$$

给定 x，设 x 的逆元为 y，则有 $x\circ y=0$ 成立，即

$$x+y+2xy=0 \Rightarrow$$
$$y=-\frac{x}{1+2x} \qquad (x\neq-\frac{1}{2})$$

因此当 $x\neq-1/2$ 时，$-\dfrac{x}{1+2x}$ 是 x 的逆元。

第 7 章　习题参考答案

1.

（1）偏序集$<S_n,D>$构成格。理由：在每个哈斯图中，都可以找到任意两个结点均有最大下界或最小上界。或者说考虑格$<S_n,D>$诱导的布尔代数$<S_n,\vee,\wedge>$，$\forall x,y\in S_n$，$x\vee y$ 是$\{x,y\}$的最小上界，即 $lcm(x,y)$是 x 与 y 的最小公倍数。$x\wedge y$ 是$\{x,y\}$的最大下界，即 $gcd(x,y)$是 x 与 y 的最大公约数。

（2）哈斯图如附图 10 所示。

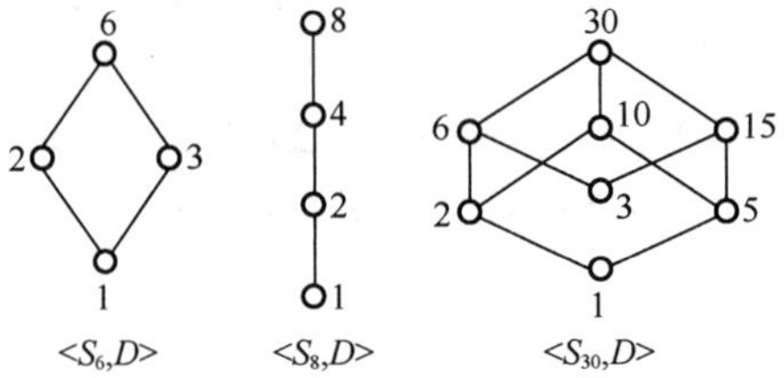

附图 10

2. 都不是格。在每个哈斯图中，都可以找到两个结点缺少最大下界或最小上界。

3. 证明：

（1）$(a\wedge b)\vee b$ 是 $a\wedge b$ 与 b 的最小上界，根据最小上界的定义，有$(a\wedge b)\vee b\geqslant b$。$b$ 是 $a\wedge b$ 与 b 的上界，故有$(a\wedge b)\vee b\leqslant b$。由于偏序的反对称性，等式得证。

（2）$a\wedge b\leqslant a\leqslant a\vee c$，$a\wedge b\leqslant b\leqslant b\vee d$，所以$(a\wedge b)\leqslant(a\vee c)\wedge(b\vee d)$，同理 $(c\wedge d)\leqslant(a\vee c)\wedge(b\vee d)$，从而得到

$$(a\wedge b)\vee(c\wedge d)\leqslant(a\vee c)\wedge(b\vee d)$$

4. 解：

1 元子格：$\{a\}$，$\{b\}$，$\{c\}$，$\{d\}$，$\{e\}$。

2 元子格：$\{a,b\}$，$\{a,c\}$，$\{a,d\}$，
$\{a,e\}$，$\{b,c\}$，$\{b,d\}$，
$\{b,e\}$，$\{c,e\}$，$\{d,e\}$。

3 元子格：$\{a,b,c\}$，$\{a,b,d\}$，
$\{a,b,e\}$，$\{a,c,e\}$，
$\{a,d,e\}$，$\{b,c,e\}$，
$\{b,d,e\}$。

4 元子格：$\{a,b,c,e\}$，$\{a,b,d,e\}$，
$\{b,c,d,e\}$。

5 元子格：$\{a,b,c,d,e\}$。

5. 解：

（1）L_1 中 a 与 c 互为补元，其中 a 为全下界，c 为全上界，b 没有补元。

（2）L_2 中 a 与 d 互为补元，其中 a 为全下界，d 为全上界，b 与 c 也互为补元。

（3）L_3 中 a 与 e 互为补元，其中 a 为全下界，e 为全上界，b 的补元是 c 和 d；c 的补元是 b 和 d；d 的补元是 b 和 c。b、c、d 每个元素都有两个补元。

（4）L_4 中 a 与 e 互为补元，其中 a 为全下界，e 为全上界，b 的补元是 c 和 d；c 的补元是 b；d 的补元是 b。

6. 图中的 L_2、L_3 和 L_4 是有补格，L_1 不是有补格。

7. 解：

L_1 中，a 与 h 互为补元，其他元素无补元。

L_2 中，a 与 g 互为补元；b 的补元为 c、d、f；c 的补元为 b、d、e、f；
d 的补元为 b、c、e；e 的补元为 c、d、f；f 的补元为 b、c、e。

L_3中，a与h互为补元，b的补元为d；c的补元为d；d的补元为b、c、g；g的补元为d。L_2与L_3是有补格。

8.（1）是布尔代数。（2）是格，但不是布尔代数。

9. 证明：

（1）⇒（2）

假设命题（1）为真，则对任意a、b、$c\in L$，有

$$(a\vee b)\wedge(a\vee c)=((a\vee b)\wedge a)\vee((a\vee b)\wedge c)=a\vee((a\vee b)\wedge c)$$
$$=a\vee((a\wedge c)\vee(b\wedge c))=(a\vee(a\wedge c))\vee(b\wedge c)=a\vee(b\wedge c)$$

所以，命题（2）为真。

（2）⇒（1），类似可证。

10.

（1）$<L_1,\preccurlyeq>$是格。

（2）$<L_2,\preccurlyeq>$不是格，因为 12、14 没有最小上界。

（3）$<L_3,\preccurlyeq>$不是格，因为 9、10 没有最小上界。

11. 证明：

（1）由$a\preccurlyeq b$得$a\vee b=b$，而由$b\preccurlyeq c$得$b\wedge c=b$，所以$a\vee b=b\wedge c$。

（2）因为$(a\wedge b)\vee(b\wedge c)=(a\wedge b)\vee b=b$，而由$(a\vee b)\wedge(a\vee c)=b\wedge c=b$，所以$(a\wedge b)\vee(b\wedge c)=b=(a\vee b)\wedge(a\vee c)$。

12. 证明：

（1）因为$a\wedge b\preccurlyeq a$，$c\wedge d\preccurlyeq c$，所以$(a\wedge b)\vee(c\wedge d)\preccurlyeq a\vee c$。

又因为$a\wedge b\preccurlyeq b$，$c\wedge d\preccurlyeq d$，所以$(a\wedge b)\vee(c\wedge d)\preccurlyeq b\vee d$。

所以$(a\wedge b)\vee(c\wedge d)\preccurlyeq(a\vee c)\wedge(b\vee d)$。

（2）因为$a\wedge b\preccurlyeq a$，$b\wedge c\preccurlyeq b$，$c\wedge a\preccurlyeq c$，所以$(a\wedge b)\vee(b\wedge c)\preccurlyeq(a\vee b)$，$((a\wedge b)\vee(b\wedge c))\vee(c\wedge a)\preccurlyeq(a\vee b)\vee a$。

即$(a\wedge b)\vee(b\wedge c)\vee(c\wedge a)\preccurlyeq a\vee b$。

同理可得，$(a\wedge b)\vee(b\wedge c)\vee(c\wedge a)\preccurlyeq b\vee c$，$(a\wedge b)\vee(b\wedge c)\vee(c\wedge a)\preccurlyeq c\vee a$。

所以，$(a\wedge b)\vee(b\wedge c)\vee(c\wedge a)\preccurlyeq(a\vee b)\wedge(b\vee c)\wedge(c\vee a)$。

第 8 章 习题参考答案

1. 解：设该图有x个顶点，则根据定理 8-1.1 有

$$1\times3+1\times5+(x-1-1)\times2=6\times2$$

解得$x=4$，所以该图有 4 个顶点。

2. 解：设该图有x个顶点，由题意有

$$1\times4+4\times3+(x-1-4)\times2\geqslant11\times2$$

解得$x\geqslant8$，所以图G至少有 8 个顶点。

3. 解：$d^+(a)=4$，$d^-(a)=1$，$d(a)=5$，$\Delta^+=4$，$\delta^+=0$，$\Delta^-=3$，$\delta^-=1$，$\Delta=5$，$\delta=3$。

4. 解：图 8-44（a）、（b）两图同构，可作双射$g(v_1)=v_5'$、$g(v_2)=v_1'$、$g(v_3)=v_2'$、$g(v_4)=v_3'$、$g(v_5)=v_4'$，且在该映射下，有向边$<v_1,v_5>$、$<v_2,v_1>$、$<v_2,v_3>$、$<v_3,v_5>$、$<v_4,v_1>$、$<v_4,v_3>$、

$<v_5,v_2>$、$<v_5,v_4>$分别被映射为$<v_5',v_4'>$、$<v_1',v_5'>$、$<v_1',v_2'>$、$<v_2',v_4'>$、$<v_3',v_5'>$、$<v_3',v_2'>$、$<v_4',v_1'>$、$<v_4',v_3'>$。

5. K_4的所有非同构的生成子图如附图 11 所示。

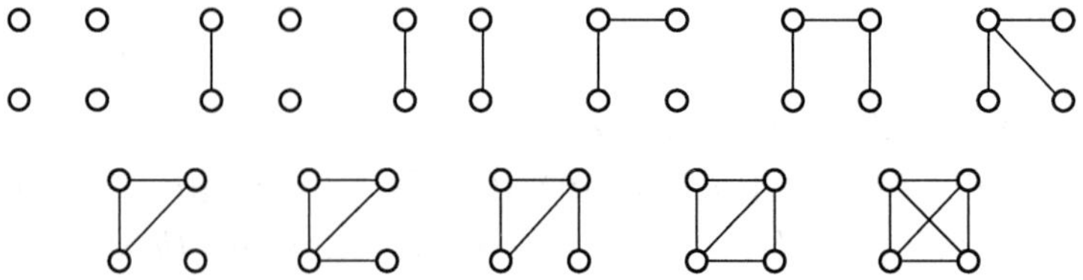

附图 11

6.

（1）4 个顶点的自补图如附图 12 所示。

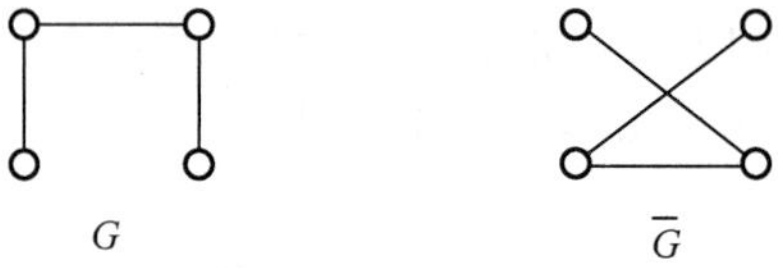

附图 12

（2）5 个顶点的自补图如附图 13（a）或附图 13（b）所示。

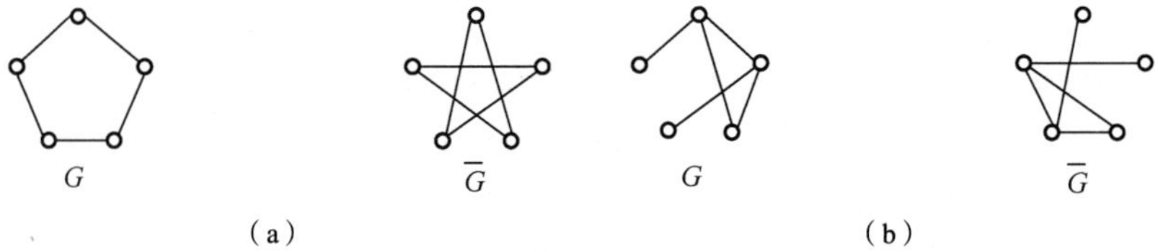

附图 13

（3）n 阶完全图的边数为 $n(n-1)/2$，则 n 阶自补图的边数（m）为完全图的一半，即 $m=n(n-1)/4$。
当 $n=3$ 时，$m=3/2$；
当 $n=6$ 时，$m=15/2$；
所以不存在 3 个顶点或 6 个顶点的自补图。

7. 解：

简单路：$\mu_1= v_1\ v_2\ v_4\ v_3$，$\mu_2= v_1\ v_2\ v_4\ v_5\ v_1\ v_4\ v_3$，$\mu_3= v_1\ v_4\ v_3$，$\mu_4= v_1\ v_4\ v_5\ v_1\ v_2\ v_4\ v_3$。

基本路：$\mu_1= v_1\ v_2\ v_4\ v_3$，$\mu_2= v_1\ v_4\ v_3$。

8. 解：

（a）强分图：$G[\{v_1,v_2,v_3,v_4\}]$、$G[\{v_5\}]$。
单向分图：$G[\{v_1,v_2,v_3,v_4,v_5\}]$。
弱分图：$G[\{v_1,v_2,v_3,v_4,v_5\}]$。

（b）强分图：$G[\{v_1\}]$、$G[\{v_2\}]$、$G[\{v_3\}]$、$G[\{v_4\}]$、$G[\{v_5\}]$。
单向分图：$G[\{v_1,v_3,v_4\}]$、$G[\{v_1,v_2,v_3\}]$、$G[\{v_5\}]$。
弱分图：$G[\{v_1,v_2,v_3,v_4\}]$、$G[\{v_5\}]$。

9. 解：

（1）G 的邻接矩阵 $\boldsymbol{A}$

$$\boldsymbol{A}=\begin{bmatrix}1&2&1&0\\0&0&1&0\\0&0&0&1\\0&0&1&0\end{bmatrix}$$

（2）$\boldsymbol{A}^2$、$\boldsymbol{A}^3$ 如下

$$\boldsymbol{A}^2=\begin{bmatrix}1&2&3&1\\0&0&0&1\\0&0&1&0\\0&0&0&1\end{bmatrix}\quad \boldsymbol{A}^3=\begin{bmatrix}1&2&4&3\\0&0&1&0\\0&0&0&1\\0&0&1&0\end{bmatrix}$$

v_1 到 v_4、v_4 到 v_1 长度为 3 的通路数由 $\boldsymbol{A}^3$ 中 $a_{14}{}^{(3)}$=3、$a_{41}{}^{(3)}$=0 给出，即分别 3 条和 0 条。

（3）$\boldsymbol{A}^4$ 如下

$$\boldsymbol{A}^4=\begin{bmatrix}1&2&6&4\\0&0&0&1\\0&0&1&0\\0&0&0&1\end{bmatrix}$$

G 中长度等于 4 的通路数为 $\boldsymbol{A}^4$ 中全体元素之和 $\sum_{i=1}^{4}\sum_{j=1}^{4}a_{ij}^{(4)}$ =16，即 16 条通路。其中回路数为 $\sum_{i=1}^{4}a_{ii}^{(4)}$ =3，即 3 条回路。

（4）G 中长度小于 4 的回路数为 $\sum_{k=1}^{3}\sum_{i=1}^{4}a_{ii}^{(k)}$ =1+3+1=5，即 5 条。

（5）可达矩阵 $\boldsymbol{P}$ 如下

$$\boldsymbol{A}=\begin{bmatrix}1&1&1&0\\0&0&1&0\\0&0&0&1\\0&0&1&0\end{bmatrix}\ \boldsymbol{A}^2=\begin{bmatrix}1&1&1&1\\0&0&0&1\\0&0&1&0\\0&0&0&1\end{bmatrix}\ \boldsymbol{A}^3=\begin{bmatrix}1&1&1&1\\0&0&1&0\\0&0&0&1\\0&0&1&0\end{bmatrix}\ \boldsymbol{A}^4=\begin{bmatrix}1&1&1&1\\0&0&0&1\\0&0&1&0\\0&0&0&1\end{bmatrix}\ \boldsymbol{P}=\boldsymbol{I}_v\vee\boldsymbol{A}\vee\boldsymbol{A}^2\vee\boldsymbol{A}^3\vee\boldsymbol{A}^4=\begin{bmatrix}1&1&1&1\\0&1&1&1\\0&0&1&1\\0&0&1&1\end{bmatrix}$$

（6）由 $\boldsymbol{P}$ 可知

$$\boldsymbol{P}\wedge\boldsymbol{P}^{\mathrm{T}}=\begin{bmatrix}1&0&0&0\\0&1&0&0\\0&0&1&1\\0&0&1&1\end{bmatrix}$$

在 $\boldsymbol{P}\wedge\boldsymbol{P}^{\mathrm{T}}$ 中，p_{34} =1，所以 v_3、v_4 间相互可达，它们属同一强分图，所以 G 的强分图有 $G[\{v_1\}]$、$G[\{v_2\}]$和 $G[\{v_3,v_4\}]$。

10. 图 8-48（a）无奇数度数顶点，图 8-48（d）所有顶点入度等于出度，所以它们是欧拉图。

图 8-48（b）有 2 个奇数度数顶点，它有欧拉通路但无欧拉回路，所以它不是欧拉图。

图 8-48（c）有 4 个奇数度数顶点，它无欧拉通路和欧拉回路，所以它不是欧拉图。

图 8-48（e）有一个顶点入度比出度大 2，一个顶点出度比入度大 2，它无欧拉通路和欧拉回

路，所以它不是欧拉图。

11. 判断一个图形能否一笔画成，实质上就是判断图形是否存在欧拉通路。

图 8-49（a）有 2 个奇数度数顶点，它有欧拉通路，所以它能一笔画成；

图 8-49（b）有 4 个奇数度数顶点，它无欧拉通路，所以它不能一笔画成。

12. 图 8-50（a）是著名的彼得森图，它不是哈密顿图。

图 8-50（b）、（c）都是哈密顿图，附图 14 所示的实线即为它们中的一条哈密顿回路。

附图 14

13. 图 8-51（a）、（b）、（c）、（d）均无奇数长度的回路，所以它们都是二部图，如附图 15 所示；图 8-51（e）有奇数长度的回路，所以它不是二部图。

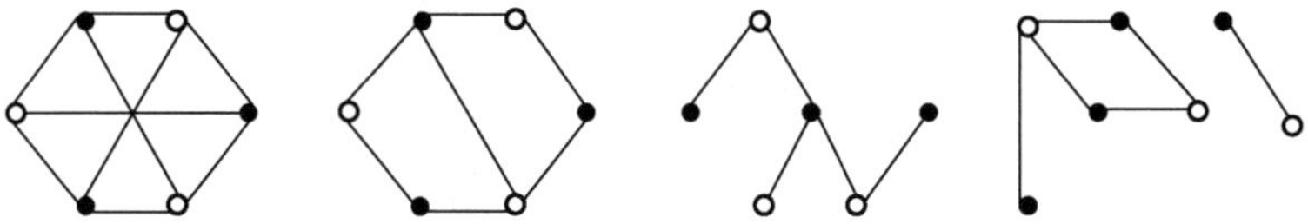

（a）　（b）　（c）　（d）

附图 15

14. 图 8-52（a）、（b）、（c）是平面图，图 8-52（d）是 K_5，它不是平面图。

15. 该图有 4 个面，$deg(R_1)=3$，$deg(R_2)=3$，$deg(R_3)=5$，$deg(R_0)=9$。

16. 解：将 n 个药箱视为 n 个顶点，具有相同药的顶点相连，边代表一种药。每两个药箱有一种相同的药，即对任意两个顶点 v_i、v_k，都有且仅有一条边相连，这样形成的图为 n 阶无向完全图。每种药恰好在两个药箱里出现，即每种药所对应的边只能连接两个顶点，那么该完全图中每条边代表的药的种类是不同的，所以该问题转化为求该完全图中边的数目，n 阶无向完全图有 $n(n-1)/2$ 条边，所以有 $n(n-1)/2$ 种药。

17. 证明：

① 先考虑 K_6，从 v_0 引出 5 条边，用红色或蓝色对这 5 条边涂色，必有 3 条边颜色相同（附图 16 中粗线为蓝色，细线为红色），标记蓝色的 3 条边为 e_1、e_2、e_3。考虑这 3 条边连接的顶点 v_1、v_2、v_3 间的边 e_4、e_5、e_6（虚线所示）的颜色。若 e_4、e_5、e_6 颜色全为红色，则 v_1、v_2、v_3 和它们之间的边构成红色 K_3；若 e_4、e_5、e_6 之间的边有蓝色，不妨设 e_6 为蓝色，则 v_0、v_1、v_3 和它们之间的边构成蓝色 K_3。所以 K_6 必存在一个红色的 K_3 或一个蓝色的 K_3。

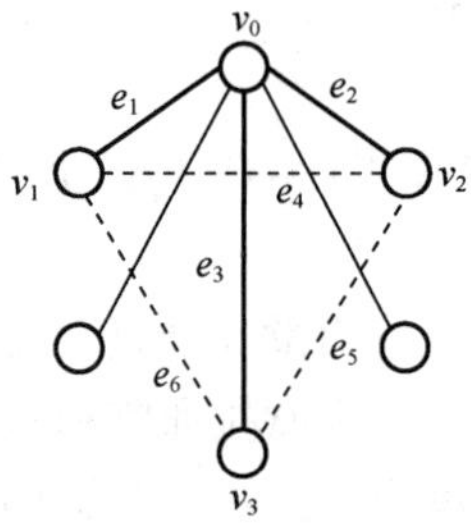

附图 16

② 再考虑 K_n，由①得 K_6 必存在一个红色的 K_3 或者一个蓝色的 K_3。根据题意，将这 6 个顶点关联于一个顶点 v，且边全是红色。若 K_6 中存在一个红色的 K_3，那么该 K_3 和 v 构成红色的 K_4，即 K_n 中存在一个红色 K_4；若 K_6 中存在一个蓝色的 K_3，那么该 K_3 为 K_n 中存在的一个蓝色 K_3，所以 K_n（$n \geqslant 7$）存在一个红色的 K_4 或一个蓝色的 K_3。

18. 将村庄和地面视作 5 个顶点，两顶点有边表示两顶点所表示的位置有一条防空洞相通。由此得附图 17，本问题为欧拉通路问题，由于图中有 4 个结点是奇数度数结点，因此由定理 8-4.1 知本题无解。

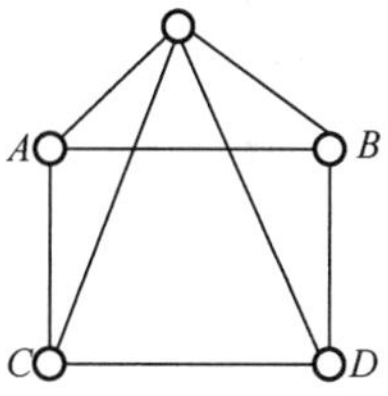

附图 17

19. 解：作无向图，如附图 18 所示，将每个人视为一个顶点，两人之间有边代表他们有共同的语言。该题等价于求一条哈密顿回路。*ACEGFDBA* 是一条哈密顿回路，按此顺序就坐即可。

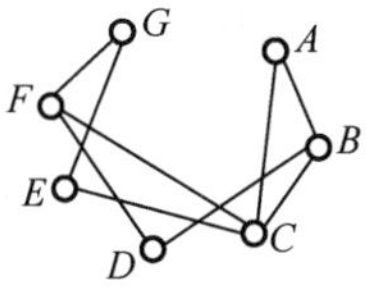

附图 18

20. 解：用顶点 m、c、b 分别代表数学组、计算机组和生物组，顶点 A、B、C、D、E 代表这 5 名学生，若某学生为某组成员则在它们对应的顶点之间连边，这样每种情况都对应一个二部图，（1）、（2）两种情况分别对应附图 19（a）和附图 19（b）。

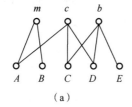

附图 19

能否选出 3 名不兼任的组长等价于在二部图中能否找到一个完备匹配。

对于附图 19（a），满足 t 条件，其中 t=2，所以它存在完备匹配，如$\{(m,B),(c,C),(b,D)\}$，因此可以选出 3 名不兼任的组长。

对于附图 19（b），m、c 只与 A 邻接，所以它不满足相异性定理，不存在完备匹配，因此不可能选出 3 名不兼任的组长。

第 9 章　习题参考答案

1. 最小生成树 T 不唯一，其中之一如附图 20 所示。

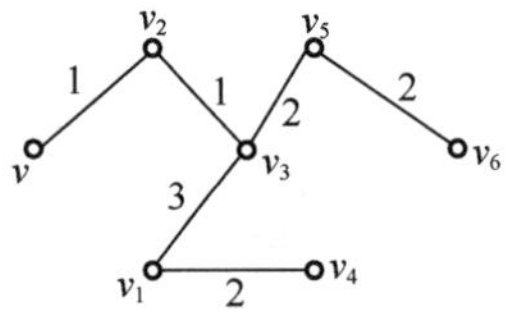

附图 20

$W(T)=11$。

2. 反证法。（充分性）当 e 是 G 的割边时，e 在 G 的每棵生成树中。当 e 不包含在 G 的某棵生成树 T 中时，那么 e 一定在 T 的树补边集中，那么 $G-\{e\}$ 依然包含树 T。因此 $G-\{e\}$ 是连通的，这与 e 是割边矛盾。因此，e 肯定包含在 G 的任何一棵生成树中。

（必要性）仅当 e 是 G 的割边时，e 才在 G 的每棵生成树中。假设 e 不是割边，那么 $G-\{e\}$ 依然是连通的，也具有生成树。很明显，这些生成树也是 G 的生成树，而且不包含边 e，这与 e 包含在每棵生成树中是矛盾的，因此 e 一定是割边。

3. 公式的有根树如附图 21 所示。

4. 有序树表示如附图 22 所示。

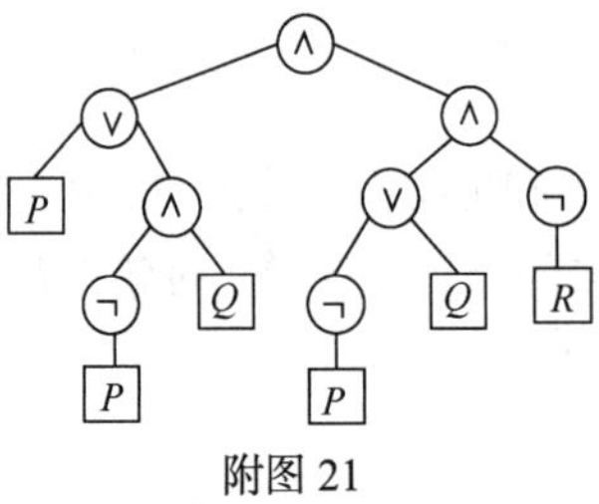

附图 21

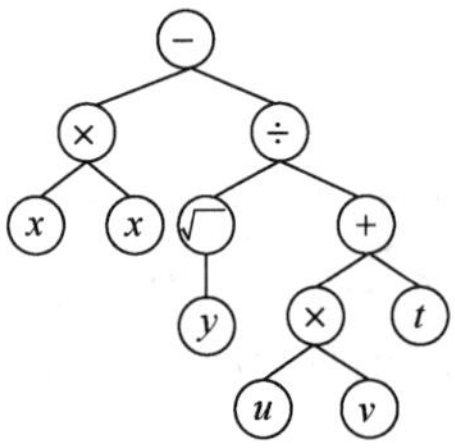

附图 22

5. T 有 11 个结点。

6. 位置二叉树如附图 23 所示。

7. 最优二叉树如附图 24 所示。

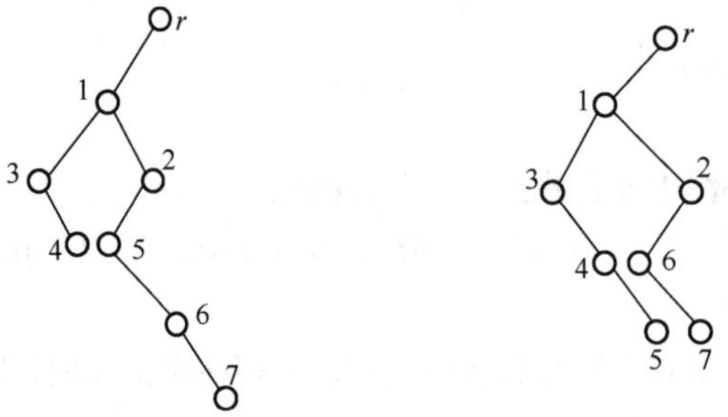

（a）　（b）

附图 23

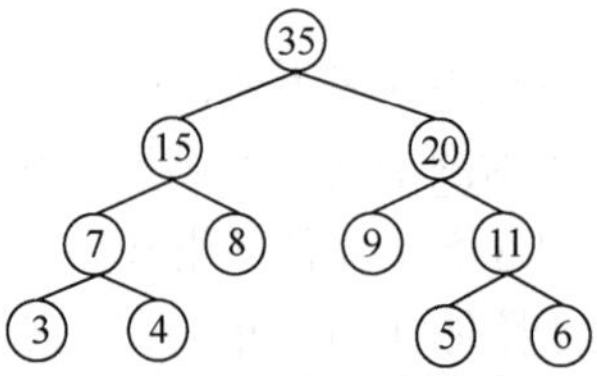

$W(T)=(3+4+5+6)\times 3+(7+8+9)\times 2$
$=102$

附图 24

8. 解法如附图 25 所示。

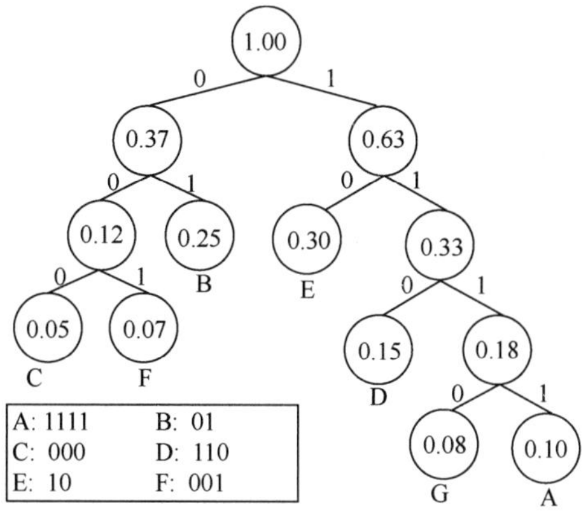

附图 25

9. 改进后的 m 叉最优树的算法如下。

m-哈夫曼算法

输入：$C=\{(a_i,w_i)|i=1,2,\cdots,n\}$，$m$ 。//w_i 为 a_i 的权重

输出：m 叉最优树。

步骤如下。

（1）森林 $F=\{$有根树$T_i|T_i$只由(a_i,w_i)构成，$i=1,2,\cdots,n\}$。

（2）从 F 中删除根结点权重最小的 $k=((n-1)\bmod(m-1))+1$ 棵树，并添加一棵新的有根树。该有根树的孩子为删除的 k 棵树（按根结点权重递减排序，根至每个孩子的边上分别添加标号 $0,1,\cdots,k-1$），该有根树的根结点权重为这 k 棵树的根结点权重之和。

（3）WHILE F 不是树。

（4）从 F 中删除根结点权重最小的 m 棵树，并添加一棵新的有根树。该有根树的孩子为删除的 m 棵树（按根结点权重递减排序，根至每个孩子的边上分别添加标号 $0,1,\cdots,m-1$），该有根树的根结点权重为这 m 棵树的根结点权重之和。

（5）END WHILE。

叶子 a_i 的哈夫曼编码即为从根结点至该结点路径上各条边的标号的连接。

10. 对有 n 个结点的无向图，其邻接矩阵为 n 行 n 列的对称矩阵。如果该无向图是一棵树，那么此邻接矩阵的对角线全是 0，且左下（右上）三角中恰好有 $n-1$ 个 1。另外，矩阵的每行（每列）中至少有一个 1。

参考文献

[1] 耿素云，屈婉玲，王捍贫．离散数学教程[M]．北京：北京大学出版社，2003.

[2] 左孝陵，李为鑑，刘永才．离散数学[M]．上海：上海科学技术文献出版社，2003.

[3] 方世昌．离散数学[M]．2 版．西安：西安电子科技大学出版社，2004.

[4] 阎世珍．离散数学概要[M]．北京：中国铁道出版社，1995.

[5] 石纯一，王家廞．数理逻辑与集合论[M]．2 版．北京：清华大学出版社，2005.

[6] 戴一奇，胡冠章，陈卫．图论与代数系统[M]．北京：清华大学出版社，1997.

[7] 卢开澄，卢华明．组合数学[M]．3 版．北京：清华大学出版社，2002.

[8] 卢开澄，卢华明．图论及其应用[M]．北京：清华大学出版社，1981.

[9] STANAT D F, MCALLISTER D F. Discrete Mathematical in Computer Sciences[M]. Englewood Cliffs, NJ: Prentice-Hall, Inc, 1977.

[10] Rosen K H. 离散数学及其应用：第 6 版[M]．袁崇义，屈婉玲，张桂芸，等译．北京：机械工业出版社，2011.